揺れ動く大地

プレートと北海道

木村学
宮坂省吾
亀田純
［共著］

はじめに

日本列島では、２０１１年の東北地方太平洋沖地震で多くの犠牲が出ました。地震や津波を避けることはできません。そしてそれは北海道も例外ではありません。地震や津波がなぜ起こるのかを理解し、それらを引き起こす大地の営みを少しでも理解して、冷静に備えることが生き抜くことにつながります。

画家ゴーギャンの作品に「われわれはどこから来たのか、われわれは何者か、われわれはどこへ行くのか」という有名な絵があります。この問いかけは、「われわれ」という主語を変えてみると、すべてに当てはまる根本的な疑問であることが分かります。「この宇宙はどこから来たのか、宇宙とは何者か、宇宙はどこへ行くのか」と問えば、天文学や宇宙物理学になります。「人間はどこから来たのか、人間とは何者か、人間はどこへ行くのか」と問えば生物学、人類学、考古学、歴史学、社会学、文学になります。

そもそも、問いかけや疑問に境界はなかったのですが、科目に分けて疑問を解こうというところから「科学」という言葉は生まれました。もともとは科学の境目は人為的で曖昧なものでした。

宇宙よりも物差し（スケール）を小さくして問うと「太陽や、火星や金星などの惑星はどこから来て、それらは何者で、どこへ行くの」となります。そうするとこれは太陽系惑星科学となります。惑星の中では、私たちの住む地球のことが一番よくわかっています。地球のことを調べる科学を地球科学と呼びます。「地球はどこから来て、何者で、どこへ行くのか」を知るための科学です。最近はジオサイエンスというカタカナ語で呼ぶことも多い分野です。ジオとは地球のことで、サイエンスは科学のことです。

日本列島は、言うまでもなく地球の上にあります。戦国時代に、織田信長は西洋からもたらされた地球儀を眺めて、日本はいかにちっぽけであるかを理解していたといわれます。

ちょっと脱線しました。先の問いかけの空間スケールを小さくすると、「日本列島はどこから来て、何者で、どこへ行くのか」となります。

もう少し身近にしましょう。「北海道はどこから来て、何者で、どこへ行くのか」。これは本書の筆者3人の共通の疑問です。木村は北海道で生まれ育ち、宮坂とは北海道大学の同じ指導者の下で地質学を学びました。亀田は木村が最初に教えた学生で、現在は北海道大学で地質学を教えています。

地質学は、大地の下の岩石や地層を手掛かりに、大地の生い立ちを探ってきた地球科学の老舗分野です。大地の過去のことを調べる学問で、今できつつある地層や、ドロドロに溶けたマグマが冷えて固まって石になる過程の研究などが大変重要です。それらは現在の大洪水や大地震や大津波、火山の大爆発などを研究することで明らかになります。地質学では、このことを強調するために「現在主義」あるいは「斉一《せいいつ》主義」という言い方をします。現在と同じ自然の法則が、過去の地球にも当てはまるという意味です。宇宙の始まり以来、自然界には同じ法則が成り立っているという考え方です。

したがって、北海道という身近な大地の過去の研究ではあっても、現在の地球の営みの理解なしては「北海道はどこから来て、何者で、どこへ行くのか」という疑問には答えられません。過去と現在は密接につながっているのです。北海道で起こる地震や火山のことを知り、来たるべき災害に備える上でも、北海道の大地の生い立ちの理解は大変重要です。

今から35年ほど前に、北海道新聞社から『北海道創世記』（松井愈ほか編）が出版されました。地球科学の新しい理論「プレートテクトニクス」によって、北海道の大地の生い立ちを全面的に見直した斬新なものでした。本書では、その後の地質学の研究で分かった新しい知見を盛り込みながら、北海道が日本列島形成と地球全体の営みにどのようにつながっているかを記してみたいと思います。

本書を読んだ後に、地球の大自然の偉大さと北海道の自然・大地への愛着の念、時には荒れ狂う自然への備えを一層増していただければ、私たちにとって望外の喜びです。

木村　学

目　次

第5章　北海道は大陸縁への付加から始まった

第6章　成長する大陸縁と見えてきたマントル

第7章　アンモナイト・恐竜の海から石炭の大湿原へ

第8章　新世界の始まりと北海道

第9章　オホーツクプレートと右横ずれプレート境界

第10章　日本海・オホーツク海誕生

第11章　地球環境と北海道の現在そして未来

第12章　北海道に住むヒトとその未来

付章　北海道の大地研究のルーツ

第1章　千島列島が突き刺さってできた日高山脈・石狩・十勝平野

　みなさんは、北海道の雄大な自然をどんな場所で感じるでしょうか。それは人によって違うでしょうが、狩勝峠や日勝峠から眺める十勝平野の絶景がその一つであることは間違いありません。日高山脈の眼下に広がる大平原。この雄大な地形の下でどのような運動が起こっているのかを見てみましょう。

1　日高山脈と十勝平野

図1－1をご覧ください。日高山脈は襟裳岬で太平洋に没し、大陸棚を越えて、襟裳海脚として深海へと続いています。地形は南東に向かって低くなり、ついには千島海溝の最深部まで到達しています。千島海溝の南側では、太平洋プレートの上で「襟裳海山」という名の高まりが、今まさに海溝へ沈もうとしています。襟裳海山の西には、日本海溝があります。

　この図を見ると、日高山脈は、千島海溝と日本海溝の会合部から、ちょうどその間の角度を二分するように北西方向へ延び、西へ大きく凸となって、弓なりに曲がりながら大雪山系の火山の下へつながっているようです。十勝平野は、その弓の後ろ側での凹みに見えます。

　山地と平野が対となった地形はさらに東にもあります。白糠丘陵と根釧台地です。その東にはもうそのような対の地形はありません。この「山地と平野の対」は千島列島が北海道で衝突していることによるのではないか、と最初に指摘したのは貝塚爽平でした。

　その発想の原点は、徳田貞一が90年ほど前に作ったアナログの日本列島の模型でした。[2]そのなかで最も美しい雁行配列を見せる島は千島列島だったのです。雁行配列とは、渡り鳥の雁が飛んで行くときに、前の鳥を左前もしくは右前に見ながら飛ぶ並び方をいいます。徳田は湿った紙を指で「右横ずれ」にずらしながら、

断層線に付けた矢印：断層の移動方向
等高線の数字：海深（m）

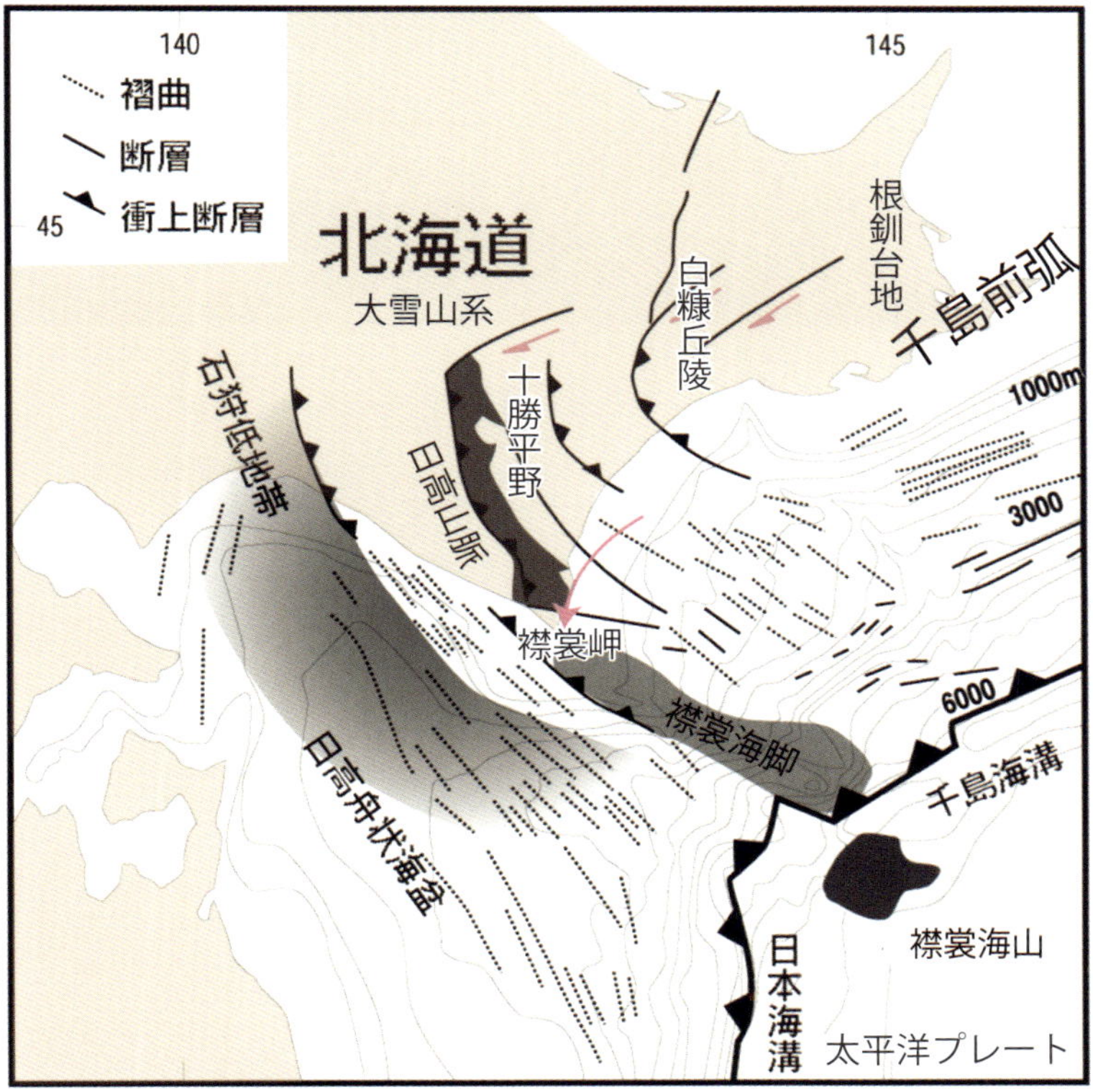

図1－1　北海道中央南部と太平洋沖の海溝までの地形と地質構造[1]

北東－南西方向の千島海溝と南北方向の日本海溝が交差するところ（会合部）から北西に海底の高まり「襟裳海脚」、さらに北に「日高山脈」が連なる。日高山脈の背後には十勝平野があり、山地と平野の対をなしている。このような地形は根釧台地から石狩低地帯にかけて数カ所に認めることができ、千島前弧が北海道に衝突してできた地形と考えられた。日高山脈と襟裳海脚はその代表的な上昇帯である

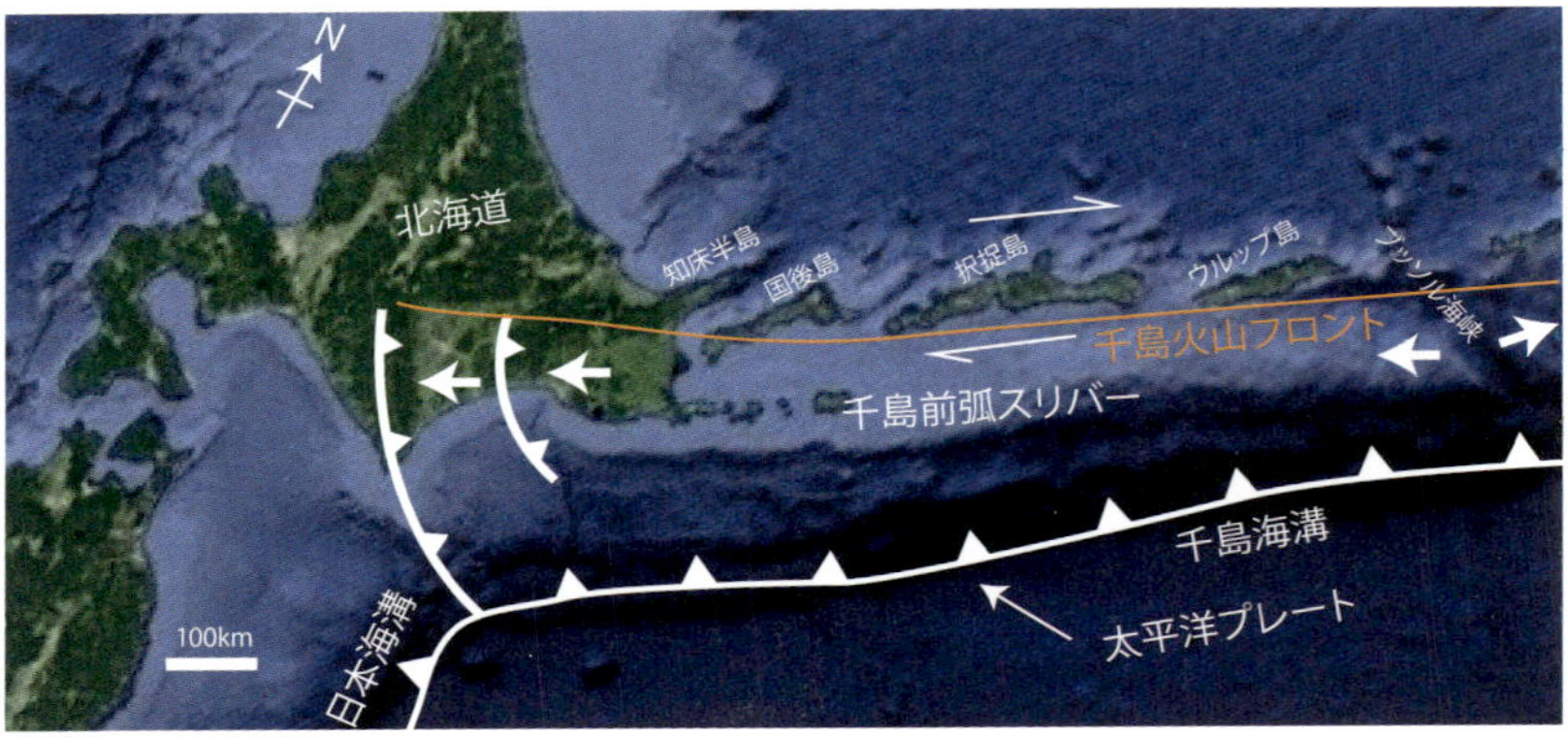

図1－2　北海道に突き刺さる千島前弧と千島列島の雁行配列・日高山脈の形成

千島前弧スリバー（細長い地殻）が西に移動した時に千島火山フロントに沿う右横ずれ運動によって知床半島・国後島・択捉島・ウルップ島の雁行配列が形成された。一方、前弧スリバーの西端部は逆断層によって隆起し、図1－1に示した日高山脈などを形成した。文献[3、4]からGoogle Map上に編集

雁行配列の知床半島・国後島・択捉島・ウルップ島を作ったのです（図1－2、図9－3）。この実験はイギリスの地質学の雑誌に掲載されたこともあり、有名なアナログ実験の例として教科書にも長らく紹介されていました。また、この徳田の論文の寺田寅彦宛ての別刷（学術雑誌に掲載された論文を、その巻号の他の論文とは切り離して印刷したもの）が、東京神田の大久保書店で発見されました。そこには「大変面白い」と、寺田の自筆で感想が書かれていました。[5]

貝塚爽平は、千島列島の雁行配列の地形形成論を発展させました。千島の雁行配列を作るためには、歯舞・色丹・根室半島を乗せた外側の弧（千島前弧スリバー）を南西へ動かさなければなりません。貝塚は千島前弧がその南西の端で東北日本の北の延長となる北海道中央西部とぶつかっており、それが日高山脈であると説明したのです。最初の発表は1971年、具体的な論述は80年でした。しかし、地形的には理解できるのですが、この衝突はいつ始まったのか、また地質学的な実態としての断層や証拠はあるのかなど、疑問が多く残されていました。日高山脈がいつ山になったのかについても、当時

はよくわかっていなかったのです。

2　日高山脈はいつ山になった？

第2次世界大戦が終わって平和が戻ると、大地の生い立ちを探る地質学徒はロマンを求めて山を歩きました。北海道では、戦前の石狩炭田の研究から、石炭を含む地層が激しく折りたたまれていることが明らかになっていました。その解明に大きく貢献した大立目謙一郎は、「東方での地背斜運動」を予見しました。地背斜運動とは、大地が横方向に圧縮されて盛り上がるように曲がることです。残念なことに、彼は第2次世界大戦で出征し中国で病を得て亡くなり、この考えを発展させることはできませんでした。

大立目は、石狩炭田が、東からの横圧力によって押しかぶせられるように折りたたまれた構造であると想定していました。この考えを踏まえて、舟橋三男と橋本誠二は51年に、地殻の隆起沈降運動によって日高山脈の形成を説明する「日高造山運動論」を発表しました（P20のコラム参照）。当時は、くぼんだ地形（地向斜）に地層が堆積した後、中心が押し上げられて山地になるとする「地向斜造山運動説」が主流を占めており（現在ではこの説は否定されています）、日高山脈はその見事な例として示されたのです。

しかし50年代には、第2章で述べるとおり、大陸移動説が受け入れられはじめていました。そして60年代初頭には海洋底拡大説が提唱され、欧米の地球科学界では、人類の地球観を変えるほどの大変革が進行していました。60年代、日本の地質学界では「日高造山運動」仮説を前提とした研究が行われていましたが、仮説と合わない事実が次々に発見され、矛盾が露呈するようになっていました。その一つが、日高山脈はいつ山になったかということでした。

従来の仮説では、アンモナイトや恐竜がいた1億年ほど前の白亜紀にはすでに山ができはじめていて、1500万年ほど前にはついに地殻深部がむき出しになったとされていました。この仮説を検証するために、山から流れ出て海で堆積した地層の中に入っている礫岩層の礫の研究が精力的に進められました。宮坂らは、北海道の地層の中にある礫を片端から調べました。すると、1500万年ほど前の地層の中にある花崗岩の礫は、今の日高山脈ではなく、もっと北から流れ込んだものであるということがわかりました。現在の日高山脈の造山運動の産物ではなかったのです。また、現在の日高山脈の近辺では、1300万年以降の地層にしか、日高山脈の岩石と一致する礫が含まれていないこともわかりました。ただ、第9章で説明する襟裳岬にある礫だけは例外で、約3500万年前のものでした。

このことは、同じ場所の上下運動だけでは、説明がつきません。前提となっている「日高造山運動」の仮説そのものを見直さなければ、前へ進めなくなったわけです。

3　日高山脈はめくれあがった地殻の断面だった

地形や地層、そして地質構造の研究が新しい流れとなりつつあった時に、日高山脈そのものからとんでもない新しい成果が出てきました。

上下運動による「日高造山運動」によってできたとされた日高山脈の地質は、中心に核となる花崗岩があり、その外側に変成岩、地向斜の地層や火山岩、アンモナイトを含む海の地層が順に東西対称に分布していると考えられていました。地向斜の地層や火山岩は、山となるずっと前、地殻が深く沈降していた時に形成されたもので、アンモナイトの海の地層は、地下深くでマグマから花崗岩ができて地層を押し上げ、日高山脈の隆起が始まった時に山脈の両側に残された窪地にたまったものと見られたのです。これは、前節で紹介した「大立目の地背斜運動」と整合するべく組み立てられた考えでした。

ところが、実際の日高山脈の基本構造は、そのような東西対称の地質構造ではなく、山脈の西翼に東から西へ突き上げる大きな断層（日高主衝上断層）があることが、小松正幸らによって報告されました。[6] しかも大断層のすぐ東側に、かつて地下25kmくらいの地殻下部にあった変成岩が露出しており、その東に向かって変成の度合いが弱くなっていき、ついには非変成の堆積岩になるというものでした。花崗岩や斑れい岩は、変成岩などを貫いたものだというのです（図1－3、図1－4）。大断層の西には、もともと海洋地殻であった破片が接しているということも、宮下純夫によって明らかにされました。

このようにして、それまでの上下運動によって日高山脈ができたという物語とはまったく違う展開となったのです。新しい考え方では、千島前弧が衝突して地殻が

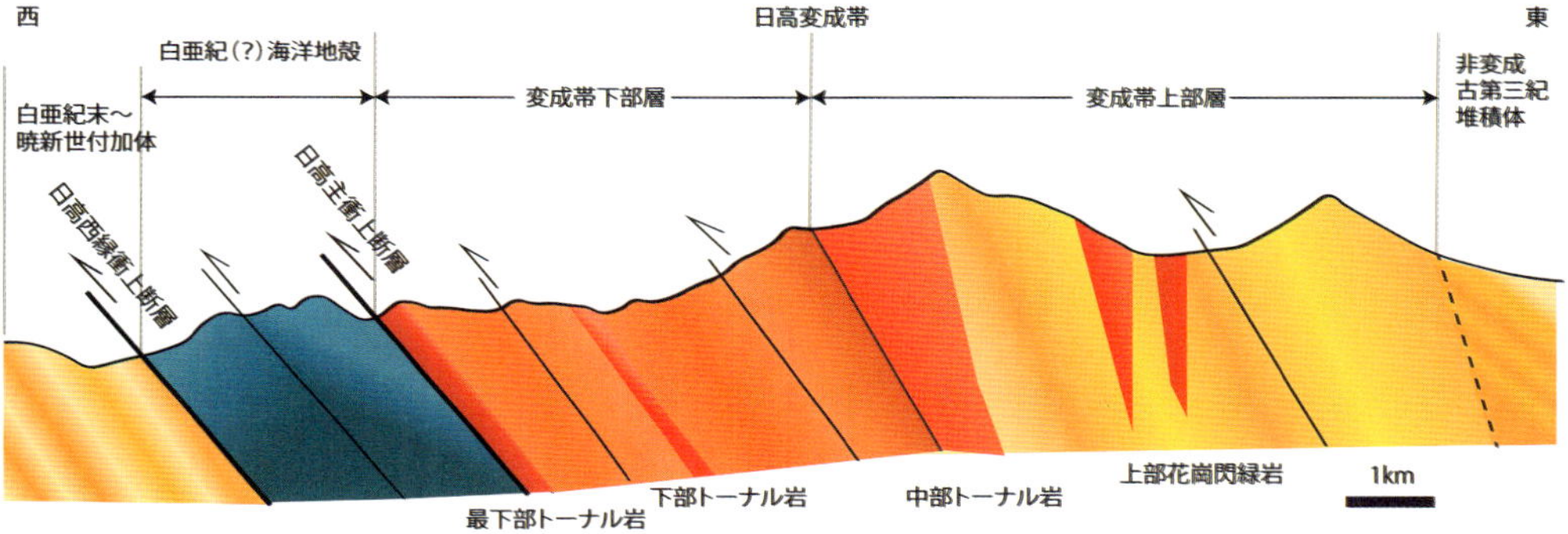

図1－3　日高山脈の簡略化断面[6, 7, 8]

日高山脈の東西方向の模式断面図（縦横の縮尺は1：1）。日高主衝上断層から東に大陸地殻の変成岩が分布しており、日高変成帯と呼ばれる。その上位（もともと上部にあった層）は非変成の古第三紀堆積岩となる（オレンジと黄色の縞模様：図の右端）。変成岩は角閃岩などから構成される下部が橙色、おもに片岩からなる上部が黄色で示されている。赤色部は変成岩に貫入したトーナル岩・花崗閃緑岩などの深成岩類を示す。日高主衝上断層の西には白亜紀とみられる変成した海洋地殻が分布しており、日高西縁衝上断層によって日高変成帯と同様に西上方へ上昇した

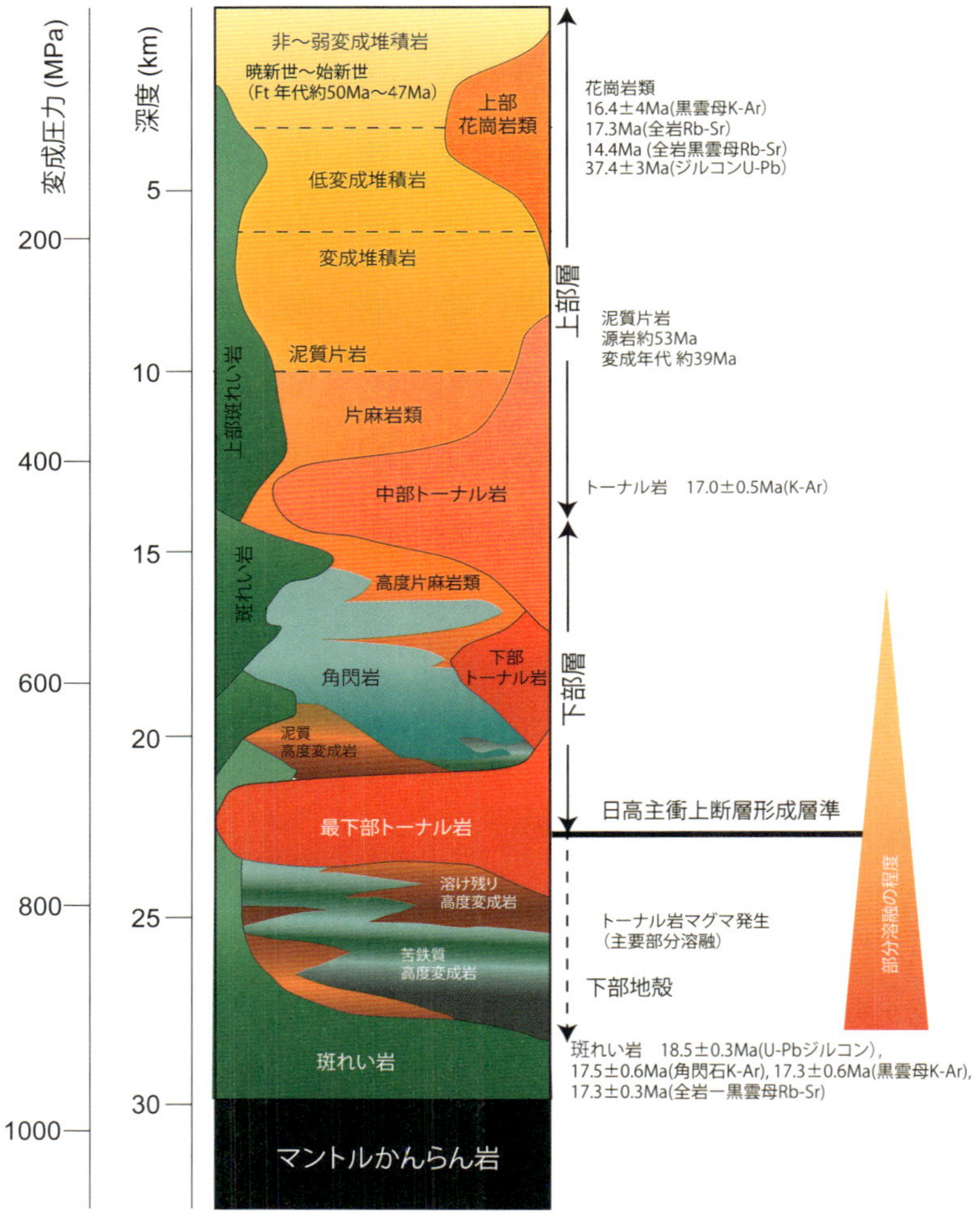

図1－4　日高地殻の柱状断面と年代[7, 8]

日高山脈の岩石の研究から推定した地殻の復元図。柱状の左側に斑れい岩類、右側に閃緑岩～花崗岩類、中間に変成岩を、おおよその量比にしたがって示している。最下部トーナル岩中部より深部の岩石は、日高主衝上断層の活動により、日高山脈では見られない（Ma：百万年前）

めくれ上がったとみなされました。地形や地質構造、地層の礫に見られる隆起削剥のプロセスを考え合わせると、千島列島の地殻が東から押し寄せ、北海道に衝突したらしいのです。日高山脈の岩石には、まず南北方向に右横ずれの変形が起こり、西にめくり上がり始め、最終的に地表に地殻深部の岩石が露出するに至ったことも明らかにされました。

木村は、この千島前弧の衝突と日高山脈形成の地質学的実態について1980年に開かれた日本地質学会のシンポジウムで発表し、その特集号が翌年の地質学雑誌に掲載されました。貝塚が示唆した千島前弧の衝突は中新世の後半から始まったことが、新しい地質学的データで強く示唆されたのです。その後、このモデルと整合的なデータが持ち寄られ、千島列島の衝突は現在進行形でもあることが明らかになっていきました。[9]

4 石狩低地帯・馬追丘陵は変形フロント

さて、今度は日高山脈から目を西へ移してみましょう（図1－5）。

第5章で記しますが、日高山脈の西縁の様似から道北の枝幸にかけての地帯は、アジア大陸の縁で海洋プレートが沈み込むときに大陸に押し付けられてはぎ取られた「付加体」という地質からなります。そこには、海洋地殻や、海溝から地下深くまで沈み込んだ岩石や地層、そして最深部にあったマントルかんらん岩が入り乱れて分布しています。そこから西へ進んで、アンモナイトの地層の見られる夕張山地や石炭の地層の分布する石狩炭田を過ぎて馬追丘陵を越えると、石狩平野になります。

馬追丘陵の西縁は「石狩低地東縁断層帯」と名付けられた活断層、西へ突き上げる逆断層が区切っています。その東の地層が折れ曲がり、夕張まで行くと激しく曲がっていることが、すでに戦前に大立目らによって発見されていたのです。石狩炭田には、石炭の埋蔵量はまだまだあります。しかし石炭の層が激しく折れ曲がっているため、地下深くまで掘らなければならず、コスト高となります。爆発事故の頻発と相まって、すべての炭鉱が閉山となる原因となりました。このような地層の変形は東から突き上げる運動によるものであり、それは日高山脈をつくった千島列島の衝突がここまで及んでいるこ

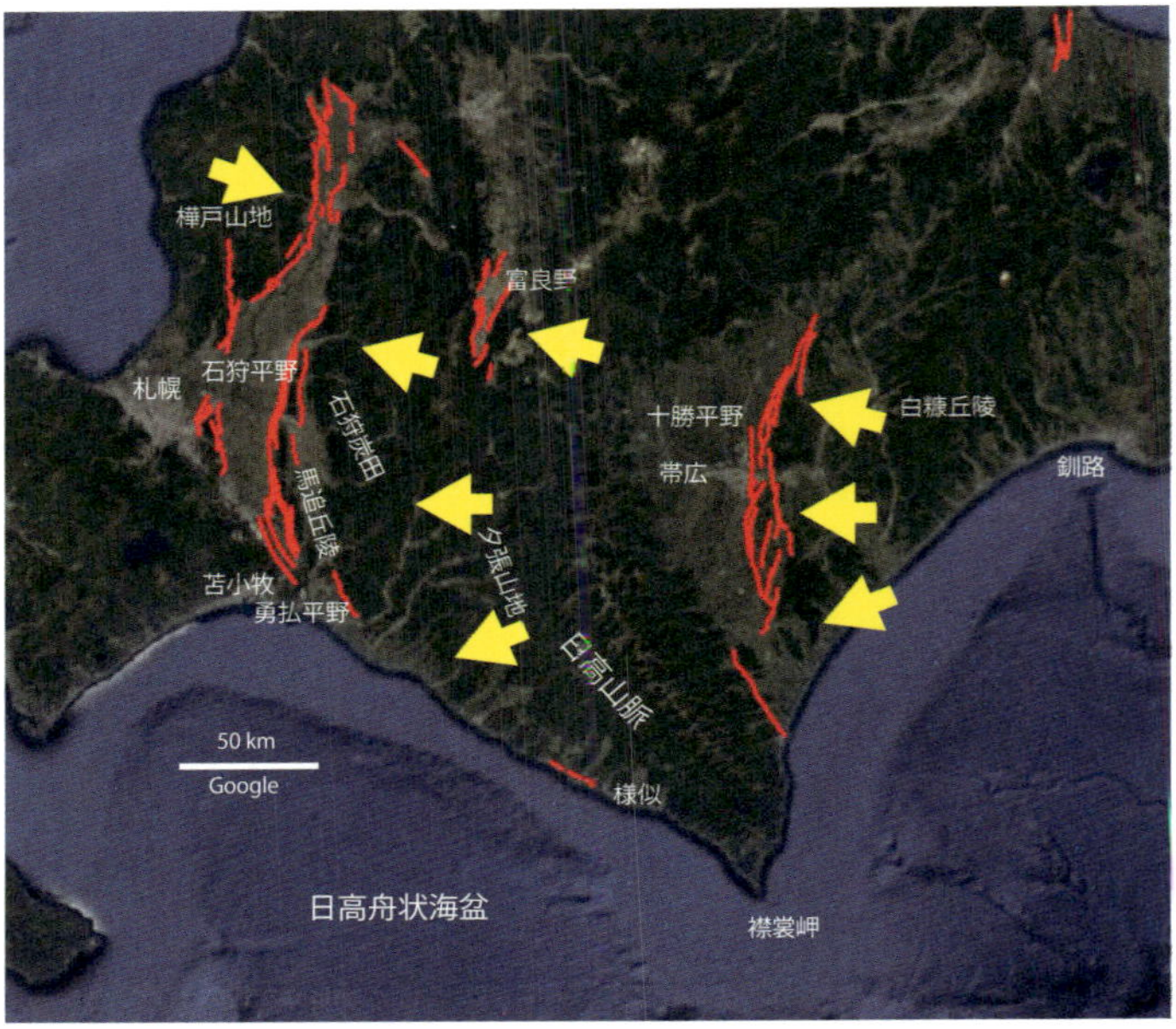

図1－5　千島前弧衝突に関連する弓状の活断層

地質調査所編纂の地質図Navi（https://gbank.gsj.jp/geonavi/）および日本活断層図に加筆修正。赤線の活断層帯の上盤側に山地・山脈・丘陵、下盤側に平野ができた。矢印は断層形成によってのし上げた方向

との証左でした（写真1－1）。

その衝突の最前線が、馬追丘陵西縁の活断層なのです。ここを「変形フロント」といいます。平らな地層が堆積している石狩平野、フロントからはじまる地層の折れ曲がり。これと似た構造が、海洋プレートの沈み込む海溝にあります。つまり、海溝底から大陸斜面へかけての場所です。そう思って平野から丘陵を眺めると、なにやら海溝に立っているような気分になるから不思議なものです。

石狩平野の南の勇払平野、苫小牧から太平洋に入り、日本海溝まで連なるところを日高舟状海盆といいます（図1－1）。そこは、日高山脈や夕張山地から太平洋へ流れ込んだ堆積物がたまっています。日高舟状海盆では海底の深さの割に重力が小さくなる「負の重力異常」（第4章）という現象がみられますが、これは北海道中央部と石狩低地帯より西の北海道西部との衝突によって地殻が押し下げられているのが原因と考えられています。

写真1－1　早来町富岡の活断層地形（撮影・宮坂省吾）

写真奥の急坂が石狩低地東縁断層帯を構成する嶮淵断層の傾動地形で、頂上の先に断層崖がある。この断層は西側が隆起する西傾斜の断層と考えられている[9]。ここから東にはこのような起伏が繰り返し、軽石や火山灰が厚く積もって滑らかな波状地形が形成されている。さらに東の丘陵をつくった東傾斜の逆断層は、地下で地震を起こす起震断層である（参考HP「北海道地質百選」）

日高舟状海盆は、馬追丘陵や西縁の活断層と同様に、西へ凸な弓状の形をしています。その様子は「千島列島が衝突して突き刺さり、のし上げている」と表現できるのではないでしょうか。それらも、大陸移動説から北海道の大地の動きを見直す過程で明らかとなったことです。

5　千島海溝からの太平洋プレートの斜め沈み込み

千島前弧移動の原因は、太平洋プレートが千島海溝に斜めに沈み込んでいることにあります。それによって千島列島の歯舞・色丹島と根室半島を乗せた千島前弧が南西へ引きずられているのです。海洋プレートが斜めに沈み込むところでは、前弧が引きずられるという現象はどこでも起こっています。しかし前弧の端で衝突し、地殻がめくれ上がってしまっているのは地球上でもたいへん珍しいのです。似た現象として、ヒマラヤ山脈の東端、インドのアッサム地方で、インドプレートの斜め沈み込みに引きずられたビルマ弧が衝突している地形をあげることができます。そこではヒマラヤ側がめくれ上がり、地殻深部が露出しています。

千島海溝から沈み込む太平洋プレートは、ウルップ島の南東沖以南の千島海溝では海溝の方向に直交する方向に沈んでいません。太平洋プレートの上に立って千島列島を見ると、真正面から列島が右にずれるように沈んでいます。「右斜め沈み込み」が起こっているのです（図1－2の矢印）。

太平洋プレートが、プレート境界でするするとスムーズに沈み込んでくれれば、地殻変動は何も起こらないのですが、実際にはそうはいきません。沈み込みの境界において、プレートとプレートは地震の時以外は強く結合しており、沈み込むプレートが上盤側のプレートを斜めに引きずり込もうとします。しかし上盤プレートは密度が小さいので沈み込まず、上盤プレートの中で歪みが発生します。これをどこかで解消する必要が生じます。

上盤プレートには、海溝から一定の距離のところに火山列があります。火山のマグマはプレートの下のマントルから上がってきたものです。プレートといっても、火山列のあるところではマントルが柔らかく、地殻の下部も温度が高いため柔らかくなっています。プレートと呼べるような岩盤は、地殻上部のせいぜい10～15kmの厚さです。そこは大変もろいので、横にずれることによって斜め沈み込みに伴う歪みが解消されると考えられました。しかし千島列島では、明瞭な横ずれ断層が活断層としては認められません。火山地帯の地殻が褶曲（波形に曲がること）することによって、横ずれ成分の歪みを解消しているからなのかもしれません。そのため、雁行配列する地形が明瞭に現れるのでしょう。

6 日高十勝沖の海底は大変動の場

日高山脈は、襟裳岬で海に没した後、南東に向きを変えて海底に脚を伸ばすように続いており、これは襟裳海脚と名付けられています（図1－1、図1－6）。東には、ほぼ平行に広尾海脚もあります。これらの海脚は千島海溝まで伸びています。最近の海底地形図は精度が極めて高いので、微細な地形もよく見えます。襟裳岬の南西側に広がる大陸棚の縁は、陸上での活断層の延長に当たり

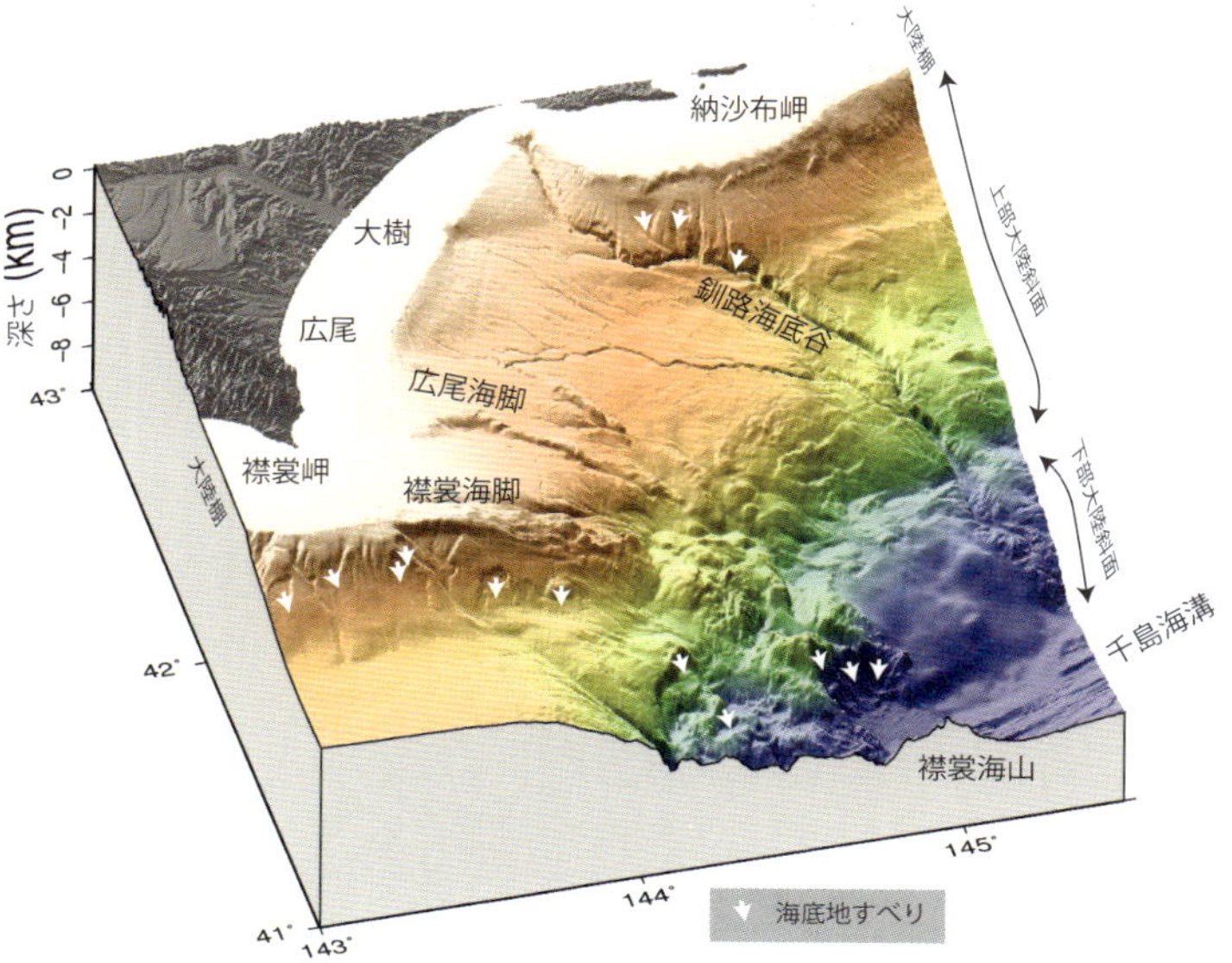

図1－6　日高山脈、十勝平野沖の海底地形図

図1－1と見比べると海底地形の立体的様子と地質構造との関係がわかる。襟裳海脚、広尾海脚は地質構造の盛り上がり部、釧路海底谷は断層谷である。これらは北西方向につながっている。襟裳海脚の南西側は大地すべり地帯である。地形図は「海上保安庁海洋情報部」HPから

ます。その斜面には、大規模な海底地すべりがいくつも見られます。

襟裳海脚が千島海溝と会合するところはもっと劇的です。海溝に落ち込む千m以上に及ぶ地すべりと崖が大規模に発達していることがわかります。この無数の地すべりは、周辺で地震が起こるたびに繰り返し発生し、それに伴って津波が発生したであろうことを想像させます。

実際この十勝沖では、１９５２年と２００３年にマグニチュード８・２、８・３のプレート境界地震が起きています。地震調査推進本部は、17年末にこの十勝沖や釧路根室沖の地震津波の将来見通しを改定し、マグニチュード９クラスの超巨大地震の発生について「切迫している可能性が高い」との予測を示しました。ここでは、プレートが沈み込んでいることによる地震と、千島列島が衝突していることによる地震の両方が起こり得ます。第12章であらためて述べるように、現代科学の知恵を持ち寄っても、地震予知は不可能です。いつ大地震が襲ってきても大丈夫なように、常日頃から警戒を怠らないことが重要で、このことは何度繰り返しても十分過ぎることはありません。

geo word 1　日高造山運動論

「なぜ山ができるのか」という問いを人類は続けてきました。19世紀末から20世紀前半には「地向斜造山運動論」が活発に議論されました。山並みが連なる山脈には海で堆積した厚い地層が露出し、山脈の翼部に向かって薄く、かつ新しい時代の地層になるという共通の特徴があるように見えたのです。そのように、山脈ができる前に厚い地層を堆積した場所を「地向斜」と呼びました。理由は不明ですが、「大陸縁に地殻が深く沈み込む凹地ができ、それがやがて山脈に反転する」という順序があるように見えたのです。そこでは活発にマグマ活動も起こり、山脈の中心部には大陸を特徴づける花崗岩も露出しています（下図）。

北海道の中軸部の山岳地域には、時代未詳の地層、海で噴出した玄武岩、そして日高山脈には変成岩や花崗岩も産出します。これらの分布を包括的に説明するモデルとして提案されたのが日高地向斜造山運動でした。それは1960年代には完成したかに見えましたが、60年代末に起こったプレートテクトニクス革命は、日高造山運動論の根本からの見直しを迫ったのです。

古生代やジュラ紀の地層や玄武岩は遠くから移動してきて、白亜紀やもっと新しい時代に全て付加したものであることがはっきりしました。日高山脈形成の運動は「縦から横へ」と変わることになったのです。（木村）

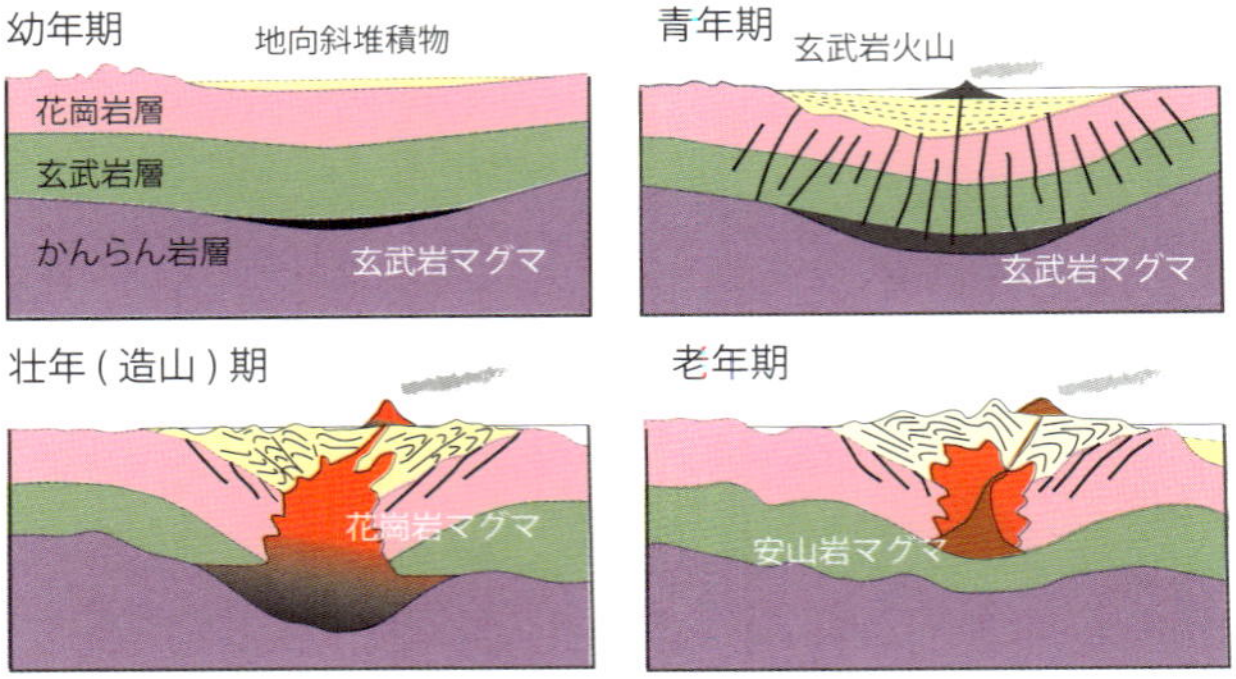

地向斜から造山帯への発展（井尻・湊[11]）に加筆修正

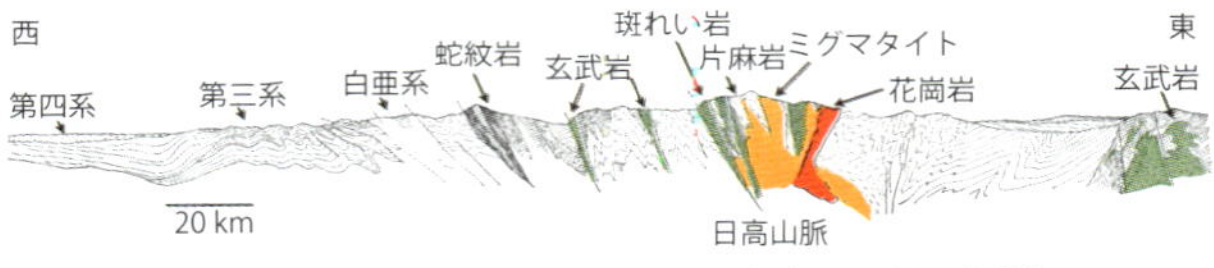

日高地向斜造山運動論に基づく断面図（日高研究グループ[10]に加筆）
玄武岩は全て地向斜内で貫入と解釈。花崗岩類は地向斜最深部で形成と解釈

第2章　プレートテクトニクス理論の成立

本書でこれから記す北海道の大地創世の物語を理解するために、少しだけ知っておいていただきたい事柄があります。大地が動いていることを説明する「プレートテクトニクス理論」です。「プレート」とか「テクトニクス」というのは普段はあまり耳にすることのない専門用語で、おまけに理論とつくと何か難しく聞こえます。しかしその内容は実は単純です。だからこそ急速に理解が広がり、人類の地球観を変えてしまうことになりました。

1　科学の大変革

プレートテクトニクス理論は20世紀も半ばを過ぎた１９６０年代の終わり頃に成立しました。２０１６年はこの理論の原理が確立してちょうど50年目でした。[1]

科学の歴史においては、常識が塗り替えられるような大変革が時々起こります。たとえば生物学では、19世紀後半にダーウィンによって確立された生物進化論という学説があります。それまで、生物は太古の昔から変わらず現在の姿であると考えられていました。しかしダーウィンはそうではなく、生物は長い時間をかけて世代を交代していく中で徐々に進化したと唱えたのでした。人は猿から進化したとする考えは大変な驚きを与えました。

物理学における大変革の例は、20世紀初頭にアインシュタインによって提唱された相対性理論です。ニュートン以来絶対的と思っていた時間や距離などは相対的なものであるというのです。自然に対する常識が一変しました。

それと同じように、私たちの足元の地球に関する長い間の常識が大きく覆る科学の大変革が、20世紀も後半になってから起こったのでした。大地は、長い時間をかけ盛り上がると山になり、低くなると最後は海になると考えられてきました。大地の運動は、高くなる・低くなるという上下の運動であると考えられていたのです。しかし、新たに登場したプレートテクトニクス理論は、大地の主要な運動は上下の運動ではなく水平運動だと述べたのです。

2 大陸移動説

そもそもの始まりは、1912年のドイツのウェゲナーによる大陸移動説の提唱でした。[2]

産業革命が起こり、列強が植民地拡大を進めていくうえで鍵となったのが地下資源の確保でした。そのために世界各地で探査が行われ、陸地の地質が急速に解き明かされていきました。すると、大陸はその形がパズルのようにつなぎ合わせられるだけでなく、つなぎ合わせたときの地層や岩石の分布もよく連続することがわかってきました。同時代に棲息していた恐竜などの陸上生物化石の分布や、昔の気候を示唆する地層（氷河末端の堆積物など）も大陸をまたいでつながるのです。そこでウェゲナーは、かつて大陸は一つの超大陸（パンゲア）を構成して、それが分裂して現在の姿に至ったと提唱したのです（図2－1）。しかし、なぜ大陸が動くのかをうまく説明できず、この説は多くの批判を受けました。そこで彼は大陸移動を証明するために、星の観測によって大西洋を挟んだ両側の大陸間の距離の変化を測ろうと考えました。そしてグリーンランドへ渡りましたが、遭難にあったのか帰らぬ人となりました。ウェゲナーの死の謎は、今でも明らかにされていません。調査に同行したイヌイットも行方不明となってしまい、後日寝袋に収められたウェゲナーの遺体が発見されたのでした。1930年のことです。

その後、世界は大恐慌を経て第2次世界大戦へと突入し、研究は中断しました。

3 大陸移動説の復活と海洋底拡大説

第2次世界大戦が終わり、平和な時代となりました。大地の生い立ちの謎を探る科学のロマンを追求できる時代となったのです。すると、「大陸は水平に移動した」というウェゲナーの考えを支持する研究成果が続々と得られました。極め付けは海底の研究でした。第2次大戦中、戦艦が座礁しないように、あるいは潜水艦を

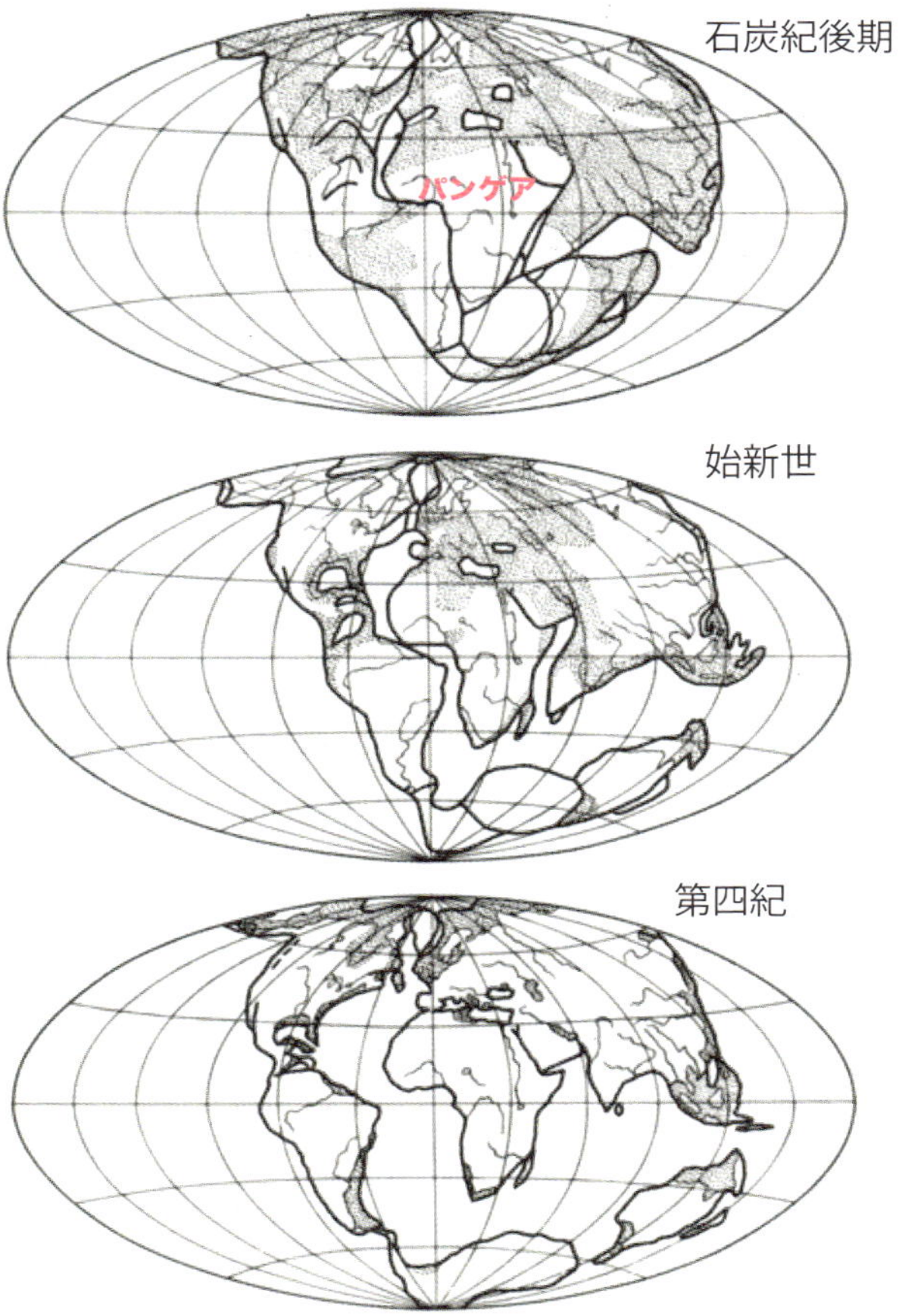

図2－1　ウェゲナーによる大陸移動説[1]

アフリカ大陸を中心にして描いたもので、灰色部分は浅海を表す。古生代（石炭紀）の超大陸パンゲアは中生代～新生代（始新世）に分裂が進行し、第四紀には現在の大陸と海洋の分布になった

潜行、探知するために、海底地形の情報は極めて大事でした。このため海底の研究が飛躍的に進み、戦後になってアメリカ海軍の地質学者らがまとめた世界の海底地形は驚くべきものでした。大西洋などの海の底に、延々と連なる大山脈が発見されたのです（図2－2）。

プレートの裂け目ができると、その裂け目に地下から軽くて柔らかいアセノスフェアと呼ばれる層が上昇し、そこからマグマが生じて山脈となります。大西洋の真ん中で発見された海底山脈の形は、南北両アメリカ大陸の大西洋側の縁と、欧州・アフリカ両大陸の大西洋側の縁にほぼ平行でした。この海底山脈は「大西洋中央海嶺」と呼ばれています。それは、かつてウェゲナーが唱えたパンゲア大陸分裂の傷跡であることは明らかでした。さらにこの海底の大山脈は、大西洋のみならず太平洋にも認められました。世界の海底山脈は地球を取り巻くように相互につながっていたのです（図2－3）。

当初、この海底山脈は地球が膨張した結果ではないのかとの議論もありました。しかし、この考え方に立つと、数十億年に及ぶ長い地球の歴史のなかで最近の数億年だけが膨張したこと、さらに引力が弱くなったことを説明する必要がありました。このようなことは起こり得ないという多くの批判を浴びた末、地球膨張論は急速に〝収縮〟しました。

ここで、大西洋と一緒に太平洋を考えてみましょう。大陸が割れて離れてできたのが大西洋でした。つまり海洋底の拡大です。太平洋でも、海底山脈のあるところで新しく海洋底ができつつある一方、太平洋の縁に「海溝」と呼ばれる細長い溝があります（図2－3）。場所によっては水深1万mを超え、そこでは頻繁に地震が起きます。その地震の震源は地球内部へつながっていくように見えます（図2－4）。これは、日本人の和達清夫らの大発見でした。太平洋では新しく海洋底ができつつありますが、それ以上に海溝から海洋底の岩盤が地球内部へ沈み込んでいるとみるのです。

新しく作られる海洋底と、海溝から地球内部へ沈み込んでいく海洋底の量が地球全体でつり合っているとすると、原因不明の地球の膨張など考える必要はなくなります。そこで、海洋底は拡大しつつも海溝から沈み込んでおり、常に更新しているとの壮大な仮説が提

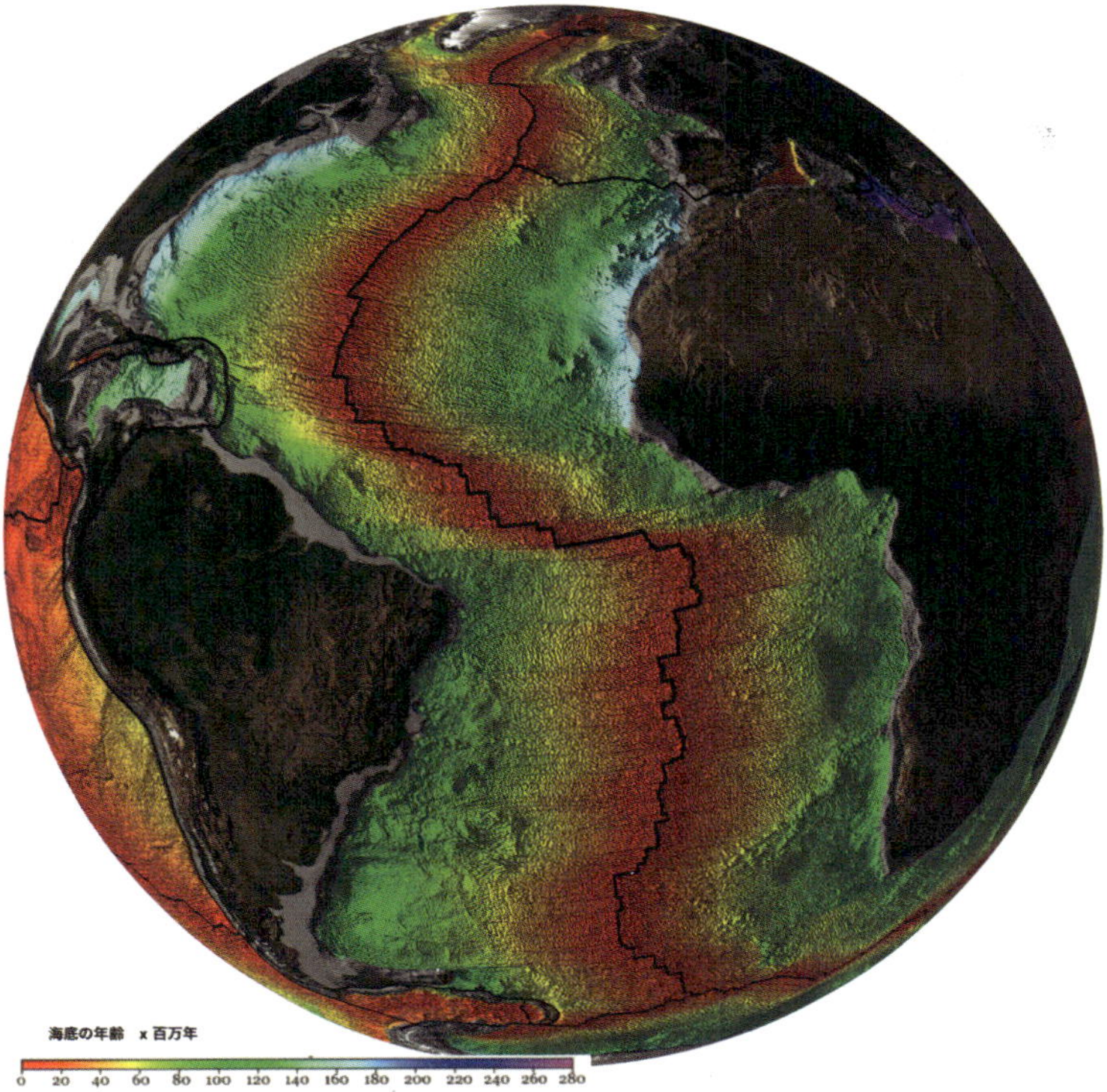

図2－2　大西洋の海底大山脈[3]

南北アメリカとヨーロッパ・アフリカの海岸線が平行なことなどから、ウェゲナーは超大陸パンゲアの分裂を提唱した。第2次世界大戦後、大西洋の中央に南北に走る大陸分裂跡の海底大山脈（大西洋中央海嶺）が発見された。色の違いは海底の年齢を示す（赤：若い海底、緑：中生代に及ぶ古い海底）。図はNOAA（アメリカ大気海洋庁）より

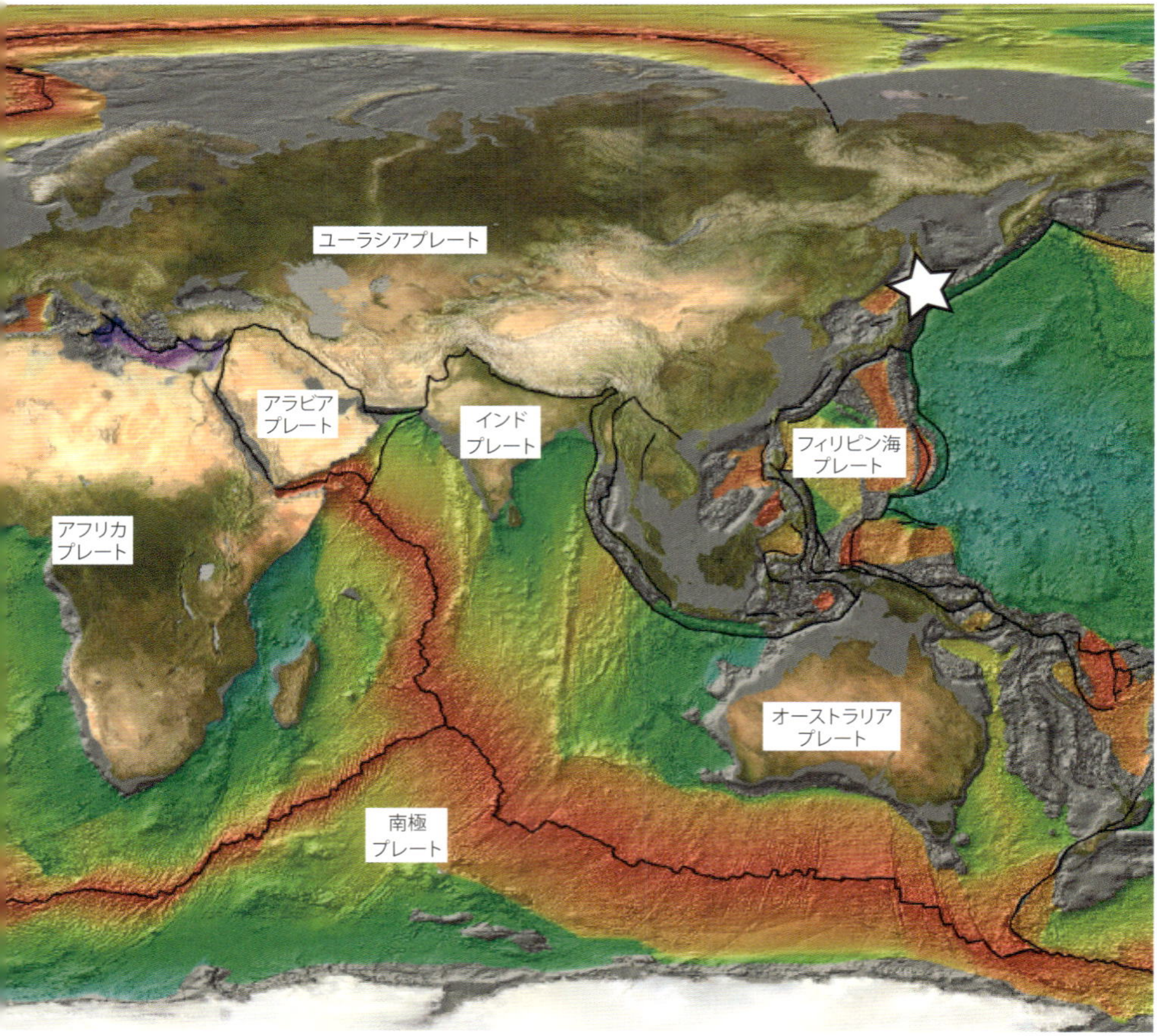

図2－3　世界の海底年齢[3]

海底の年齢を色区分で示したもの（数値の単位は百万年）。赤い帯（若い海底）の中央にある黒線が、海底が分裂拡大している中央海嶺。図の中央やや左が図2－2で示した大西洋中央海嶺。大西洋中央海嶺は北極海のシベリア海岸付近で終わる。左は南北に延びる東太平洋中央海嶺、その南端から西に延びる太平洋南極海嶺。星印はサハリン、北海道。図はNOAA（アメリカ大気海洋庁）より

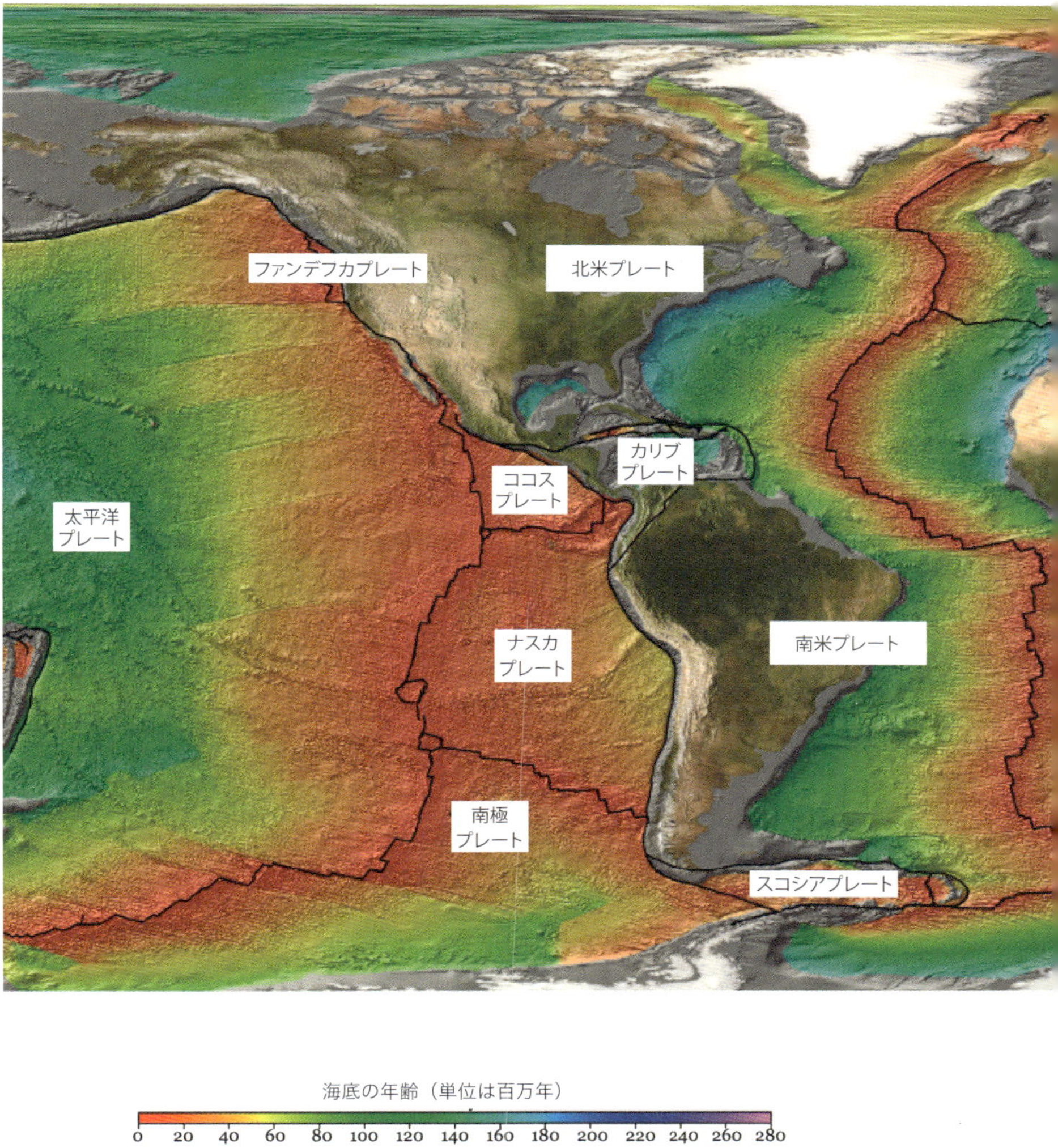
ファンデフカプレート
北米プレート
カリブ
プレート
ココス
プレート
太平洋
プレート
ナスカ
プレート
南米プレート
南極
プレート
スコシアプレート
海底の年齢（単位は百万年）
0 20 40 60 80 100 120 140 160 180 200 220 240 260 280

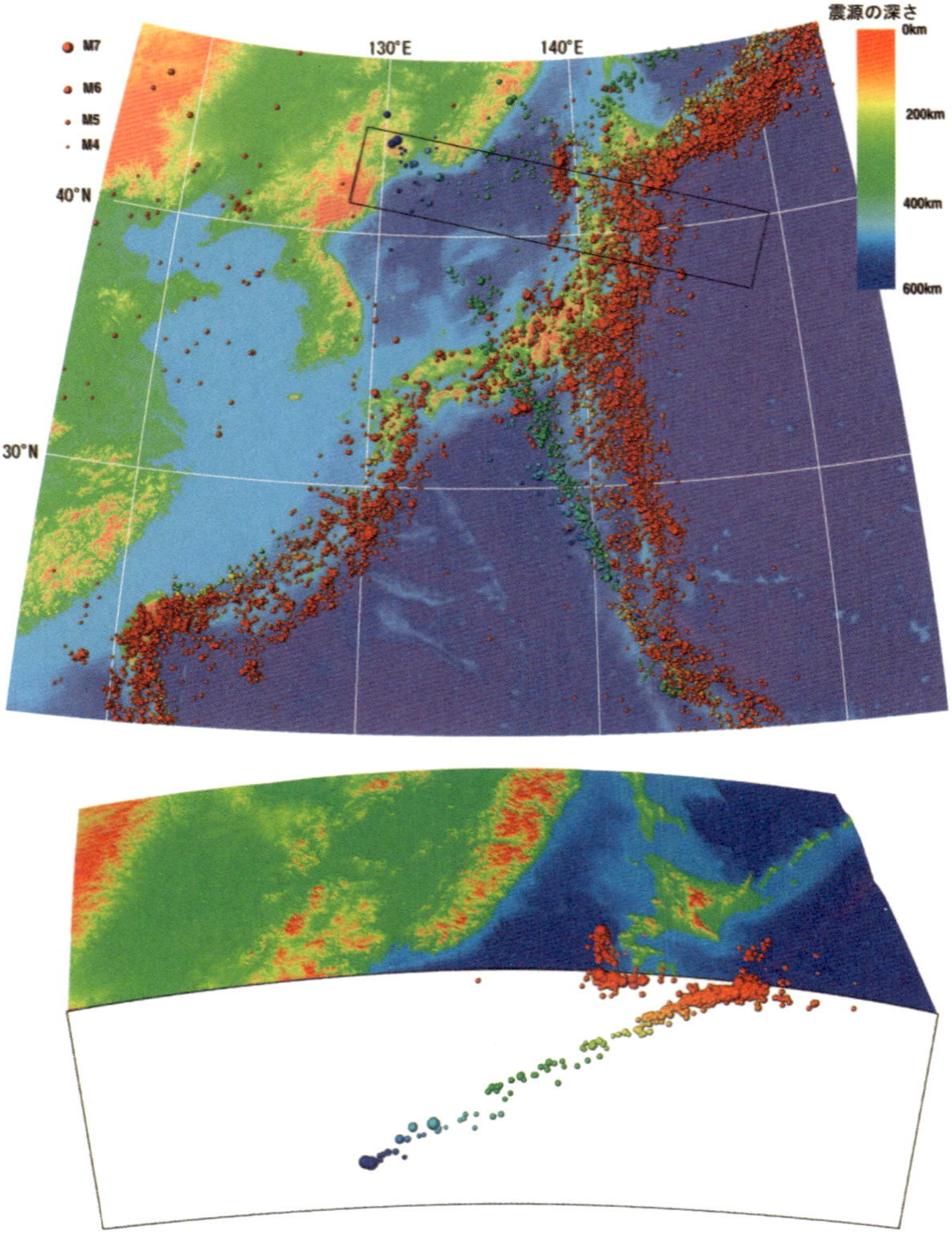

図2－4　日本海溝からアジア大陸の下に向かって続く深発地震面

この深発地震面は「和達―ベニオフ面」と呼ばれる。下図は上図黒枠内で起こった地震をまとめて断面図に投影したもの。平面と断面に記した震源の深さ・色区分は共通。地震調査推進本部HPより

案されたのです。提案したのはアメリカのヘスとディーツです。彼らは、この仮説を「壮大な地球詩」（ジオポエトリー）と記しました。この謙虚さが一層ロマンをかき立て、一気に学界で流布されるに至りました。1961年のことです。

この海洋底拡大説を受けて、60年代はうなるような地球科学大変革の時代となりました。そしてプレートテクトニクス理論の完成へと向かうのです。

4 プレートテクトニクスの運動学

地球は、東西に比べて南北の直径が少し短いメロンパンのような楕円体に近いとわかっています。が、宇宙から遠目に見るとほぼ球です。内部は、中心部に液体部分があるのを除いて岩石からなります。表面から100km程度の深さまでは、それより下に比べて特に硬い岩盤です。その岩盤のことをプレートと呼ぶことにしたのです。大陸も海洋底も、その下はプレートです。そのプレートが水平方向に移動していると考えられるのです。

大地が運動し、その結果として形や内部の構造を変えることを、地質学ではテクトニクスと呼んでいました。そこで水平運動を強調してプレートテクトニクスと呼ぶようになりました。

運動は、まず幾何学で記述するというのが自然科学の伝統です。

プレートの水平方向の運動を考えます。球の表面を覆うプレートが水平に動くということは、地球の中心を通る軸を仮想して、その軸の周りをプレートが回転するということです（図2-5）。回転軸が地表と交わる「極」の座標と、回転の「角速度」（1秒に何度回転するか）が得られれば、記述は完了です。ただし、この回転が何に対する運動なのかということを決めておく必要があります。たとえば「アジア大陸を固定して見た時の太平洋プレートの運動」などです。プレート回転の「極」と「角速度」を求めるためには、隣り合うプレートの間の相対的な運動を決めるところから始まります。[1]

5 断層の分類と3つのプレート境界

隣り合うプレートは境界で接します。境界は遠く離れて見ると、線のように見えます。海底は水に覆われ

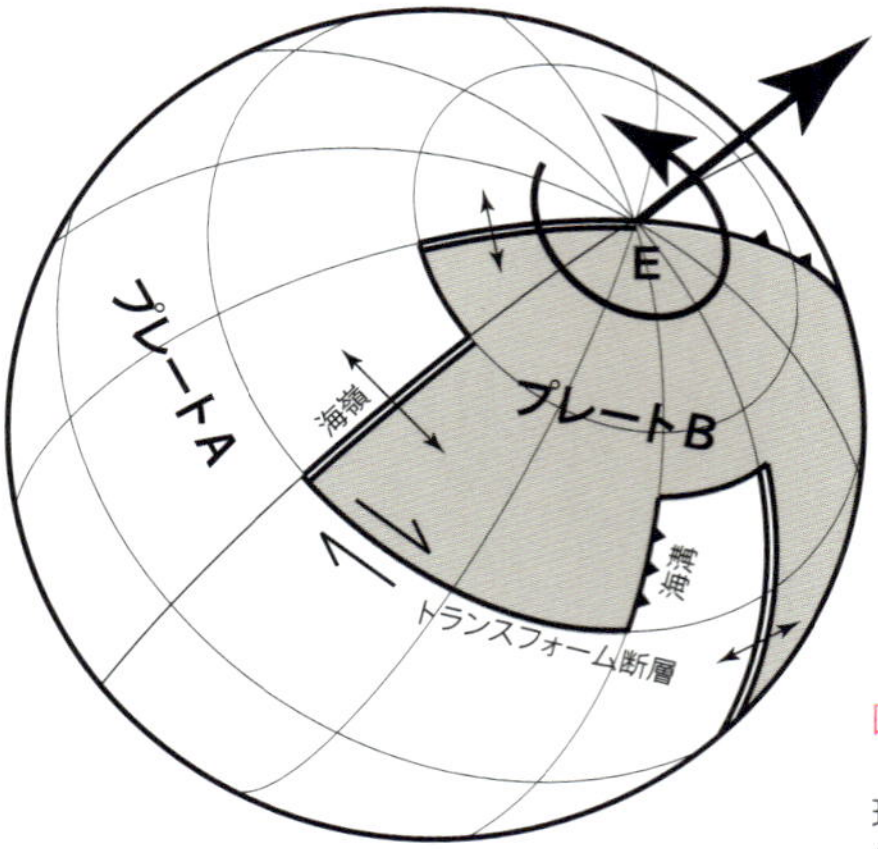

図2-5　プレート運動の記述

球の表面をプレートが水平に動くということは、球の中心を通る軸の周りをプレートが回転することである。回転軸が球面と交わる場所を相対運動の極（回転極とも。図中のE）という。図は、プレートBがプレートAから右に離れて相対的に移動し、反時計回りの運動をしていることを示している

て直接目で見ることはできません。しかし、いまは音波を利用したり、人工衛星から重力などを観測することにより、間接的に見ることができます。

その境界は大地の岩盤の断裂です。この断裂に沿って岩盤がずれたものを断層といいます。プレート境界は断層なのです。

断層は、ずれ方によって分類されます（図2-6［下］）。断層の傾斜方向にすべる断層を縦ずれ断層といいます。それに対して傾斜のない方向、すなわち等高線と平行の方向にずれる断層を横ずれ断層といいます。縦ずれ断層のうち、一方の岩盤が重力に従って滑り落ちるものを正断層、重力に逆らって上にずれるものを逆断層といいます。これらの縦ずれ断層に沿うずれを水平方向での運動として見ると、正断層は伸張するのに対して逆断層は短縮します。横ずれ断層は、運動のすべてが水平方向です。一方の岩盤の上に立って相手方の岩盤を眺めた時に、相手が右へずれる断層を右横ずれ断層、左にずれるものを左横ずれ断層といいます。

プレートテクトニクスはプレートの水平運動を回転として記述すると先に記しました。プレートの運動の

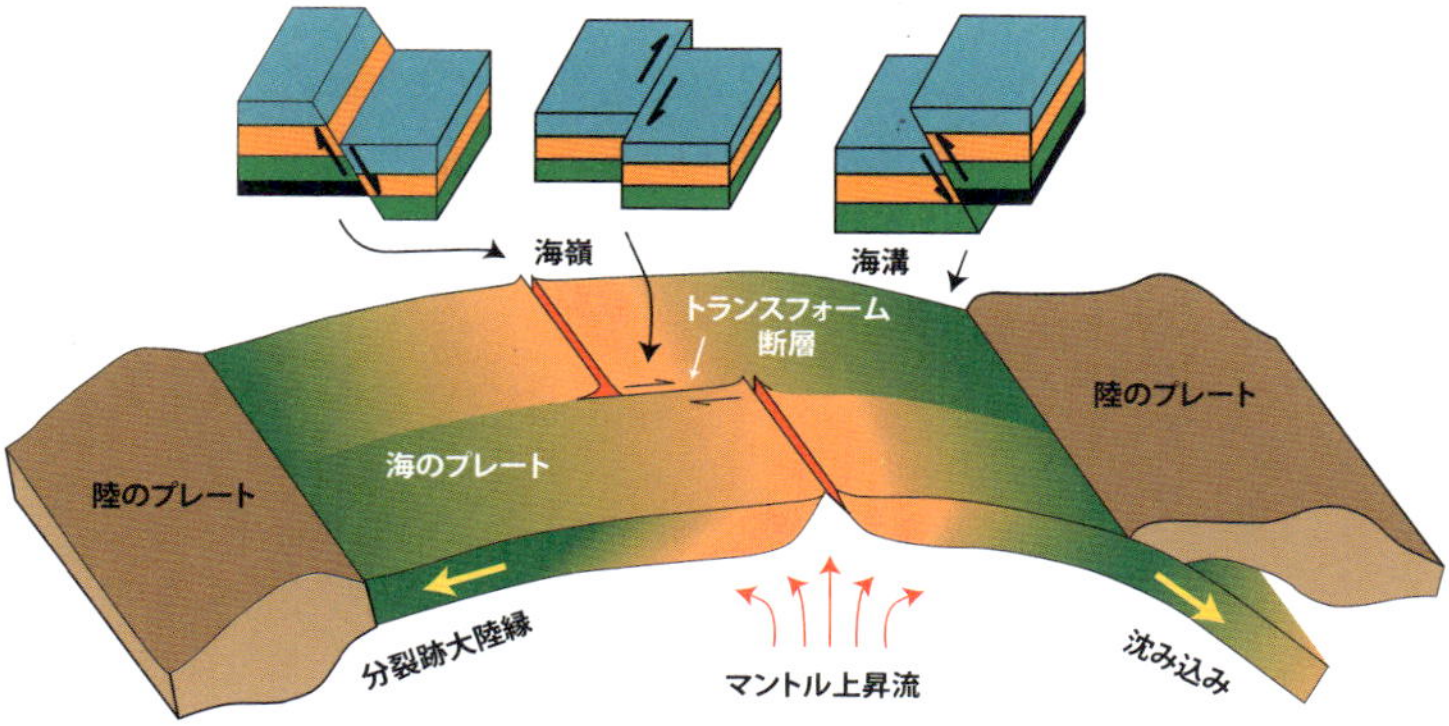

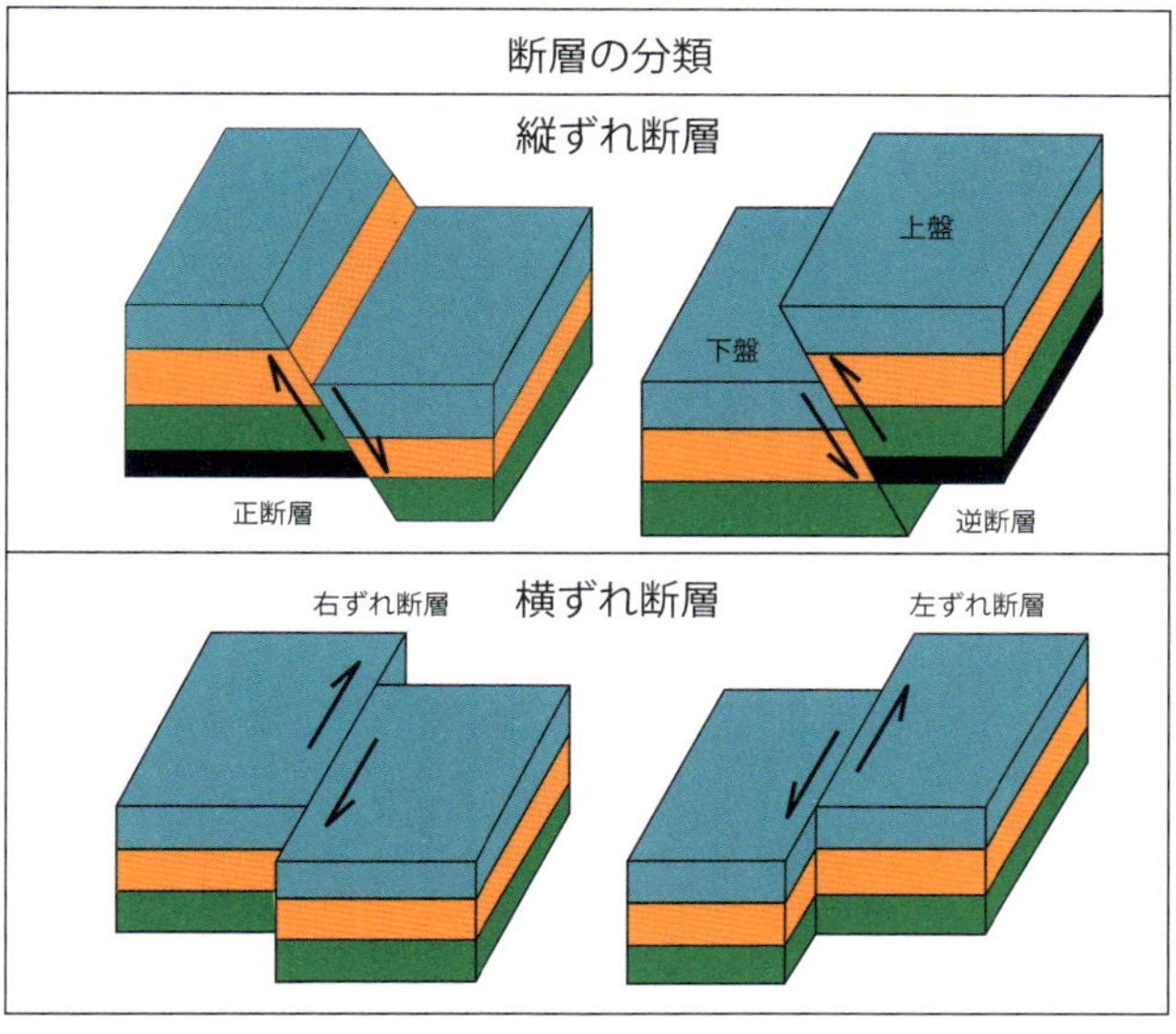

図2−6　断層の分類とプレート境界の分類

［上］は3種類のプレート境界にできる断層のタイプ、［下］は断層の基本分類を示す。海嶺では正断層、プレート境界を作るトランスフォーム断層は横ずれ断層、海溝では逆断層が主な断層となる

最前線であるプレート境界の断層は、水平運動に注目すると3つに分類できます。

1つ目は、水平方向に「伸張する」正断層の境界です。別の言葉で表現すると「広がる、離れる、拡大する、発散する、分裂する」境界などといいます。そのようなことが現在起こっているのは、陸ではアフリカ大地溝帯などの大陸が分裂しつつあるところです。海ではさきほど述べた海底山脈、つまり中央海嶺と呼ばれるところです。ここを「発散境界」といいます。

2つ目は、水平方向に「短縮する」逆断層境界です。「ぶつかる、衝突する、収束する」境界などともいいます。陸ではヒマラヤやアルプスなどの大山脈を作ります。一方、海では反対に最も深い海溝を作ります。これらの地形は、水平方向から余分に押す力が加わり、大地が押し上げられたり押し下げられたりした結果できたものです。ここは「収束境界」と呼ばれます。

3つ目は、横ずれ断層によってプレート同士がすれ違っていく境界です。アメリカ西海岸のサン・アンドレアス断層が代表例です。境界付近では、横ずれ断層には右か左かの区別がありますが、プレート境界の分類としては、すれ違う境界として一括して定義しています。

蛇足ですが、「離れる、ぶつかる、すれ違う」って人間関係のようで、分かりやすく一瞬にして記憶に沈殿します。そんなことも、この理論が一気に普及した遠因かもしれません。

さてこれで、プレートテクトニクスでの運動を記述する準備が整いました。隣接するプレートの境界において、どの方向に年間何cm動いているのかという速度を調べ、その運動を最もうまく説明できる回転の極と角速度を求めれば良いのです。

しかし海洋底拡大説が提唱された当時は、速度をどう調べるかが課題でした。後に、海底が海嶺で生まれた年代を知る手がかりが見つかったことが大きな飛躍をもたらしました。ある地点の海底の年代がわかると、その年代から現在までの経過時間で海嶺からの距離を割って、海底の移動速度を求められるからです。この考え方が「ジオポエトリー」の仮説を科学へと発展させる大きな一歩となりました。これを最初に計算してみせたのがモルガンでした。1967年のことです。翌年、ルピションは世界の海洋底について計算しました。いまから50年ほど前のことでした。

6　北米・ユーラシアプレートが北海道でぶつかり合う？

では北米プレートとユーラシアプレートの境界（「北米・ユーラシアプレート境界」）はどうなっているのでしょうか。

大西洋の真ん中にある大西洋中央海嶺がパンゲア大陸分裂の傷跡であることはすでに述べました。この海嶺は北上して北極海へ入ります。そしてシベリアに上陸するように見えます（図2-7）。しかし、そこにはアフリカ大地溝帯のような陸が分裂するところはありません。

大西洋の海底の年代や拡大方向から求めた北米プレートとユーラシアプレートの相対運動の極は、実はシベリアの中にあります。極では「大地が離れる」とか「ぶつかる」ということは起こりません。しかし極から離れると相対運動は顕著になり、極から角度にして90度離れたところで運動は最大となります。

北米プレートとユーラシアプレートの発散境界上で最も速く離れつつあるのは、アメリカ側ではメキシコ湾沖、欧州側ではイベリア半島沖です。それが極近傍では0になるのです。では回転の反対側ではどうなるでしょう。そこに北米プレートとユーラシアプレート境界があれば、そこでは大西洋とは反対に、プレートがぶつかる境界になるでしょう。

実際にシベリア大陸からサハリン島、さらに北海道にかけては、水平方向に短縮する逆断層型の地震が多く起こっています。アメリカの地震学者のチャプマンとソロモン[4]は１９７６年にそれらのデータをまとめて、サハリンから北海道には北米プレートとユーラシアプレートのぶつかる境界があると提唱したのです。

それから40年がたちました。この説は提案直後から議論にさらされてきました。さらに、90年代後半以降、ＧＰＳ（汎地球測位システム。最近は総称して全球測位衛星システム＝ＧＮＳＳという）を用いた地殻変動の研究が急速に発展しています。まだ観測が始まって20年と時間は短いのですが、得られたデータは大局的にはプレートテクトニクスの予想と整合しています。一方で、陸は海洋のプレートと違って、一枚岩のプレートとしてはとても扱えないことも一層はっきりしてきました。

ただし、ユーラシア大陸やアメリカ大陸、さらに日本列島も、「北米プレートとユーラシアプレートの境界」という単純な見方では説明が難しくなっているように思われます。そのことはあらためて後の章で記しましょう。

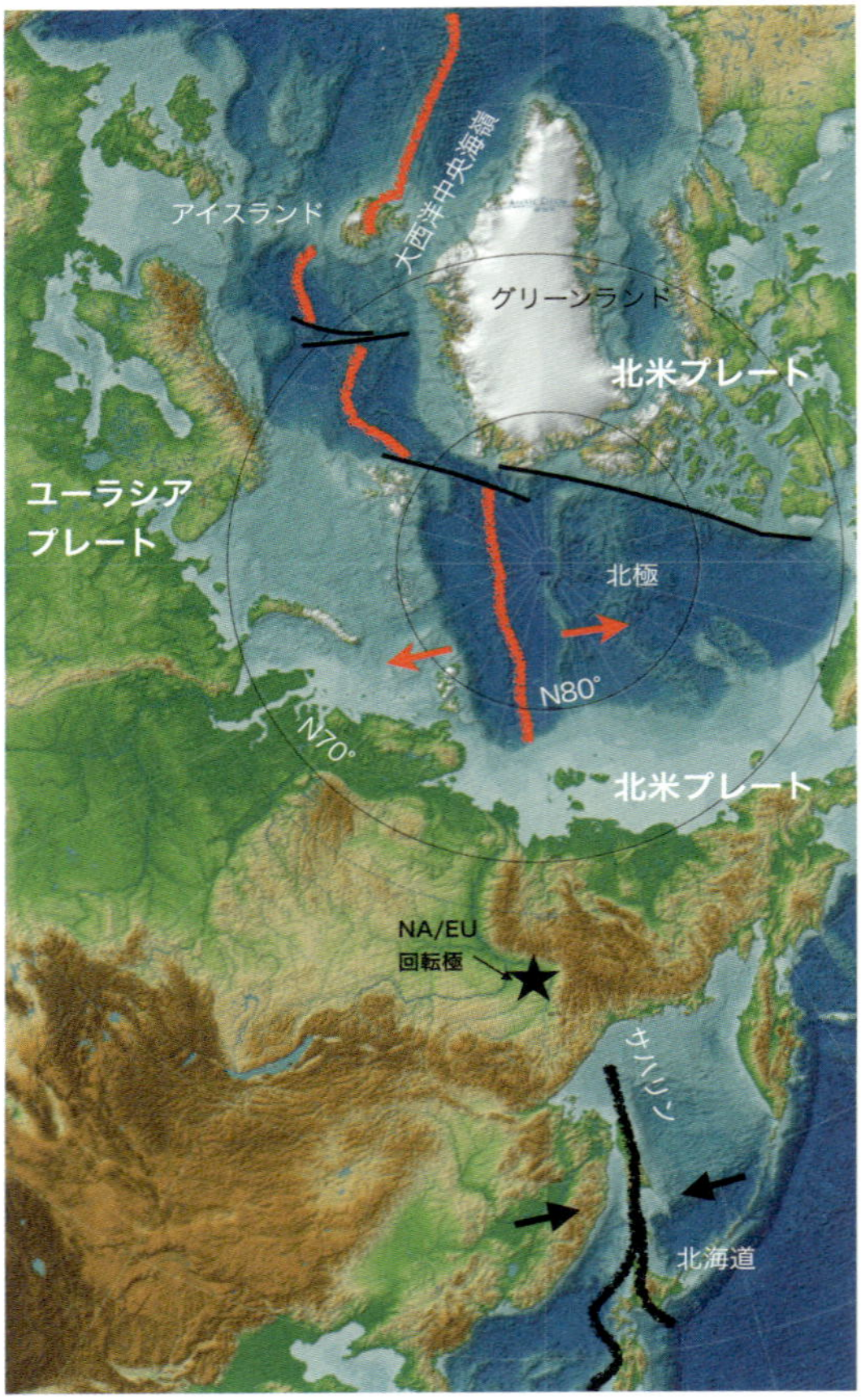

図2－7　北米・ユーラシアプレートの境界

北海道からサハリンにかけては北米・ユーラシアプレート境界であるとする説[4]をもとに作成。NA/EU回転極（★）は大西洋中央海嶺とサハリン～北海道のプレート境界の中間にある（NA：北米プレート、EU：ユーラシアプレート）。赤線は2つのプレートの発散境界で、太い黒線はぶつかる（収束）境界。北極圏の地図は北極環境研究コンソーシアムと国立極地研究所発行「北極域」より

geo word 2　地質時代

地球の歴史は46億年です。その歴史を、主に生物種の変遷に基づいて時代区分したものを地質時代と呼びます。生物種が大きく変化する時期は、地球にとっても大きな変化を経験したときです。地球と生物は、外的な影響を同時に受けながら、またある時には互いに影響し合いながら、共に変遷して現在に至っています。

地球史は大きく分けて4つの時代からなります。古い方から、冥王代、太古代、原生代、顕生代と名付けられています。はじめの3つの時代を合わせて先カンブリア時代と呼びます。顕生代（約5億4千万年前以降）に入ると、生物は一気に多様化していきます。顕生代は、古生代、中生代、新生代という3つの地質時代からなります。それぞれ、古い生物の時代、中間期の生物の時代、そして新しい生物の時代という意味です。動物でいうと、古生代の主役は、無脊椎動物や魚類、両生類などです。中生代には、恐竜をはじめとする爬《は》虫類が繁栄しました。そして新生代は哺乳類の時代と呼ばれています。それぞれの時代は、さらに細かく、紀、世、期と区分されます。それを表に示します。

日本発の地質時代名の候補として話題になっている「チバニアン・千葉時代」は、顕生塁代/新生代/第四紀/更新世/中期に相当する地層で、堆積したのは約77万年〜12万6千年前です。このような地質時代の区分の定義や名称、年代等は定まったものではなく、新しい研究成果によって絶えず更新されています。（亀田）

地質時代			（万年）
新生代	第四紀	完新世	1.17
		更新世	259
	新第三紀	鮮新世	533
		中新世	2303
	古第三紀	漸新世	3390
		始新世	5600
		暁新世	6600
中生代	白亜紀		14500
	ジュラ紀		20130
	三畳紀		25190
古生代			54100
先カンブリア時代			

図－地質年代表

（日本地質学会「地質系統・年代の日本語記述ガイドライン」（2017年2月改訂版）をもとに作成）

第3章　陸と海のプレートがせめぎ合う北海道

1　北海道はカスベの形

北海道は「カスベの形」と言われます（図3－1）。カスベとはエイの北海道での呼び名です。鼻先が北端の宗谷岬、尾が襟裳岬、右の腕が知床岬、そして左の腕が積丹半島の神威岬です。頭の先に2本のヒレがあるイトマキエイだとすると、知床岬と根室半島が頭、宗谷岬と襟裳岬が両腕、そして渡島半島が巻く尾だと見ることもできます。どちらにしても、昔の人は腕を広げたエイの姿として北海道の地形をとらえたのですね。

ではなぜこのような形をしているのでしょうか。

大づかみに言うと、南北と東西に延びた山々が硬い軸になり、その間に柔らかい大地が広がっているということです。ちょうどコウモリやモモンガが空を飛ぶ時の姿に似ています。

どうしてそのような形になったのか、それが北海道の大地創世の物語です。そして、その大地は時々刻々変

図3－1　北海道はカスベの形？

カスベの写真は「北海道お魚図鑑」（北海道水産林務部HP）より

貌していきます。地震が起こり、火山が噴火し、地すべりや洪水が起こるからです。これから数万年や数十万年という長い時間が過ぎると、まったく違う姿になっていくでしょう。

2 海の水をなくしてみると

地球の表面の7割近くは海水に覆われています。「海の水はなぜ塩辛いか、海の水はどこから来たのか」という疑問を誰しも一度は抱いたことがあるのではないでしょうか。それも答えを言ってしまいましょう。海の水は、長い地球の歴史の中で、大地を作る石（岩石）から絞り出されたものです。

石には味の原因となる成分がたくさん含まれており、それらも水と一緒に絞り出されたのです。その成分をミネラルといいます。ミネラルとは本来は石を構成する鉱物のことです。そのような鉱物からイオンが水の中に溶け出して、海の水の成分となったのです。海底の下や陸の大地の下を作る岩の中には、たくさんの水が今でも含まれています。

さて私たちは、水のあるところを海、ないところを陸と呼びます。なぜ海と陸という違いがあるのでしょうか。海は地形的に低いので、水はそこへ流れ込みます。陸上で降った雨は川を流れ下り、海に注ぎます。そして約40億年という気の遠くなるような長い時間をかけてできたのが大海原です。

最近はインターネットで、海の水を取り除いた地球の姿を見ることができます。図3－2にそれを示しました。すごいですね。海底も丸見えです。

これまで、海の深さを知るために人類は大変な苦労をしてきました。最初は、直接重りをつけたロープを下ろして測りました。でも深いところには届きません。その後、音波を使って測るようになりました。しかし20世紀の終わり頃、人工衛星の軌道の揺れから全地球表面の重力を測り、それによって海の深さを測るようにもなりました。最初にその結果が発表された時には、宇宙から海の水を通して海底を眺めているようであり、世界に感動を与えました。

北海道の周辺を見てみましょう。カスベの尾にあたる襟裳岬は海に入り、その延長部の襟裳海脚が東へ向きを変え、千島海溝から日本海溝へと変わるちょうど

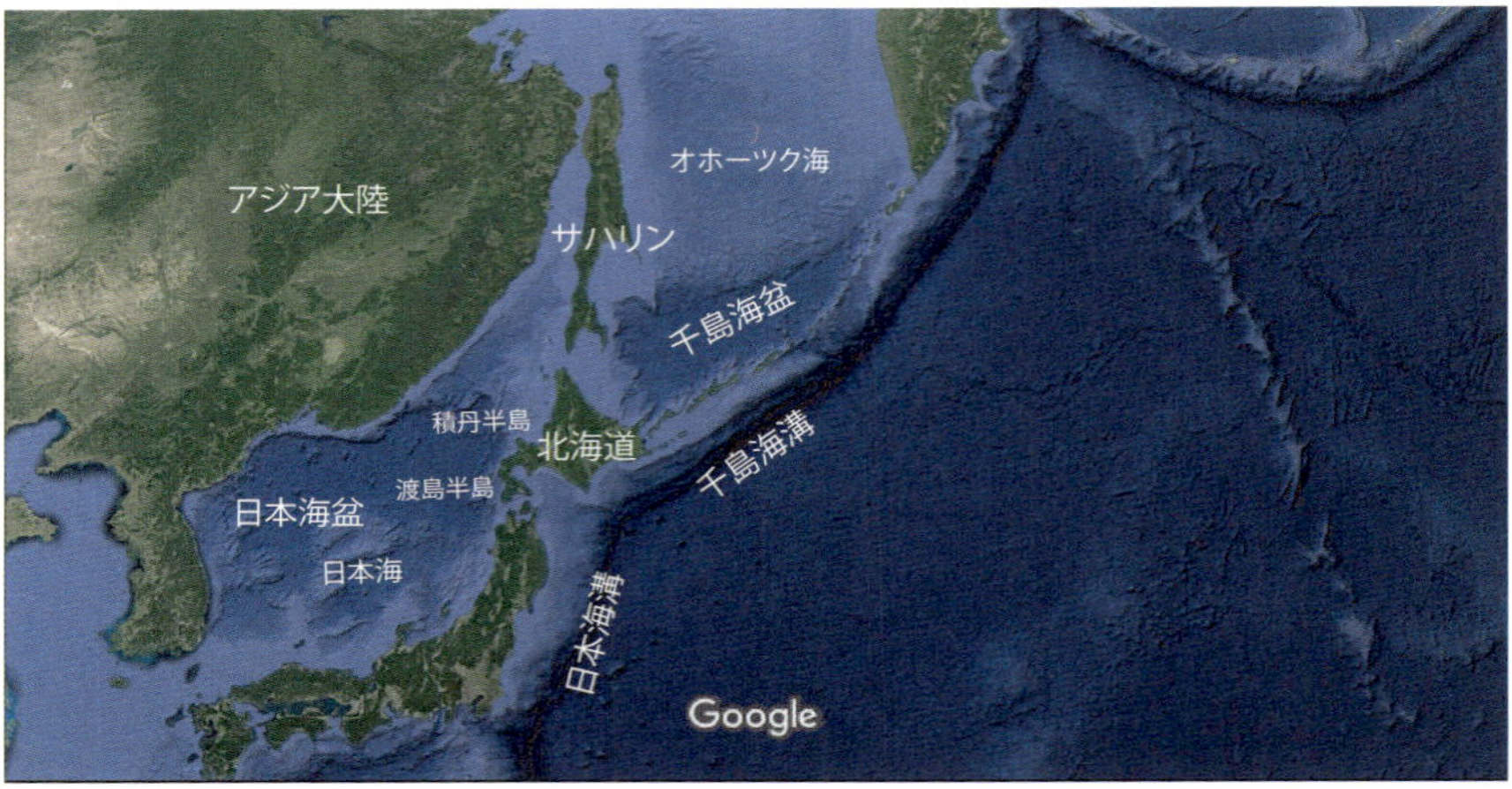

図3－2　北海道周辺の海底地形（Google Earthより）

海は青の色が濃いほど深い。日本列島の東側に海溝、北と西側に窪地である千島海盆、日本海盆があることに注目

曲がり目につながります（図1－1）。襟裳岬は日高山脈の南端といわれています。言い換えると、日高山脈が水没し、ちょうど千島海溝と日本海溝の会合するところへつながっているように見えます。高い山脈が水没し、海の一番深い海溝までつながっているのです。

今度はカスベの鼻先、宗谷岬に目をやってみましょう。するとそれは、宗谷海峡の向こうに見えるサハリンへつながっています。サハリン島は南北が千kmにも及ぶ島です。陸地は宗谷海峡で途切れていますが、海底ではつながっているのです。氷河時代には陸続きで、北からマンモスが南下し、襟裳岬にまで到達していました。サハリンは幕末近くまでアジア大陸から離れた島であるかどうかも不明でしたが、江戸後期の探検家・間宮林蔵によって初めて島であることが確かめられました。第2次世界大戦終戦前、サハリンは北緯50度まで日本領で、多くの日本人が住んでいました。北海道の炭田の北への延長でもあり、石炭を盛んに掘っていました。大地の地質はそのままつながっています。

カスベの右腕の知床半島は、世界自然遺産にもなっており、火山が連なっています。地質学的には、その東の国後島や択捉島、そしてウルップ島へとつながる千島列島の火山列の西南の端にあたります。知床半島の北にはオホーツク海があります。知床半島のすぐ北は「千島海盆」という深い窪地になっており、海底は平らです。平らな理由は、2千mに及ぶ厚い土砂が埋め尽くしているからです。堆積層の底は海面から5千mの深さにあります。

今度は、カスベの左腕に当たる積丹半島に目を移してみましょう。苫小牧から札幌・石狩に及ぶ地域は「石狩低地帯」と呼ばれます。その北部は石狩平野であり、南部は勇払平野です（図1－5）。石狩低地帯の西側には樽前山、有珠山などの活火山があります。そして渡島半島へ続きます。この半島は、地質学的には津軽海峡をはさんだ本州の北海道への延長です。地図を見ると、北端に積丹半島が位置し、その西が日本海です。海底の地形はここでも深い窪地になっています。そこを「日本海盆」と呼んでいます。

千島列島の火山の連なりにある知床半島とその背後にある千島海盆、そして渡島半島から東北地方へ南北につながる火山列とその背後の日本海盆。何やら似た配置になっています。

千島海盆、日本海盆は火山列の「背後」にあると述べました。なぜ背後というのでしょうか。背（後ろ）に対しては腹（前）が必要です。前とは太平洋側を指します。なぜ太平洋側を前と呼ぶのでしょうか。

遠くから見ると、千島列島も本州も弓（弧）のように太平洋側へ張り出す形をしています。このため、日本は弧状列島と言われます。弓は矢が飛んで行く方向、すなわち凸の方向を前と決めています。それにならって、千島海盆や日本海盆は背後側となります。そこで、それらを「背弧海盆」（弧の後ろ側の海盆）と呼ぶようになりました。これは世界共通の地形で、世界中に似た地形が見られます。

さて、海の水を取り除くと、地球の表面の姿が見事に浮かび上がりました。そこには海溝、火山列島、背弧海盆という地形が規則的に並んでいることがわかりました。また北海道は、千島列島と本州という2つの列島の交わるところにあることもわかります。そしてそれらをちょうど二分するように、南北に千km以上にわたるサハリンへ連なる山並みがあると見るのが良いことがわかりました。
どうやらこの配列に、秘密が隠されているようです。

3 揺れ動く大地

日本に住んでいて地震を経験したことのない人はいないでしょう。世界では一生の間に一度も地震を経験することがない人もたくさんいます。日本は地震や火山、それに台風・洪水などの風水害も加えると世界有数の自然災害大国です。従って国民の災害に対する意識も大変高いものがあります。

台風などは、天気予報で時々刻々の様子が伝えられ、かつ避難命令や警報などが適切に出される場合が多く、被害を最小限に食い止めるための策がとられています。

では、火山や地震はどうでしょうか。

火山は、爆発に至る前に火山性の地震や地殻変動を起こすため、徐々に活発化する様子を捉えられる場合も少なくありません。２０００年の有珠山噴火は、直前に避難命令が出され、１人の犠牲者も出なかった成功例です。しかし、14年の御嶽山噴火では多数の犠牲者が出てしまいました。火山爆発の正確な予測もなかなか容易ではありません。

地震はどうでしょうか。残念ながら、科学的に前兆を捉えて成功した例は、世界で1つもありません。日本では、１９９５年の阪神淡路大震災後、急速に日本列島の地震や地殻変動の観測体制が強められました。日本各地に時々刻々の大地の動きを検出できるＧＰＳの設置、地震計の設置が進められました。それによって、これまでにない精度で大地の動きがわかるようになってきました。

図３－３は地殻変動の様子です。国土地理院のホームページで公開されており、誰でも閲覧できます。これを見ると、日高山脈から東側、知床半島から南側の北海道東部が、他のところよりも速く、年間数cmずつ北西へ動いていることがわかります。

年間数cmというのは、爪が伸びたり髪の毛が伸びる速さです。こんなわずかな速さでも、百年たつと数mにもなります。襟裳岬にマンモスが渡ってきた氷河時代が終わったのは1万年くらい前ですから、その時代から同じ動きが続いていたとすると、北海道の大地は、数百mも動いたことになります。

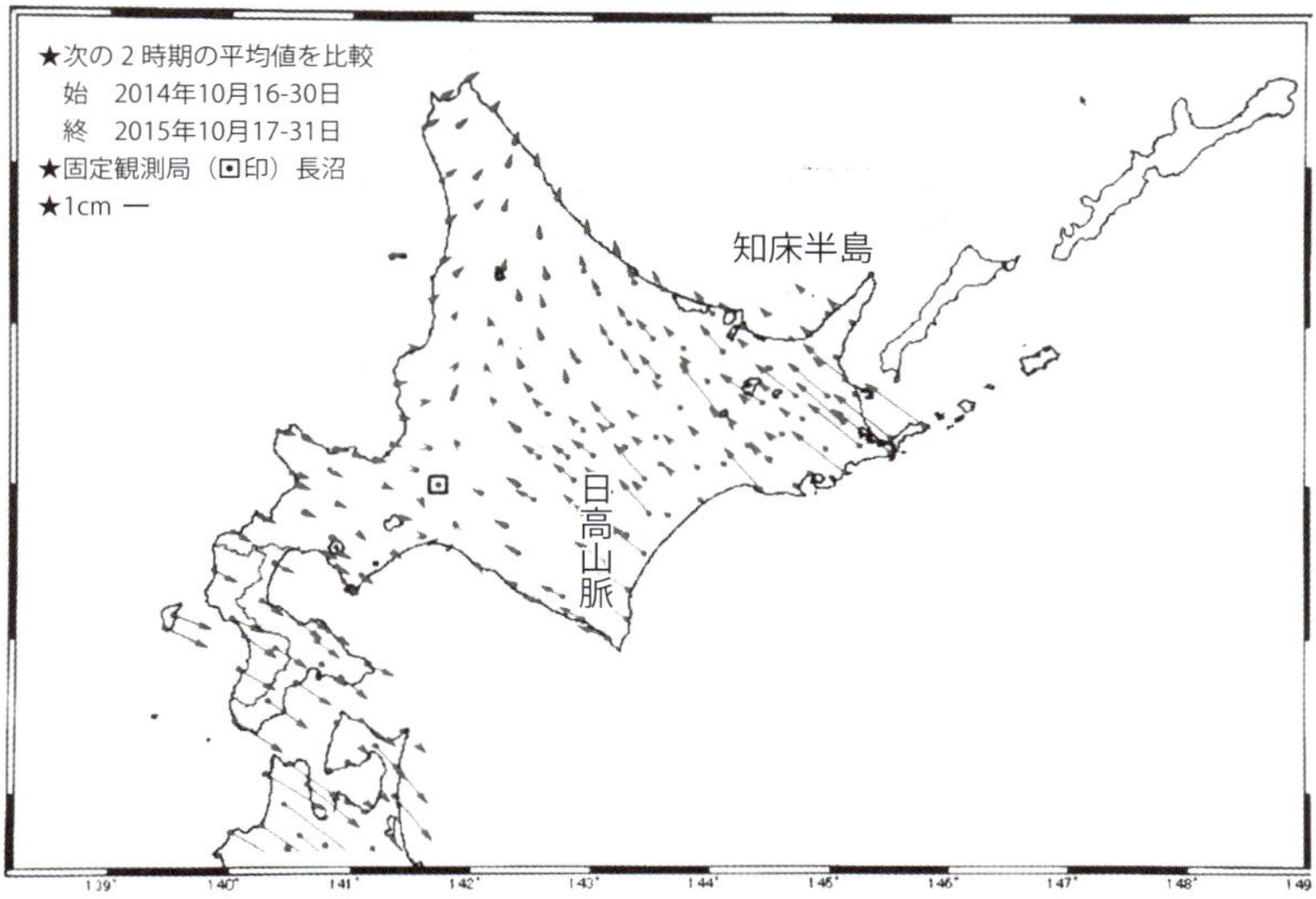

図3－3　最近の北海道の地殻変動
長沼を固定観測局（基準点）とした時のGPSが検出した地殻変動（2014年10月後半から15年10月後半まで。国土地理院より）。凡例に水平変動量1cmの長さが示されている。知床半島の南側の北海道東部がもっとも速く、年間数cmも北西へ移動している

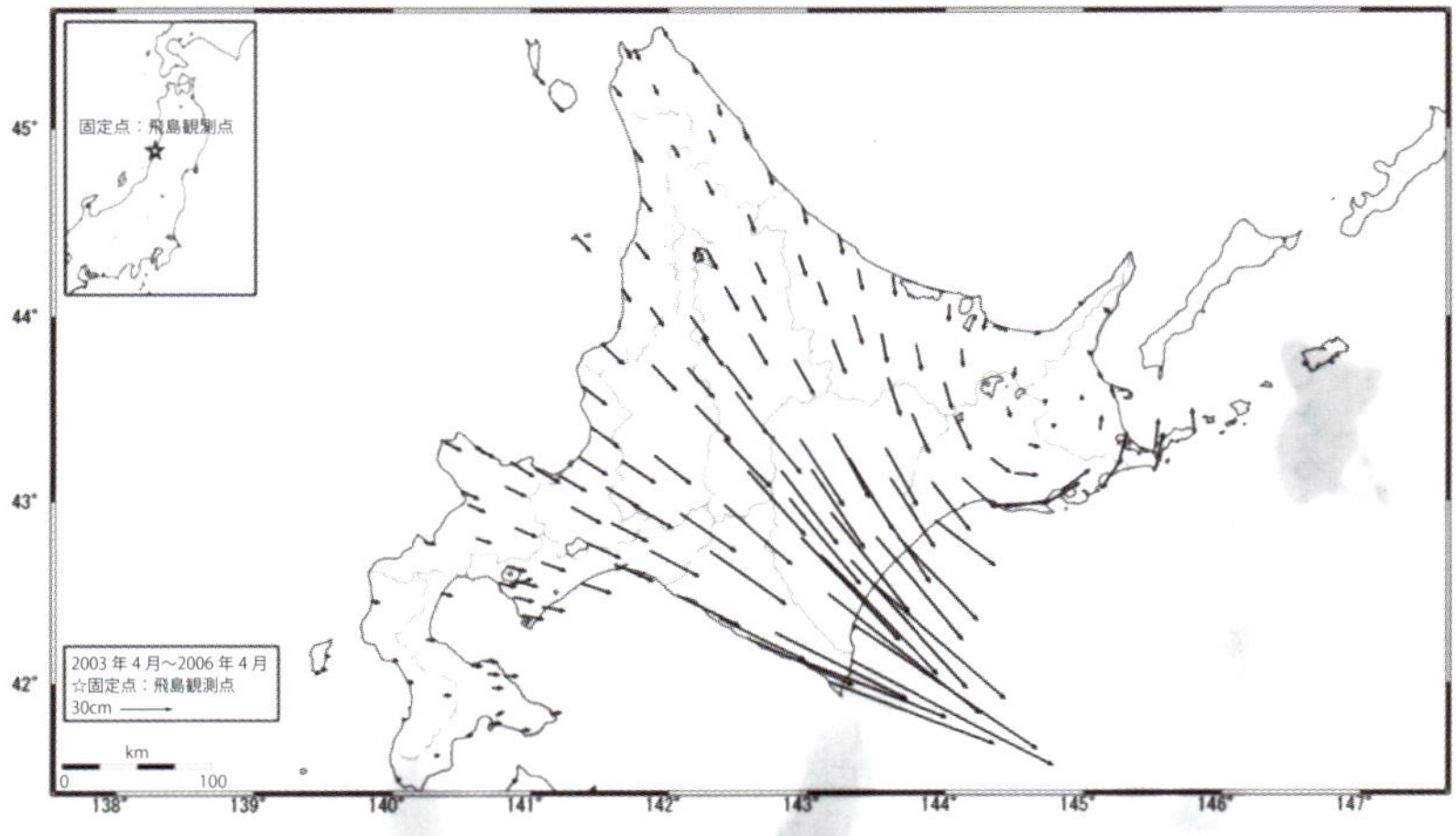

図3－4　2003～06年の間の地殻変動
十勝沖地震（2003年）、釧路沖地震（04年）の前後での地殻変動は、北海道中央部が大きく南東へ移動したことを示している（国土地理院の結果を引用した地震調査推進本部HPより）。図3－3と基準点およびスケールが異なることに注意

一方、図3－4は、03年に起きた十勝沖地震と04年の釧路沖地震後の地殻変動の様子を示しています。地震が起こった後、それまでの北西への動きが反転し、北海道が南東へ数十cmも動きました。

11年に発生した東北の大地震では、それまで西へ動いていた仙台市周辺が一気に反対向きに方向を変え、秒速数mという大きな速度で東へ動きました。日本海溝に近い海の底では、数十mも大地が東へ動きました。それも震えながらです。大地はこのような動きを繰り返しながら、長い時間をかけて大きな変貌を遂げるのです。

図3－3、図3－4の北海道の動きを眺め、十勝沖や東北の大地震の経験を考えると、実に恐ろしい未来が見えてきます。私たちが「その時」へ時々刻々と近づいているのだと実感できるからです。直接には誰も感じない年間わずか数cmの動きが、ある日突然反転し、しかも数十万倍の速さで動くのです。そのための準備を、大地は静かに進めているのです。

人間は大地の動きを止めることはできません。できることは、命を守るための準備を普段からしておくこと、そして災害が起こった時には直ちに行動に移すことです。地震を科学的に理解し、防災と減災に役立てようという挑戦も続いており、それらは着実に進歩しています。

4　地震と断層

北海道とその周りの海を含めた地形を見てきました。北海道の時々刻々の大地の動きも眺めました。

地震とは、読んで字のごとく地面の震えです。江戸時代には、地下に大ナマズがいて大地を揺さぶっているといわれていました。そこに科学のメスが本格的に入りだしたのは明治以降です。１８９１年に濃尾地震で地表に出現した大地のずれが、地震の謎を決着させました。地震は、地下の岩盤の割れ目に沿ってずれ（断層）が生じるとき、岩盤が振動し、その振動が地表に伝わったものであるとわかったのです。断層の発生とずれこそが地震の正体だったのです。

では、なぜ断層ができるのでしょうか。地球は、地面の土を取り除くと岩石です。岩石からできている地盤を岩盤といいます。岩盤に大きな力が加わり、その強度の限界に達することで岩盤が割れ、地震が起こります。

5　海溝下のプレート境界地震

さて、北海道で起こった地震の分布に話を移しましょう。まず、地震が起こった場所と深さを知ることが大事です。次に、それらの地震は岩盤にどのような力が加わって発生したのかを見てみましょう。割れやずれが起こった原因は、水平に近い力で押されたためか、あるいは鉛直に近い力で押されたためか、といった具合です。

図3-5〔上〕に、防災科学技術研究所のホームページで公開されている北海道の地震を示しました。2017年6月28日からの1カ月間で1502回発生しています。この図の丸の色の違いに注目してください。千島海溝から北西へ向かうにつれて黄、緑、青となり、震源が深くなっていることがわかります。

図3-5〔下〕は、沈み込む太平洋プレートと北海道の間の境界で逆断層型の地震が起こっていることを示しています。黄色の星印で示した地点が巨大地震や大津波の原因となる海溝型地震の巣窟です。ほとんどの震源は60㎞より浅いところです。それより深いプレート境界は等深度線で示されています。

このように、プレート境界では小さな地震が起こりながら、GPSのデータ（図3-3）は北海道がなお北西方向に動いていることを示しています。これは、北海道を乗せるプレートが太平洋プレートとしっかり結合しており、プレートの中にエネルギーが溜まり続けていることを意味します。それが限界に達すると大地震が起こるのです。プレート境界での断層のずれが浅いところまで達すると大津波が発生する可能性もあります。

6　浅い地殻内地震

図3-6の（a）は、北海道の西半分で2002年から17年に起こった地震の震源の位置を示しています。人が感じないくらい小さな地震が圧倒的に多く1万3千件以上あり、太平洋プレート上面から内部にかけて多く発生していることがわかります。しかし、図の（c）を見ると、上に乗っているプレートの内部でもたくさん

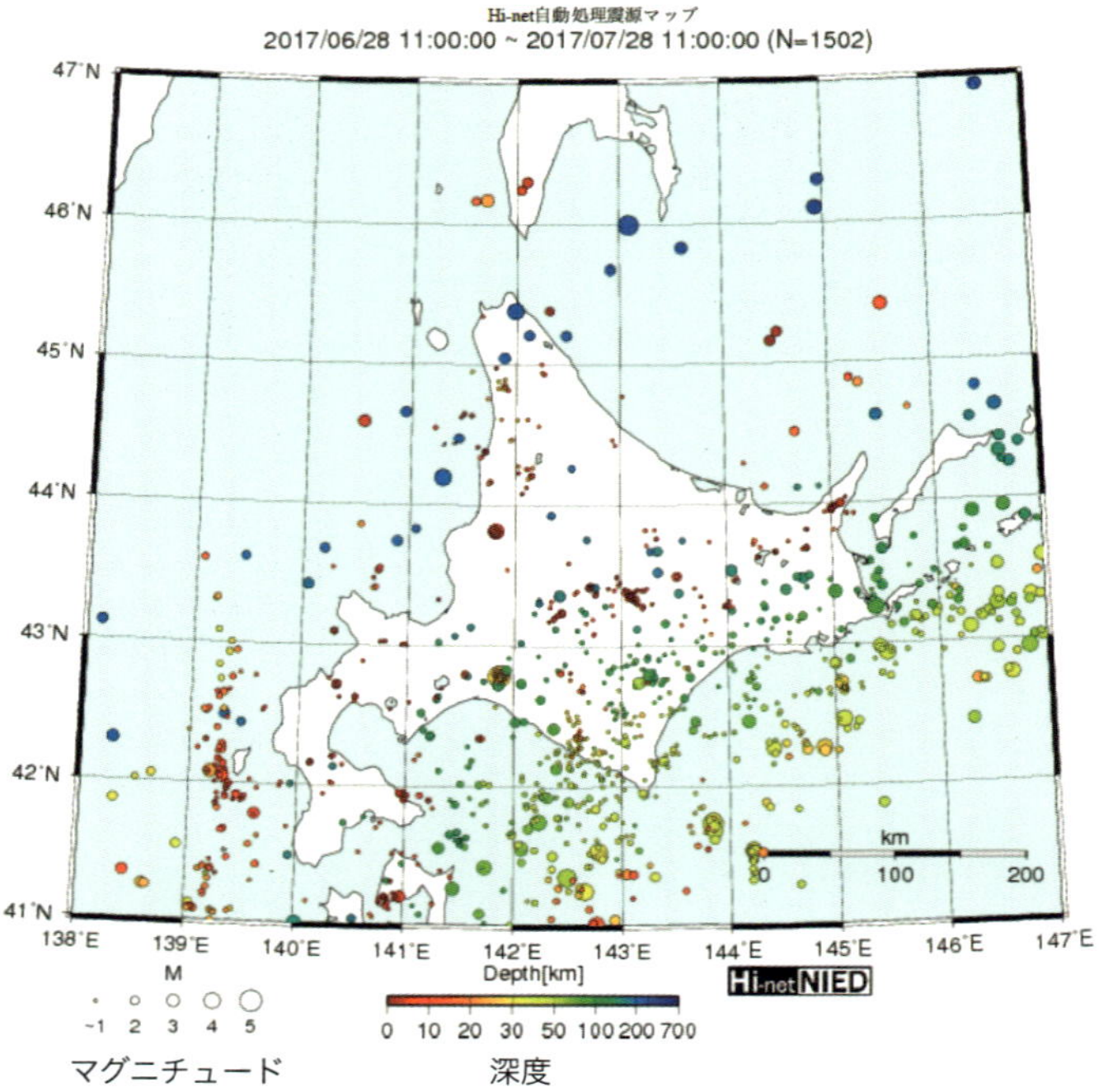

図3-5　北海道の地震（平面分布）

［上］2017年6月28日から1カ月間に発生した地震の規模と深度（防災科学技術研究所NIEDホームページから）。太平洋側の多くがプレート境界地震。色の違いが深度の違いを示すことに注意。［下］2002年6月から07年12月までにプレート境界で起こった緩い傾斜の断層面をもつ逆断層地震。この地震の下限は約60km深で、点線で示される。黄☆印は震源。緑○印は繰り返し地震の震源[1]。等深度線は太平洋プレート上面（図3-6C）。数字は深度（km）を表す。三角は活火山

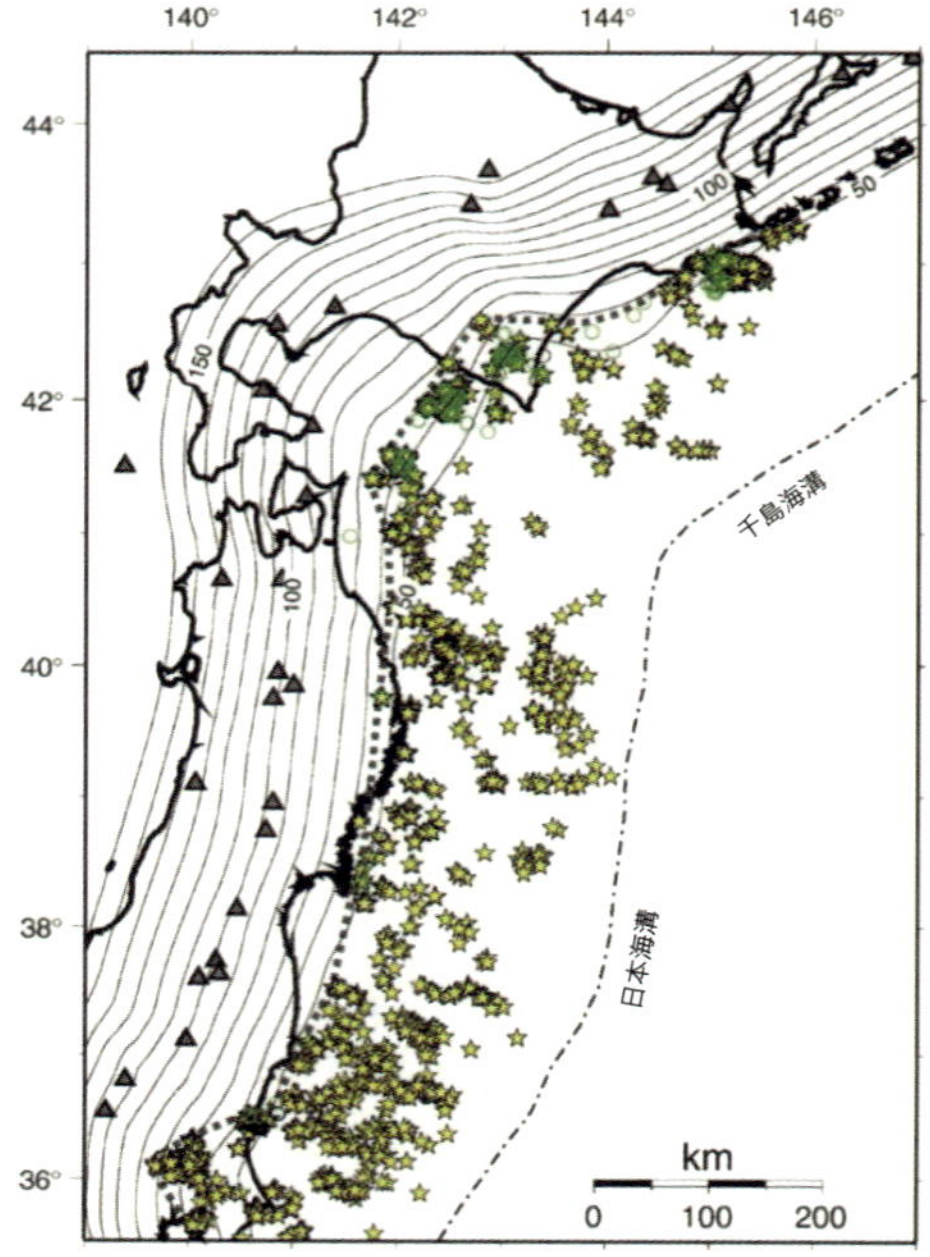

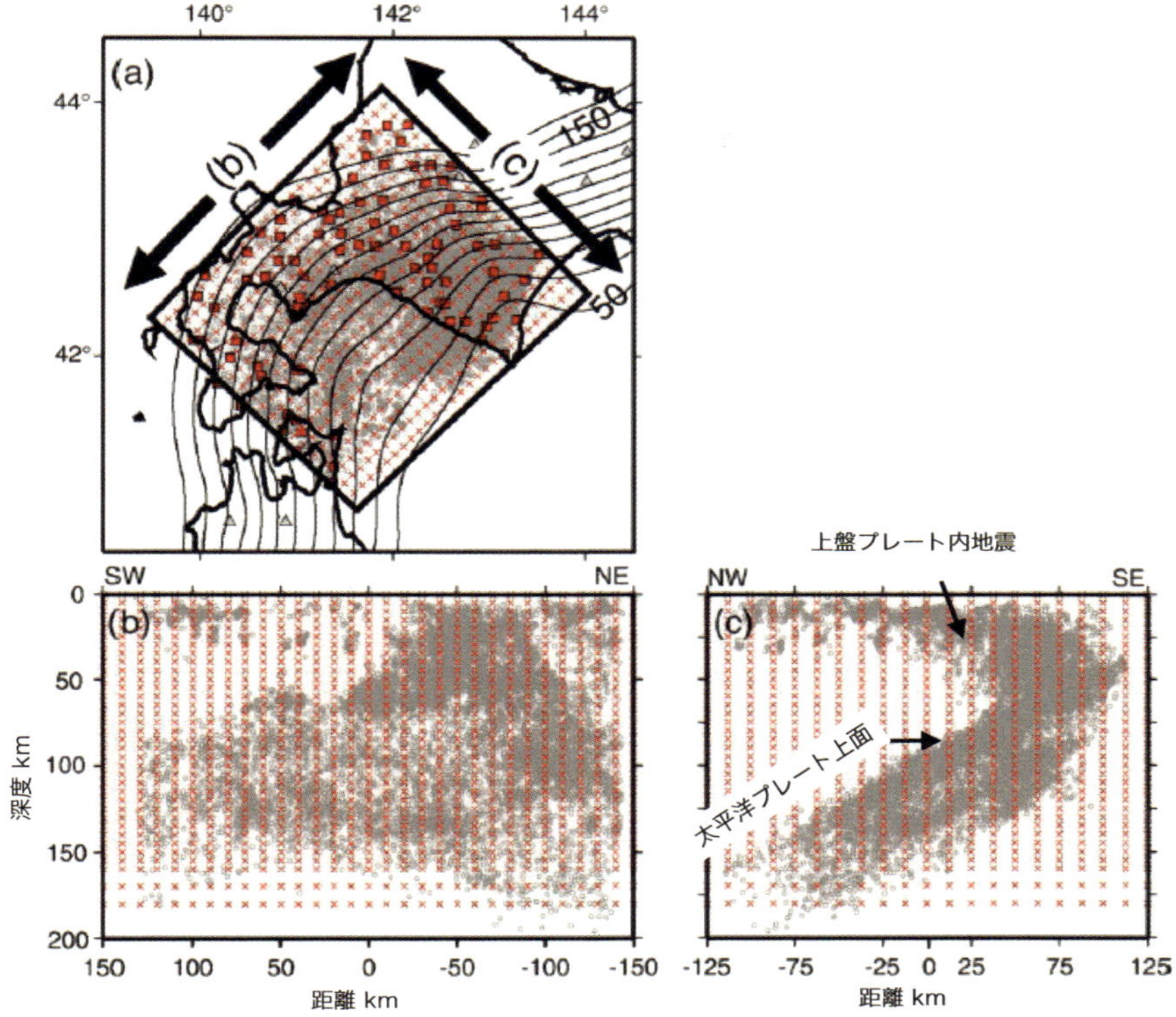

図3-6　北海道の地震[1]（断面分布）

(a):2002年から17年までの間に枠内で起こった地震の震源の位置
(b)(c):(a)図の(b)(c)断面に枠内の震源すべてを投影した
(c)図に太平洋プレートが捉えられている。プレート上面や内部で多くの地震が発生しており、上盤の北海道の地下でも上盤プレート内地震（いわゆる地殻内地震、直下型地震）が多く起こっていることに注目

灰色の点：震源
平面図aの赤い四角：地震計の設置場所
赤いX：位置を示す座標点
灰色の三角：活火山

地震が起こっていることがわかります。日高山脈の近くで特に多く発生しています。さらに北西の札幌に近いところを見てみると、深さ約30㎞より浅いところでところどころ群をなしています。目を凝らして見ると、深さ15㎞より浅いところでも発生しています。このような地震は内陸の地殻の内部で起こることから、地殻内地震と呼ばれます。地殻とは、地表近くにある厚さ30㎞程度の岩盤のことです（P52のコラム参照）。このタイプの地震は、浅発地震とか直下型地震とも呼ばれます。

地殻内地震は、北海道だけではなく、北はサハリンまでつながっています。これらの地震の多くは、東西方向の圧縮の力で発生した逆断層型の地震です。

7　北海道の活断層

北海道で地震発生とともに地表に断層が出現したのは、１９６２年に起こった弟子屈地震だけです。地震断層は屈斜路湖畔の弟子屈温泉の近くに現れました。北海道の活断層（次ページのコラム参照）の分布を図３－７に示しました。これらの活断層は、80年代以降の一斉調査で調べられたものです。

石狩低地東縁断層帯は、石狩低地帯の東側の岩見沢市周辺から早来（胆振管内安平町）へ抜ける馬追丘陵の縁に沿って西へ凸につながっています（図３－７の⑥）。さらに、増毛山地東縁断層帯が樺戸山地の東端を石狩当別から北竜町へ抜けるようにつながっています（④）。帯広を含む十勝平野の東端も目につきます。十勝平野東縁断層帯が幕別町から豊頃町までつながっており、ここでも西へ凸な形をしています（②）。さらに目につくのが富良野盆地です。ここでは盆地の西の縁が富良野断層帯で（③）、ドラマ「北の国から」の舞台になったところです。渡島半島には黒松内低地帯（⑦）と函館平野（⑧）にあります。これらはいずれも逆断層で、平地と山地の境界が活断層です。

北海道の北のサハリンでは、南北１０００㎞に及ぶ大断層があります。その北端に近いネフチェゴルスクというところで、95年5月28日の深夜に地震が起こりました。３２００人ほどの住民のうち、２４００人ほどが建物の下敷きになるなどして犠牲となりました。深夜だったことと、多くの建物がコンクリートのパネ

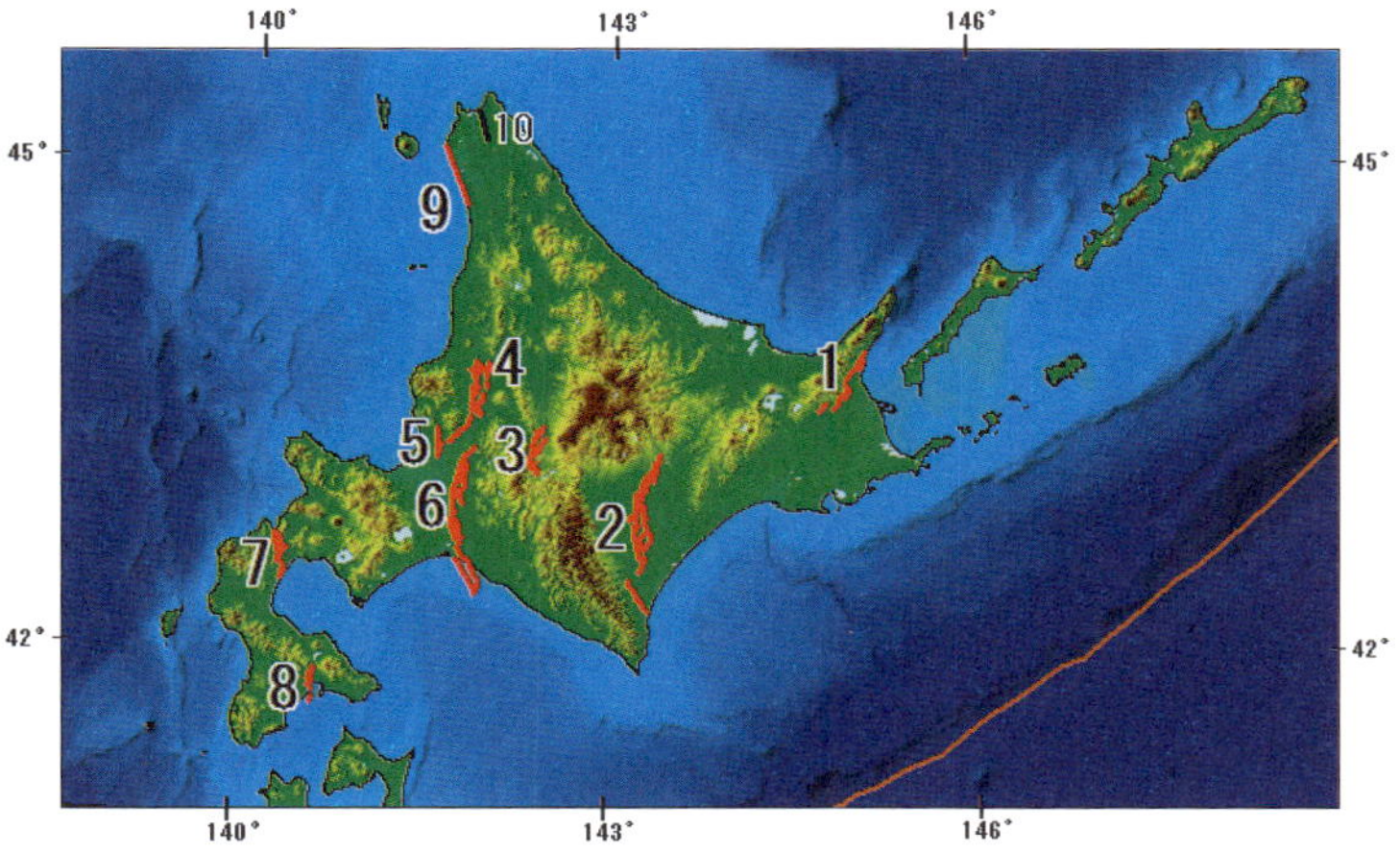

図3－7　北海道の活断層

地震調査推進本部のデータ（http://www.jishin.go.jp/regional_seismicity/rs_hokkaido/）をGoogle Mapに落とした。
1.標津断層帯　2.十勝平野断層帯　3.富良野断層帯　4.増毛山地東縁断層帯・沼田砂川付近の断層帯　5.当別断層　6.石狩低地東縁断層帯　7.黒松内低地断層帯　8.函館西縁断層帯　9.サロベツ断層帯　10.幌延断層帯。10は地形的根拠が弱いため黒線、海洋中の赤線は海溝

geo word 3　活断層

最近数十万年の間に活動が確認された断層で、今後も活動を繰り返す可能性のあるものを活断層と呼びます。更新世（260万年前）以降に活動した証拠のある断層をすべて活断層と呼ぶ場合もあります。断層活動は地震を引き起こすので、将来的に地震の被害をもたらす可能性のある断層が活断層であると考えてよいでしょう。

調査により、日本では2000条を超える活断層が見つかっています。ただし、地下に埋もれた断層は見つけるのが難しく、活動時代の分からない断層もあるため、活断層の数はさらに増えることが予想されます。

活断層の主な特徴として以下があげられます。

(1) 普段は全く活動しない断層が、地震発生時に急にずれる
(2) 活動すると同じ方向にずれる
(3) 同じ断層が繰り返して活動する（ずれが累積する）

断層によるずれが大きく蓄積されると、その影響が地形にも現れてきます。日本最大の陸上断層系として知られる中央構造線は、東西数百kmにわたって断層に沿った直線的な地形を形成しています。このような断層地形も、活断層を抽出するための重要な情報となります。（亀田）

ルをつないだだけのものであったことが被害を大きくした原因でした。この地震によって、地表に地震断層が現れました。調査の結果、右横ずれの成分を多く含む逆断層であることがわかりました。

活断層の判定基準は、新しい時代（約260万年前以降）の地層をずらしているかどうかです。すると、日高山脈や夕張山地のように新しい地層のない山岳地帯では決められないことになります。しかし、図3－3のように、GPSで測定した水平移動ベクトルの向きや大きさの違いを見ると、山岳地帯の中でも地殻変動が場所によって大きく異なるところがあります。そのようなところには、活断層が存在する場合があります。活断層の地下深くはどうなっているのかについては、また後で触れることにしましょう。

8　せめぎ合うプレート

千島海溝と日本海溝より南東側は太平洋プレートです。年に9㎝ほどの速さで北海道の下に沈み込んでいます。では、北海道を乗せている岩盤はどのプレートに所属するのでしょうか。

プレートテクトニクス理論が提案された直後は、地球は十数枚のプレートに覆われていると見なされていました。北海道からサハリンに続く浅い地震や活断層の分布域が北米プレートとユーラシアプレートの境界と見なされたことは第2章で紹介しました。その境界は、大西洋を拡大させている大西洋中央海嶺の延長線上にあり（図2－3、図2－7）、それがアジア大陸へつながっているというものです。

その後、北海道の西側にある日本海の東縁が北米・ユーラシアプレート境界であるという説が提案されました。しかし最近では、北米やユーラシアという大きなプレートではなく、東側はオホーツクプレート、西側はアムールプレートという小さなプレートを想定して、それらの境界として扱う方がよいとする見方が多くなってきています（図3－8）。陸上では、プレート境界は一条の断層で定義できるようなものではなく、断層や地震の密集帯から推定されるものです。それがプレート境界地帯を形成していると見るのが最も実態と合っているようです。

すなわち、北海道からサハリンまでつながる地震の

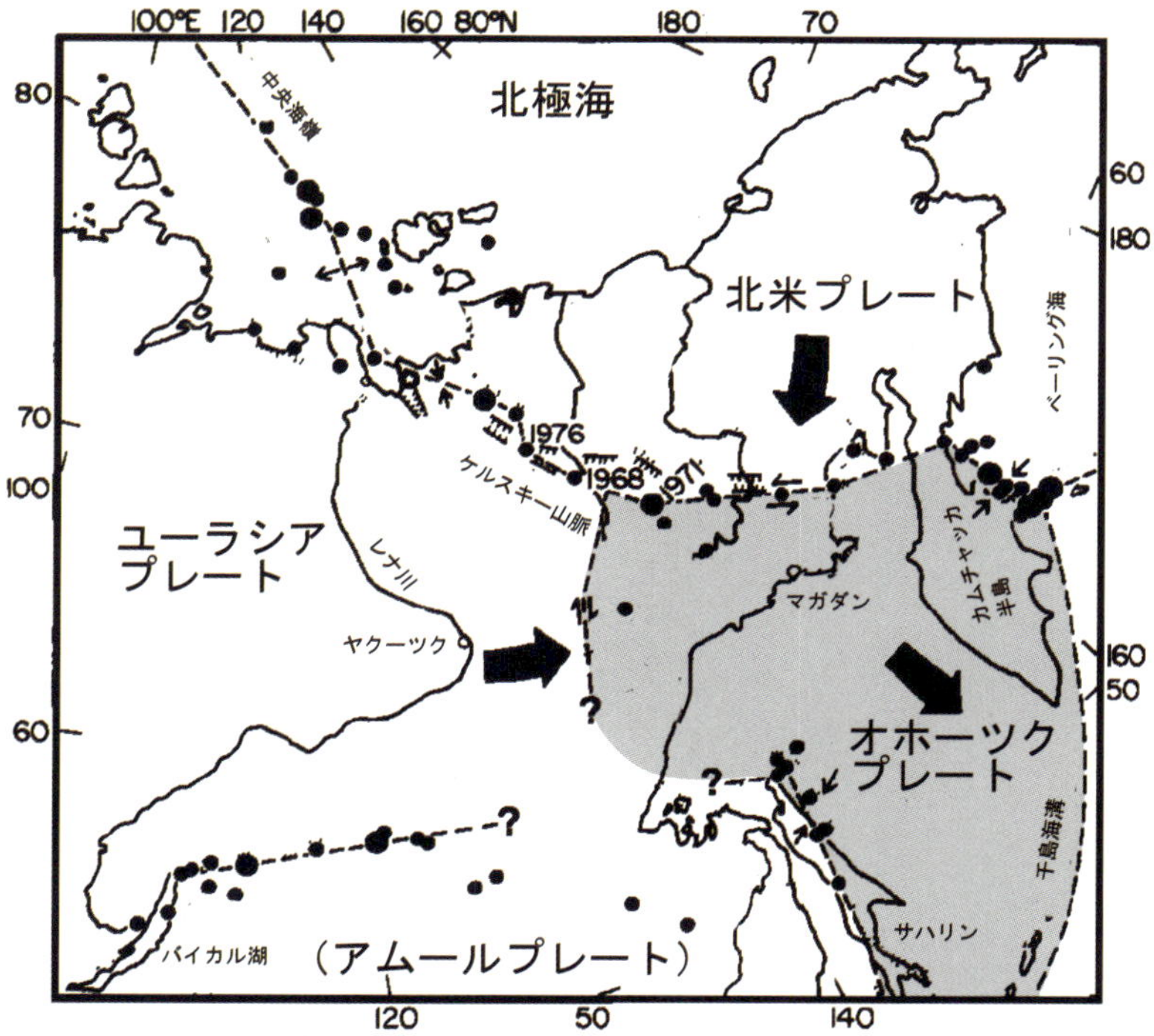

図3－8　オホーツク・アムールプレート境界

北海道（図の下方向）からサハリンへ続く地域をオホーツク・アムールプレート境界とする説[2]。こうした運動によりサハリン・北海道右横ずれ衝突帯やシベリア左横ずれ衝突帯（図9－2）ができ、「羽交い締め」にされて南東へ押し出されたことが説明される。薄いグレーがオホーツクプレート

プレート境界　➡プレートの移動方向　●震源　1976：地震発生年
正断層　逆断層　横ずれ断層

活発な地帯は、日本海の東縁を西端とし、北海道中央部を東端とする「オホーツクプレートとアムールプレートの境界地帯」を形づくっているとみなせるのです。これについては第9章で記します。

9　北海道の火山

北海道は火山の島です。樽前山、有珠山、昭和新山、駒ヶ岳、十勝岳、大雪山、雌阿寒岳、硫黄山、羅臼岳……。いくつ火山の名前を挙げることができるでしょうか。さらに、丸い湖である支笏湖、洞爺湖、倶多楽湖、屈斜路湖、摩周湖なども火山の爆発によってできました。火山を地図に示しました（図3－9）。なんと、それらをつないでみると海溝と平行に並んでいます。海溝から火山までの距離が一定なのです。

なぜこうなるのでしょうか。これも太平洋プレートの沈み込みと関連付けられます。深さ100kmくらいまで沈み込んだ太平洋プレートから水が絞り出されます。絞り出された水は、周囲の岩石の融点を下げます。地球内部で普段は乾いた状態では融けない岩石も、水と触れることで融けてマグマとなるのです。

マグマが作られるのは、プレートから水が絞り出された直後ではないようです。沈み込むプレートは、その上にあるウェッジマントルも一緒に引きずり込むために、マントルの沈み込み運動をもたらします。その動きを補うように深部から高温のマントルが上昇し、それがプレートから絞り出された水と遭遇することでマグマが発生するようです（図3－10）。このようにして発生したマグマは軽いので、浮力によって上昇して集まり、やがて地表に到達し、火山噴火に至ると考えられます。

このように、地球でいちばん深い海溝の存在とそこで活発に起こる地震、そして火山の爆発、それらがすべて関係していることがわかったのは1960年代も終わりに近づいた頃でした。ちょうど北海道開拓100年のお祝いが開かれた頃です。2018年は明治維新および北海道命名150年、プレートテクトニクス理論の完成から50年。近代の始まり、そしてプレートテクトニクス理論が提案された時は想像に過ぎなかった大地の動きが、今や時々刻々観測されているのです。驚くべき進歩です。

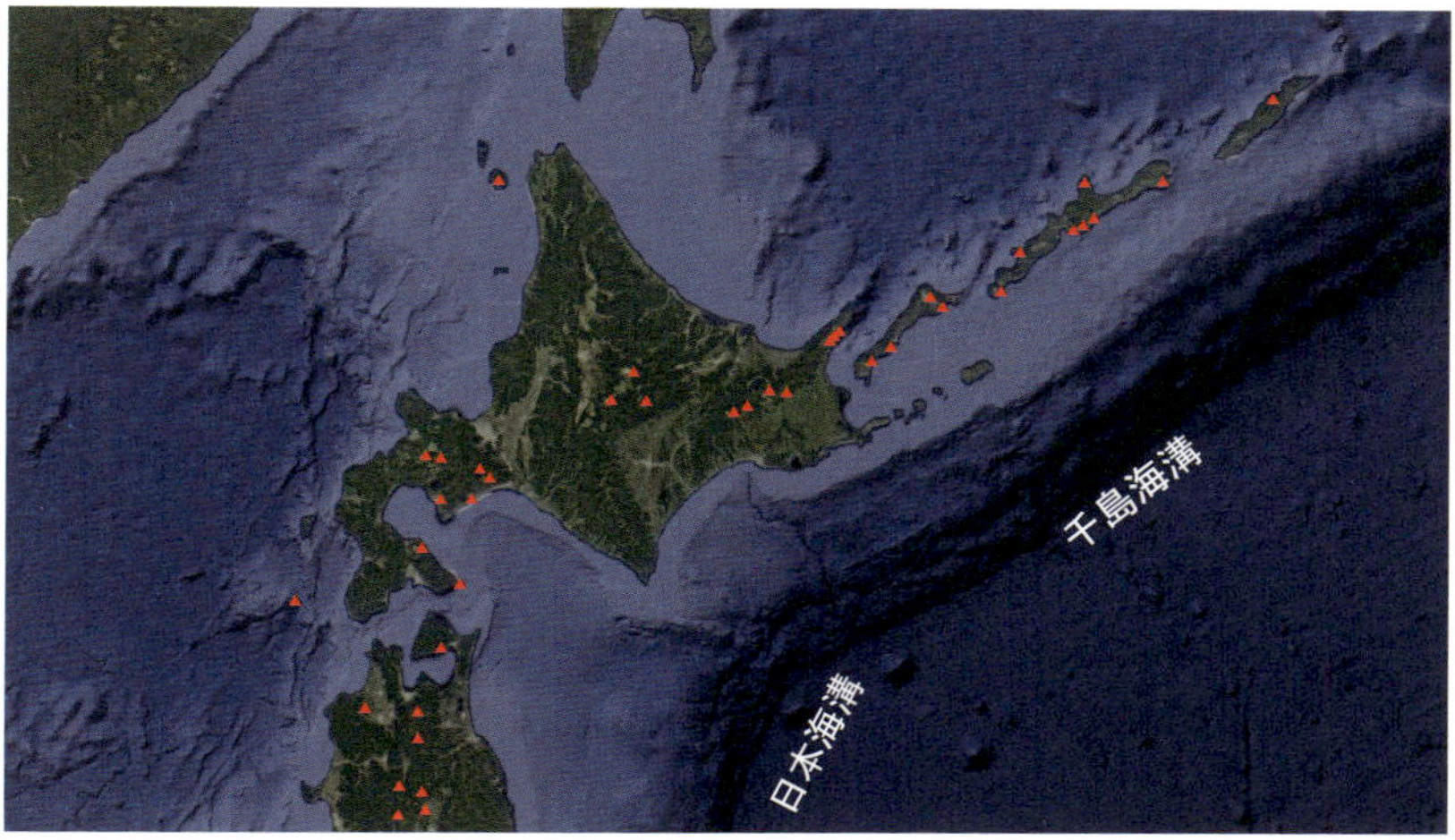

図3-9　北海道の活火山

気象庁のデータをGoogle Mapに落とした。活火山が千島海溝・日本海溝と平行に分布していることが分かる（その仕組みは下図参照）
▲：活火山

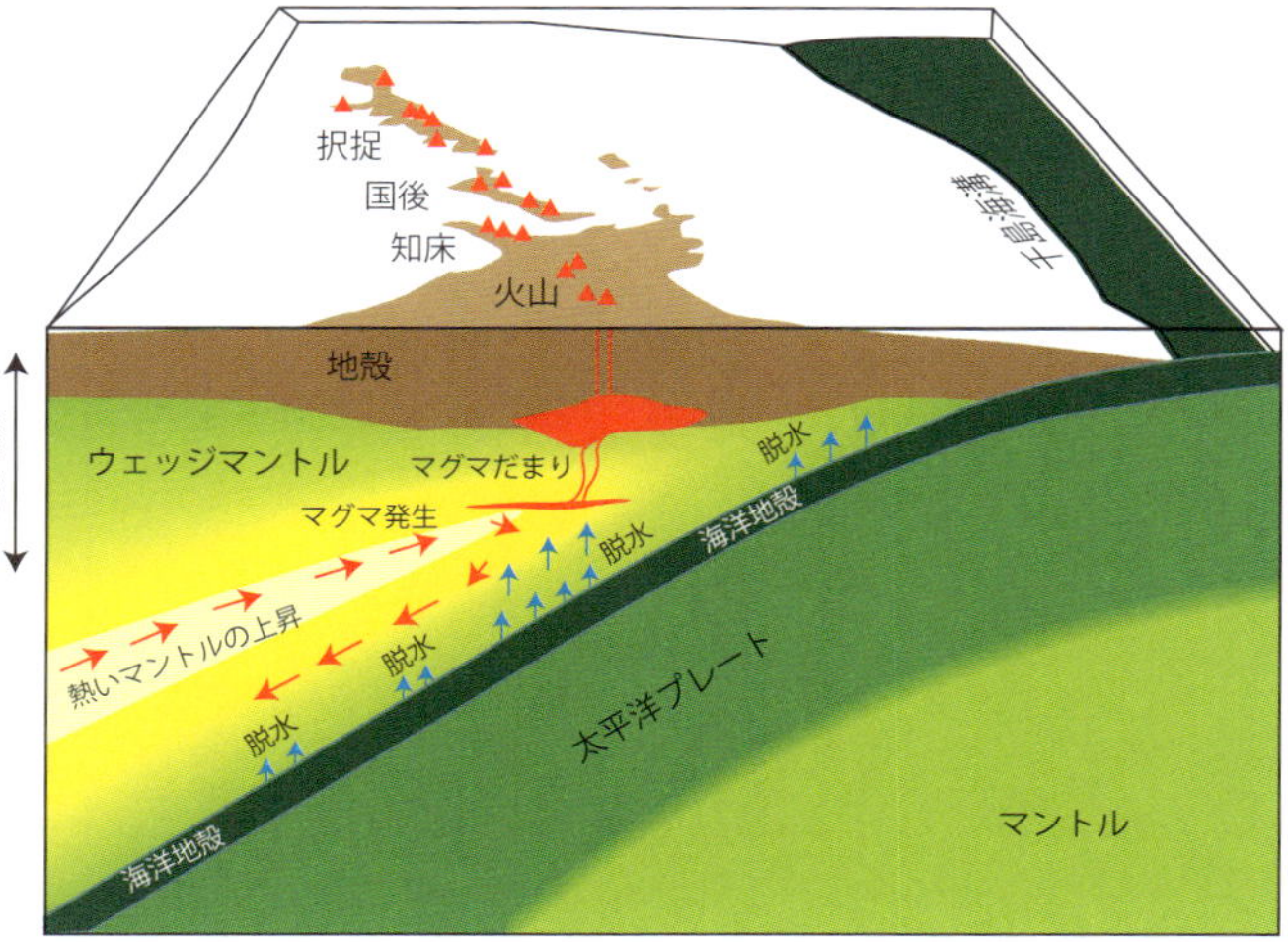

図3-10　プレートの沈み込みと火山の形成

北海道東部から千島の火山活動を標準モデル[3]から説明する図。①太平洋プレートの沈み込みに伴い熱いマントルが上昇②太平洋プレートから脱水した水が加わることにより融点が降下しマグマが発生③マグマが上昇してマグマだまりを形成、噴火に至る

geo word 4　地殻

地球は半径約6400kmのほぼ球体です。その内部は均質ではなく、深さごとに異なる物質でできた層構造をなしています。最も表面に近い部分を地殻と呼びます。ちょうど卵の殻に相当する部分といってよいでしょう。地殻の下にはマントルがあり、さらにその下、地球の中心には核が存在します。核はさらに、液体からなる外核と固体からなる内核に分けられます。

地球内部のこのような構造は、地震波の伝わり方を調べることで明らかにされました。地殻とその下にあるマントルの境界では、地震波の伝わる速度が大きく変化します。そこでこの境界面のことを、発見者の名をとってモホロビチッチ不連続面（モホ面）と呼びます。

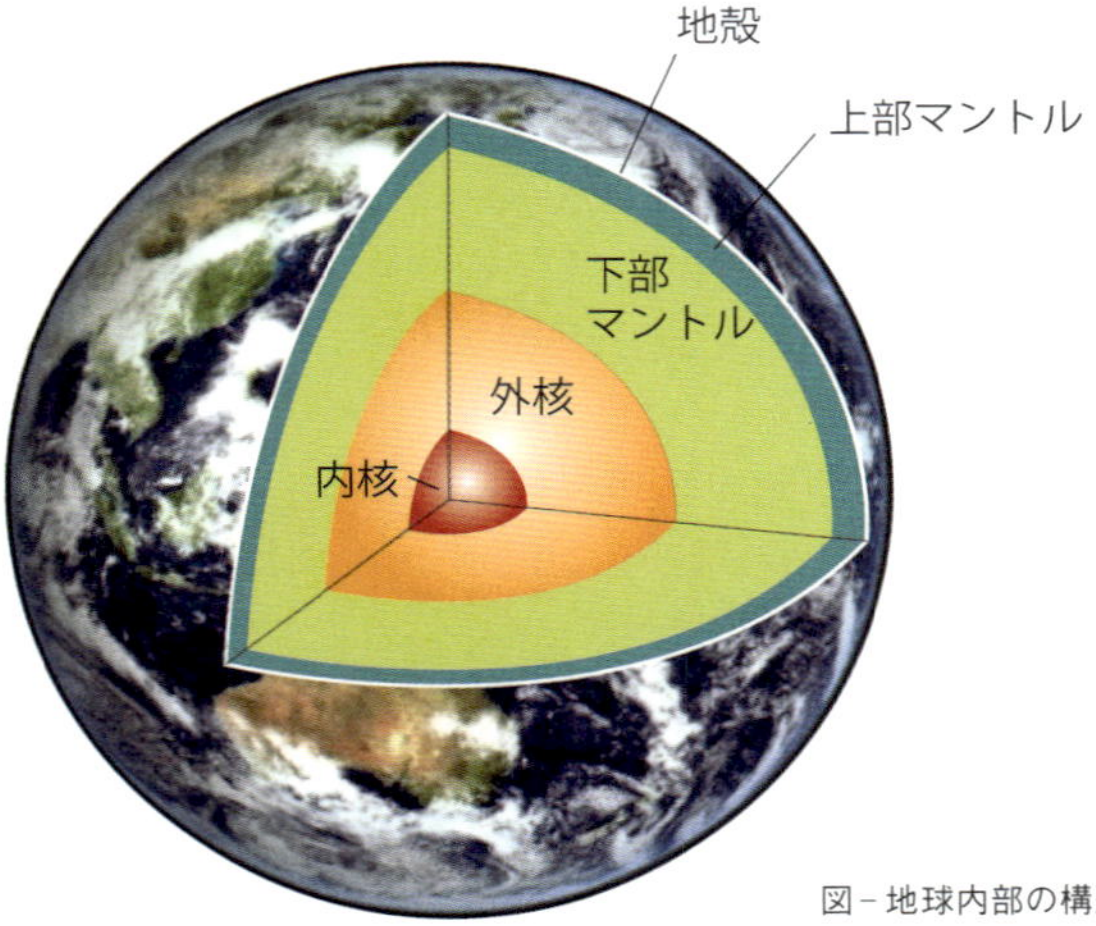

図－地球内部の構造

地殻の厚さは場所によって異なります。海の底にある地殻は海洋地殻と呼ばれ、およそ6～7kmの厚さを持ち、おもに玄武岩と呼ばれる岩石でできています。一方、大陸地殻は30～35kmくらいの厚さがあります。大陸地殻はさらに上部地殻と下部地殻に分けられていて、地震波速度のよく似た岩石名にちなんで、それぞれ花崗岩層、玄武岩層と呼ぶことがあります。ただし、これは実際の岩石に対応しているわけではありません。

北海道の日高山脈では、地殻からマントルにいたる断面を直接観察することができます。このような場所は地球上でも大変めずらしいため、地球の内部を調べるための貴重な研究フィールドとなっています。（亀田）

第4章　3枚おろしの北海道

1　海溝と弧状列島

前章で、千島海溝、日本海溝と火山が平行に並んでいることを記しました。本をただせば、それは太平洋の底の岩盤である太平洋プレートが海溝から地球内部へ沈み込んでいることにありました。

太平洋プレートの海底直下の地殻は厚さが6㎞程度の岩盤です。その下はマントルです。マントルも岩石です。深さ100㎞程度までのマントルは硬い岩石でできています。地殻と硬いマントルを合わせてプレートと呼ぶわけです。

2　火山地帯の岩石と海溝より外の岩石

火山の下の地殻にはマグマだまりがあります。そのマグマだまりが地下で冷えて固まると、御影石や花崗岩（P63のコラム参照）と呼ばれる石になります。日本では墓石として使われていることもあって、もっとも馴染みのある石です。火山の噴火によって地表にマグマが出てできる石もあります。本州では、建材として用いられている大谷石などがこれに当たり、北海道では、札幌軟石や、層雲峡に見られるような大規模な噴火によって流れた石もあります。プレートが沈み込むところでできた石には安山岩などがあり、一般にシリカ（ケイ素）が多く含まれています。

これらのマグマが地殻を突き抜ける時に、通り道となる周りの壁を作っていた岩石があります。それらは当然マグマよりも古いものです。その古い石をたどると、日本列島や北海道を作った元々の岩石に行き着きます。

海溝より外側、つまり海側は、沈み込もうとしている海洋のプレートです。海底直下の岩盤は海洋地殻と呼ばれ、主に玄武岩でできています。花崗岩などに比べてシリカの割合が少ないのが特徴です。玄武岩も火山の噴火でできますが、シリカの割合が少ないためマグマの粘りが弱く、マグマは地を這うように流れます。一方、シリカの割合が多く粘りの強いマグマは、噴火の際に大爆発を起こしやすいと考えられています。

海洋地殻が作られる主な場所は、海洋底が拡大する中央海嶺です。現在の太平洋なら、南米の沖合にある東太平洋中央海嶺です（図2－3）。

では、海溝と火山の間の大地はどのような岩からなっているのでしょうか。そこは弧状に並ぶ火山より前に位置するので前弧です。世界の沈み込み帯を眺めると、それらは大づかみに2種類に分けられるようです。

3　2種類の沈み込み帯と2種類の前弧の岩石

1つは、陸の古い岩石が海溝の間際まで迫っているところです。そしてもう1つは、陸から流れ込んだ土砂が海溝にたまり、それらが沈み込むプレートによって陸に押し付けられ、固まって石になっているところです。

前者の典型的な例は、グアム島の東にあるマリアナ海溝です。日本海溝の西にある東北地方の前弧もその一種です。沈み込むプレートが長い間に陸の岩石を削り込み、地球内部へ一緒に持ち込んでしまったため古い基盤岩が海溝近くまで迫った、という仮説が有力です。

小松左京のSF小説『日本沈没』は、この削り込みにより日本列島が沈没するという仮説が基になっています。ただし沈没するスピードは、現実ではあり得ない「超速コマ送り」ですが。

もう一方の沈み込み帯では、「付加作用」が起きているとみなされています。付加作用というのは、あたかもブルドーザーが土砂を押し付けて山を造る様子に似ています。西南日本の南には南海トラフ（P64のコラム参照）という海溝があり、そこではフィリピン海プレートが沈み込むことによって付加作用が起こっています。この沈み込み帯の前弧が九州から四国、紀伊半島にかけての地域にあたり、1億年以上前から続く付加作用によって形成された付加体とみなされます（図4－1）。

付加作用によって陸に押し付けられるのは、陸から流れ込んだ土砂だけではありません。ブルドーザーによる雪かきを想像してみましょう。砂利道が多かった

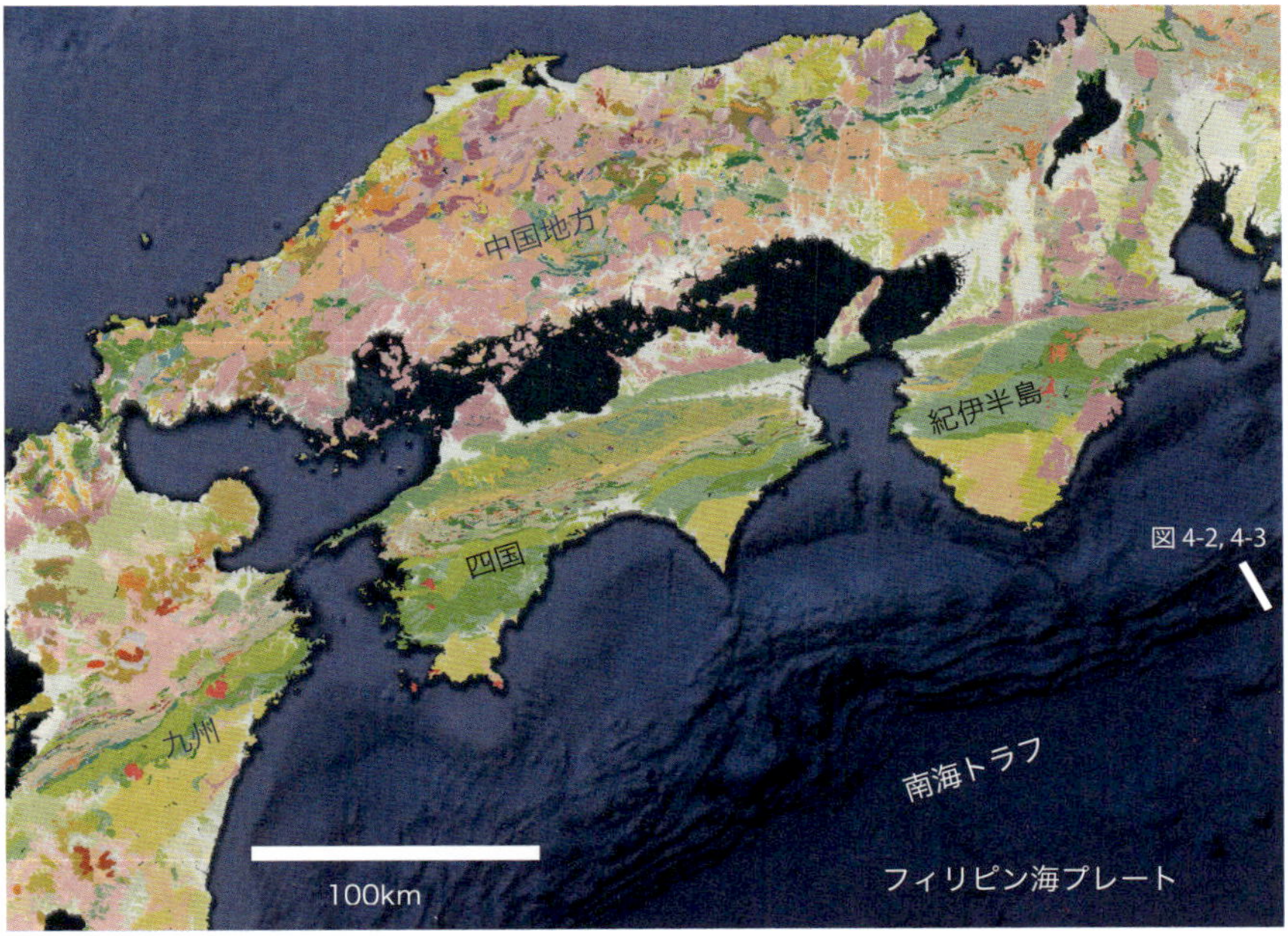

図4－1　西南日本の地質と南海トラフ

中国地方のピンク・薄茶系は主に白亜紀と第三紀の火成岩類、四国・紀伊半島・九州の緑・黄色系は主に白亜紀と第三紀の付加体で、東北東から西南西に帯状に連なる。Google Mapに地質図をプロット、地質図は国立産業技術総合研究所地質調査総合センターによる。https://gbank.gsj.jp/geonavi/geonavi.php

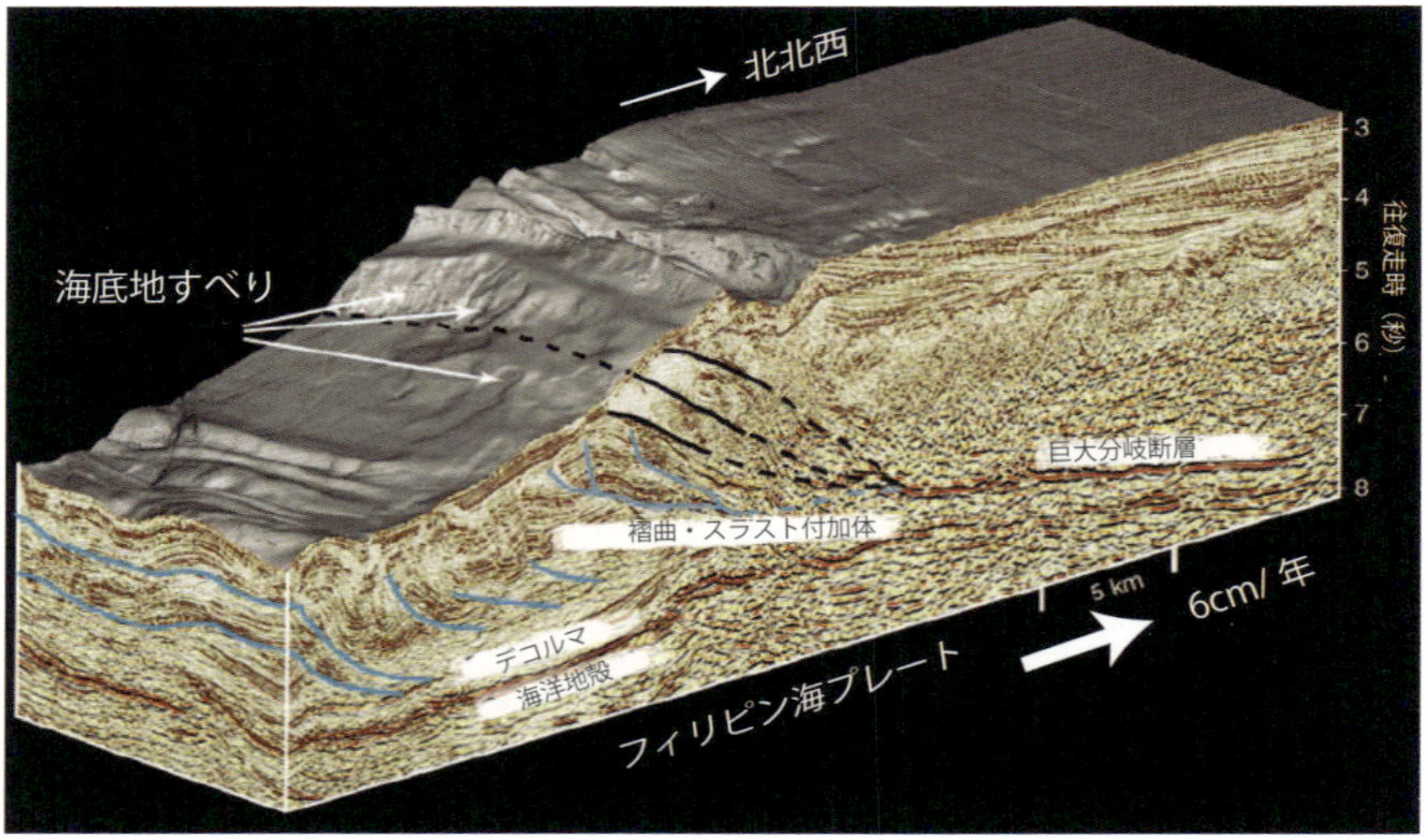

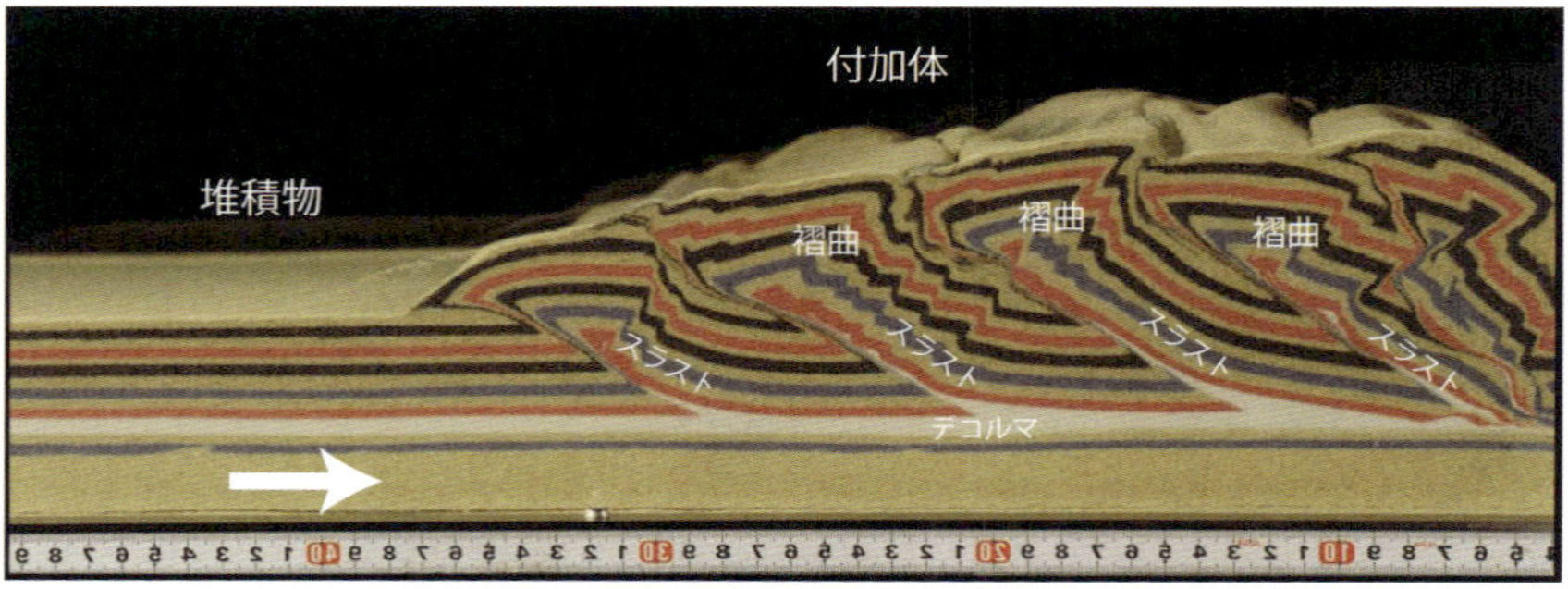

図4－2　付加体と付加作用

［上］紀伊半島沖南海トラフで形成中の付加体（文献[1]に加筆）。スラスト（低角逆断層）と褶曲によって堆積物が陸側に押し付けられ付加していく。タテ軸の「往復走時」は観測した地震波が往復する時間。［下］砂の層によって実験室で再現された付加作用（写真：宮川歩夢氏提供）。南海トラフとの類似性を見るために表裏を逆にして示した

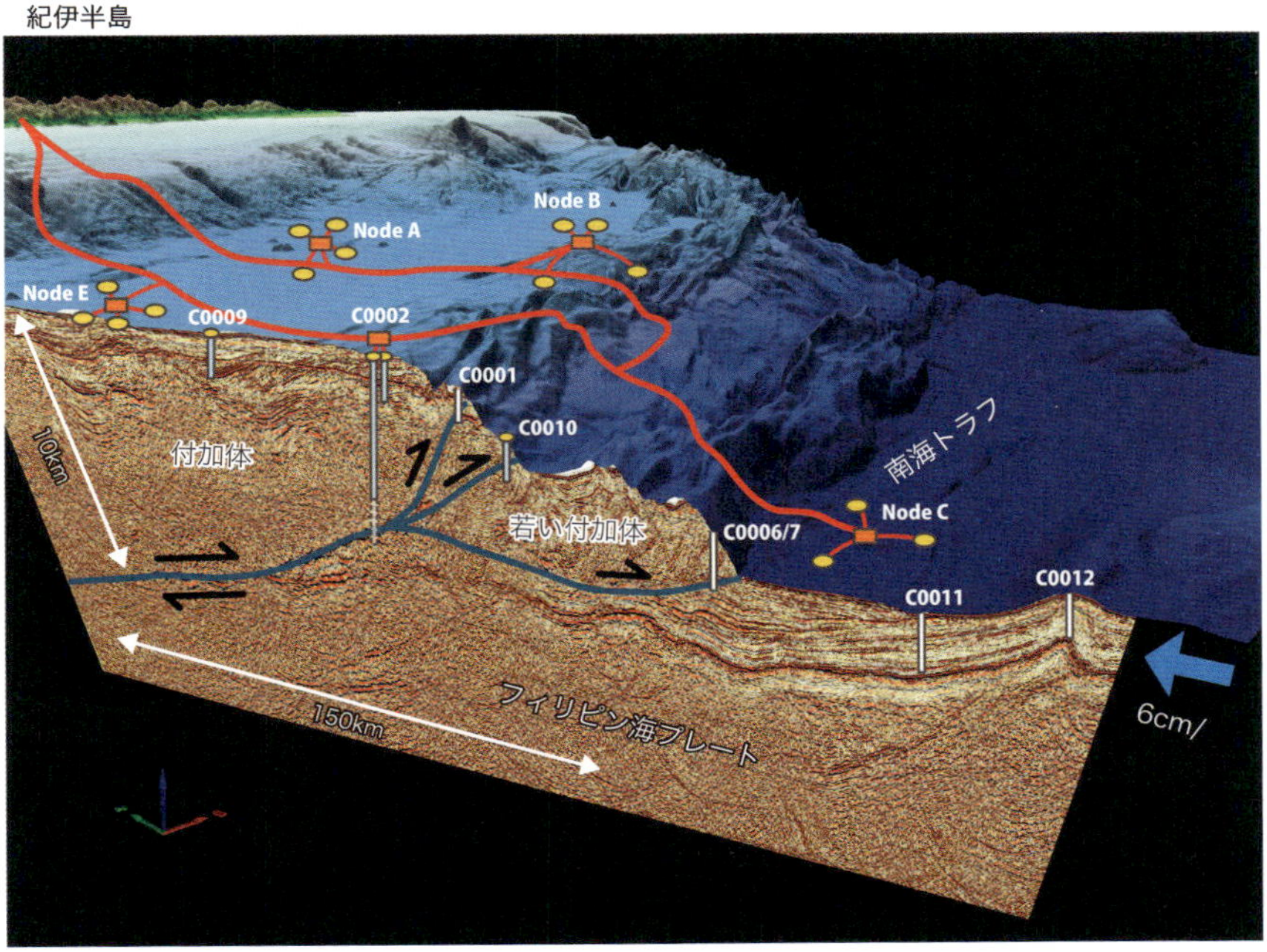

図4－3　南海トラフ海溝斜面下の付加体

図4－2とは逆の西側から見た図。南海トラフと紀伊半島（大陸棚）の間の海溝斜面には付加体が10㎞もの厚さで分布しており、さらに若い付加体が南に形成されている（海洋研究開発機構提供）。いずれもフィリピン海プレートの沈み込みにより形成された。番号はボーリングの掘削地点。海底に記した赤い線は海底観測のネットワーク（DONET）

頃は、ブルドーザーが勢い余って地面も削ってしまうようなことがよく起こりました。ちょうど同じように、沈み込むプレートは、長い時間をかけて海洋プレートの上に降り積もった堆積物や、海洋地殻を作っている岩盤なども一緒に削り込んで陸に押し付けます。こうして雑多な堆積物と石が混合し、厚さが10㎞を超えるような付加体を作るのです（図4−2）。

弧状列島の陸が削られ、その土砂が海溝に流れ込み、それが再び陸に押し付けられる。海溝からプレートが沈み込むところでは、物質がぐるぐると回っていることになります。

2007年から、南海トラフに発達する付加体の大規模なボーリング調査が行われました。その結果、付加体が約600万年前から急成長したことがわかってきました。南海トラフに流れ込んだ土砂とともに（図4−3）、海洋プレートの上に積もって固結した地層も引き剥がされて付加していたのです。

日本海溝でも、海溝のすぐ近くでボーリング調査が行われました。前弧のほとんどは古い陸の岩石でできていましたが、海溝のすぐ陸側には付加体が作られていることも明らかになりました。付加体の中には太平洋プレート上の古い堆積物が取り込まれていましたが、付加した時代はかなり新しいようです。

4　重力異常から見える3枚おろしの北海道

北海道の始まりのことを記すのに知っておきたい前置きが続きますが、ご容赦ください。

前章で、北海道はカスベの形に似ているという話をしました。北海道の始まりは、このカスベの鼻先と尾、すなわち宗谷岬と襟裳岬を結ぶ南北方向の屋台骨であるということについて説明しましょう。

図4−4を見てください。この図は北海道周辺の重力異常を示す図です。

重力異常は地球物理学で用いられる専門用語です。高校物理では、最初にガリレオ・ガリレイの落下の法則が出てきます。地球上でものが落下する時、落下の速度は加速していきます。加速度は、物の質量に関わりなく地球上ではほぼ同じで、毎秒約9・8mずつ速くなっていくというように習いました。

実際は場所によってこの値からずれがあります。そ

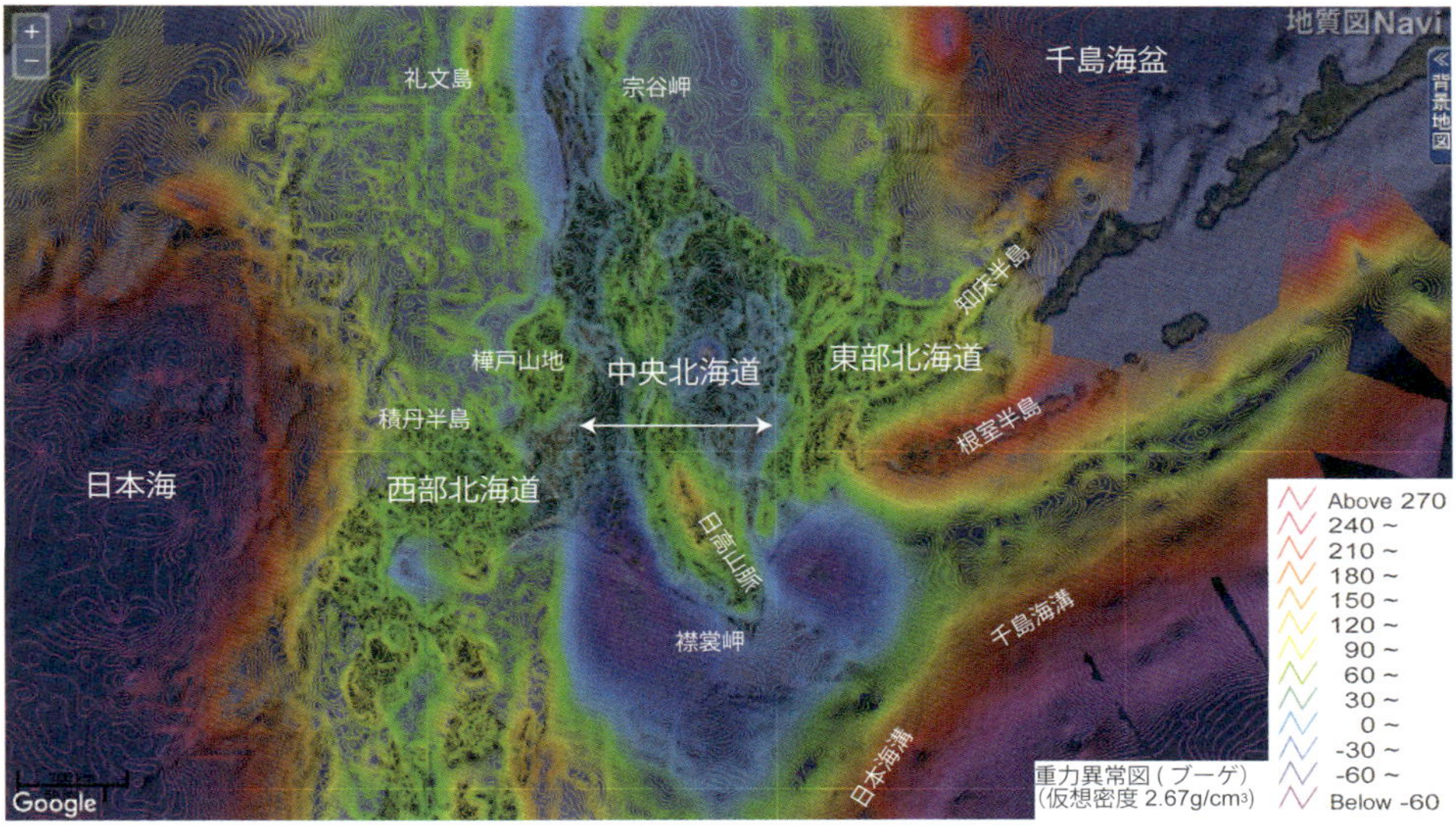

図4－4　北海道の大区分と重力異常図

重力データをGoogle Mapにプロットした重力異常図（産業技術総合センター「重力データベース」より）。地殻仮想密度を2.67として重力異常値を表記。その特徴から北海道を西部・中央・東部に区分できる

れはニュートンの万有引力の法則によって説明されます。落下するものが同じ質量なら、地面の下の質量が大きくなるほど引き合う力も大きくなります。すなわち、周辺の地下の石の密度が大きいと引力が大きくなり、重力加速度がわずかに大きくなります。

いろいろな場所の重力の大きさを比較できるように、観測値を補正します。陸では山を削って海面と同じ高さにした時の値に補正します。海は、海底まですべて一定の密度の岩石で埋めた値に補正します。図4－4の場合、花崗岩などと同じ密度2・67を仮定しています。こうすると、予想される重力より大きい（正の異常）のか、逆に小さい（負の異常）のかを評価できることになります。地下がどのような岩石からなるのかは、最終的にはボーリングで穴を掘って実際の岩石を調べてみないとわかりません。しかし、重力を計ると大づかみに予想できます。

また地下の岩石の密度と厚さの予想がつく場合は、逆のことが言えます。ヒマラヤ山脈のようにアルキメデスの原理から考えられる高さより実際の地形が高すぎたり、海溝内側のように低すぎたりすると、重力以外の力が働いて地形を作っていると予想できることになります。

さて、図4－4を見ると、重力異常の分布から、北海道はちょうど魚を3枚におろすように、南北方向の3つに分けることができます。西部北海道、中央北海道、東部北海道です。

西部北海道と東部北海道は、緑色の等重力線で細かく描かれています。東部北海道では根室半島を中心に正の異常（黄色～赤の部分）が見てとれます。それに対して、中央北海道は、宗谷岬から襟裳岬まで、ちょうどカスベの背骨部分が緑の等重力線でつながっていることもわかります。

日高山脈には一部に正の異常もあります。一方、その東西の両側では、南北に続く青色の等重力線すなわち負の重力異常が顕著です。

5　磁気異常から予想される北海道の地下の岩石

具体的な岩石と地層、そこから予想される北海道の話に移る前に、もう一つだけ、地球物理学的データについて記します。

「地球物理学」とは、地球に関する自然現象を物理の手法で研究するもので、地震学や火山学、海洋学、気象学などが含まれます。「地球化学」は化学の手法によって岩石や鉱物中の元素の組成などを研究します。「地質学」は岩石の種類や地層のありさま、それらの長い時間に及ぶ生い立ちに注目して記述します。地球を記述するには、空間スケールも、電子顕微鏡で見るミクロな世界から地球スケールまで伸びたり縮んだりさせます。

地球物理学は、空間的には広く大きな領域の記述を得意とします。しかし時間の対象は、どうしても現在という短い時間に限られます。地球化学は、化学組成や化学反応によって地球を記述しますが、時間や空間を変えてみようとすると、地質学と連携しなければ進めません。手法によって分野が分かれていても、知りたい研究の対象が同じ場合には、お互いに連携してこそ大きな成果につながるでしょう。

そのような意味で、地質の話に入る前に、もう一つ地球物理学のデータを見てみましょう。北海道周辺の空中磁気観測の結果です（図4－5）。

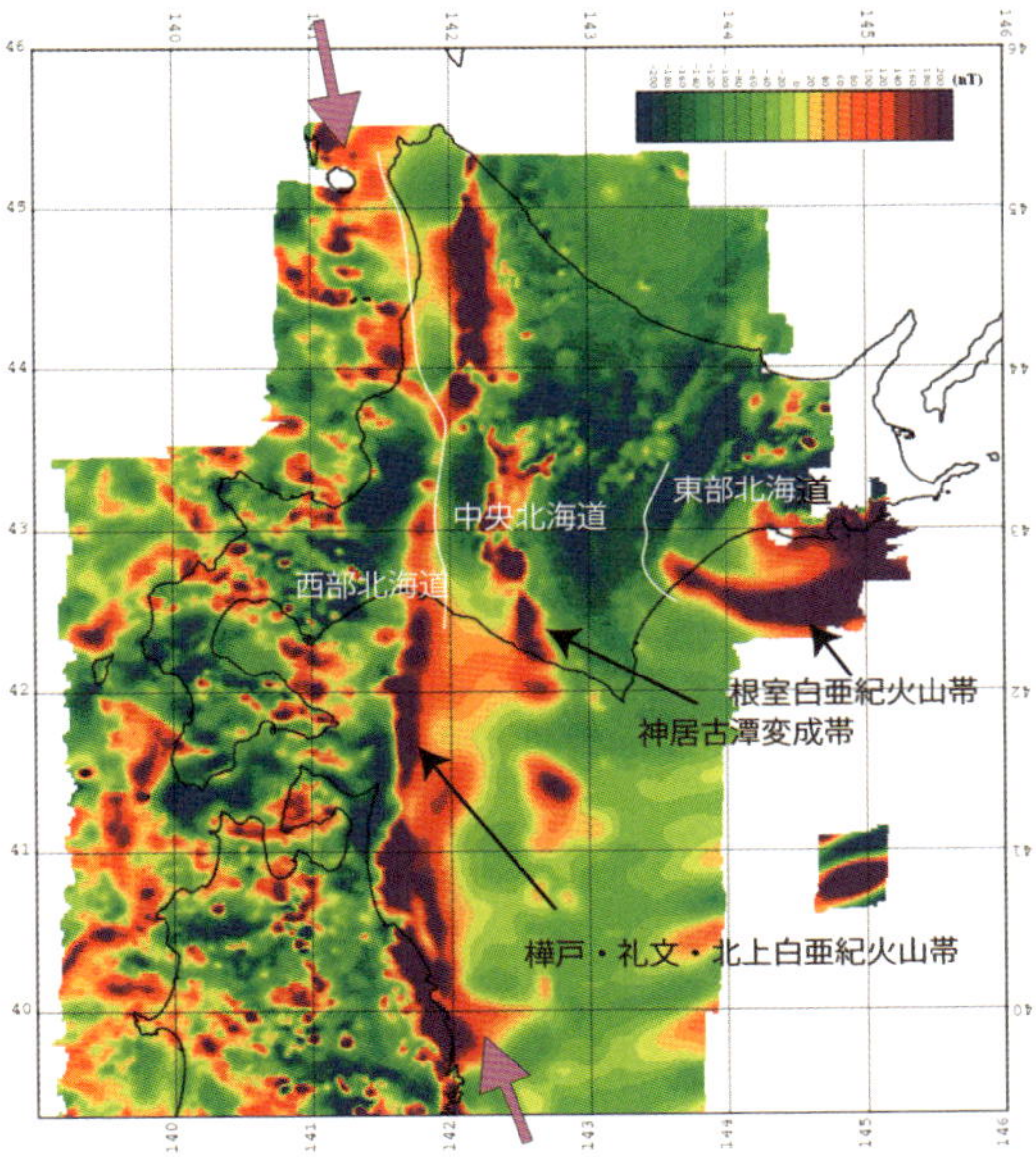

図4－5　北海道周辺の空中磁気図[2]

さまざまな高度で観測したデータを1500m上空のものと換算して平面化した図。単位はnT(ナノテスラ)。Finn (1994)[3]は礼文・樺戸・北上の磁気異常帯（ピンク矢印）を白亜紀前期の火山列と推定した空中磁気観測は、飛行機やヘリコプターを飛ばして、空中から地面の下の岩石の持つ磁気を測るものです。岩石は磁性を持つ小さな鉱物を含んでおり、塊をとってもみな磁石です。ただし、温度が一定以上に高い状態では、磁石としての性質は失われます。ですから火山や地熱地帯と、そうではない地域を区別して見なければなりません。

図4－5を見ると、西部北海道では火山と地熱地帯が多いので、小さく孤立して磁気の大きいところがたくさん見られます。これは新第三紀（P35のコラム参照）以降の時代に起こったマグマ活動と、それに伴う金属鉱床の形成に関連するでしょう。

この図では東部北海道は途切れていますが、根室半島から釧路沖にかけて、極めて磁気の強い地帯が、半島と平行にあります。この高磁気異常はマグマ起源の岩石が地下にあることを示唆します。

それらに対して、西部北海道の東端は、東北地方の北上沖から太平洋を越えて樺戸山地の東、さらに礼文島まで磁気の強い地帯がつながっています。東北地方では白亜紀前期の花崗岩、礼文島では白亜紀前期の火山岩が分布する地帯です。石狩地方で地下深くまで掘削して得られた結果を総合して、この方向につながる過去の火山列の基盤岩が地下にあることが推定されています。この火山列を、本書では「礼文・樺戸・北上白亜紀火山帯」と呼びます。

中央北海道には、日高山脈より西の夕張山地から幌加内を通って南北につながる強い磁気異常帯があります。それは神居古潭《かむいこたん》変成帯と呼ばれる地帯に一致しています（口絵参照）。神居古潭変成帯には蛇紋岩や海洋地殻の破片など磁性の強い鉱物を多く含む岩石が分布しているためです。

先に記した重力異常と合わせると、北海道の大地は3分され、中央北海道には共通した特徴を持つ岩石や地層が南北方向につながっていると想像できることになります。

geo word 5　火山岩と深成岩

岩石が融けた状態のものをマグマと呼びます。そしてそのマグマが冷えて固まってできた岩石を火成岩と呼びます。冷え方には大きく2通りあり、地表や地表付近で急速に冷えて固まる場合と、地下深部でゆっくり冷えて固まる場合です。前者を火山岩、後者を深成岩と呼びます。例えば、火山が噴火して、マグマが地表に噴出した場合、それは急激に冷やされるため、火山岩が形成されます。

火山岩と深成岩は、化学組成の違いによってさらに細かく分類されます。花崗岩は深成岩の一種で、SiO_2（二酸化ケイ素）成分に富む岩石です。石英や長石といった無色～白色の鉱物を多く含むため、全体的に白っぽい見た目をしています。花崗岩は古くから石材として用いられ、御影石と呼ばれることもあります。花崗岩には黒い斑点のようなものが観察されますが、これは黒雲母と呼ばれます。花崗岩ができるときに、鉄やマグネシウム成分が濃集してできた鉱物です。

花崗岩と同じような化学組成を持つ火山岩を流紋岩あるいはデイサイトと呼びます。安山岩は、それらよりSiO_2の含有量が少ない火山岩です。さらにSiO_2の含有量が少ないものを玄武岩と呼びます。SiO_2含有量が少なくなるにつれて、見た目がだんだんと黒っぽくなります。

火山岩と深成岩は、岩石の組織を観察することで見分けることができます。深成岩は地下深部でゆっくり冷えるため、結晶が大きく成長しサイズもほぼそろっています。このような組織を等粒状組織と呼びます。一方火山岩は、急速に冷やされるため、結晶が十分に成長していなかったり、結晶化せずに存在している場合もあります。このような組織を斑状組織と呼びます。

岩石の観察を肉眼で行うことは困難です。岩石試料を光が透過するくらいまで薄くした切片（岩石薄片）を作製し、偏光顕微鏡を用いて観察することにより、正確な組織観察や鉱物の同定ができます。（亀田）

図－岩石区分表

化学組成（SiO_2 重量 %）	白っぽい ← 63	52	45	→ 黒っぽい
火山岩（斑状組織）	流紋岩 デイサイト / 安山岩	玄武岩		
深成岩（等粒状組織）	花崗岩	閃緑岩	斑れい岩	かんらん岩

geo word 6　海溝とトラフ

海溝というのは、その名の通り海底が溝のように深くなった場所のことです。海洋プレートが大陸プレートの下に沈み込む場所でもあります。世界一深い海溝として知られるマリアナ海溝では、深さ10000mを超えるところもあります。最近、映画監督のジェームズ・キャメロンが、潜水艇によってマリアナ海溝の最深部に到達したことでも話題になりました。マリアナ海溝では、太平洋プレートがフィリピン海プレートの下に沈み込んでいます。

トラフも、海溝と同様に、細長くへこんだ海底地形を表す用語です。ただし、水深はもう少し浅く、またプレートの沈み込む場所でない場合にも使われます。

トラフと名のつく地形として、日本近海では、南海トラフがよく知られています。四国から紀伊半島にかけての沖合に、東西1000km近くにわたって発達しています。フィリピン海プレートがユーラシアプレートの下に沈み込む場所ですが、水深は4000mほどのため海溝とは呼びません。

南海トラフの特徴は、本文でも述べたように、その陸側に大きな付加体が形成されていることです。また有史以来、このトラフを震源として多くの巨大地震が発生してきました。2003年からは国際プロジェクトとして「南海トラフ地震発生帯掘削計画」が進められており、その成果に注目が集まっています。（亀田）

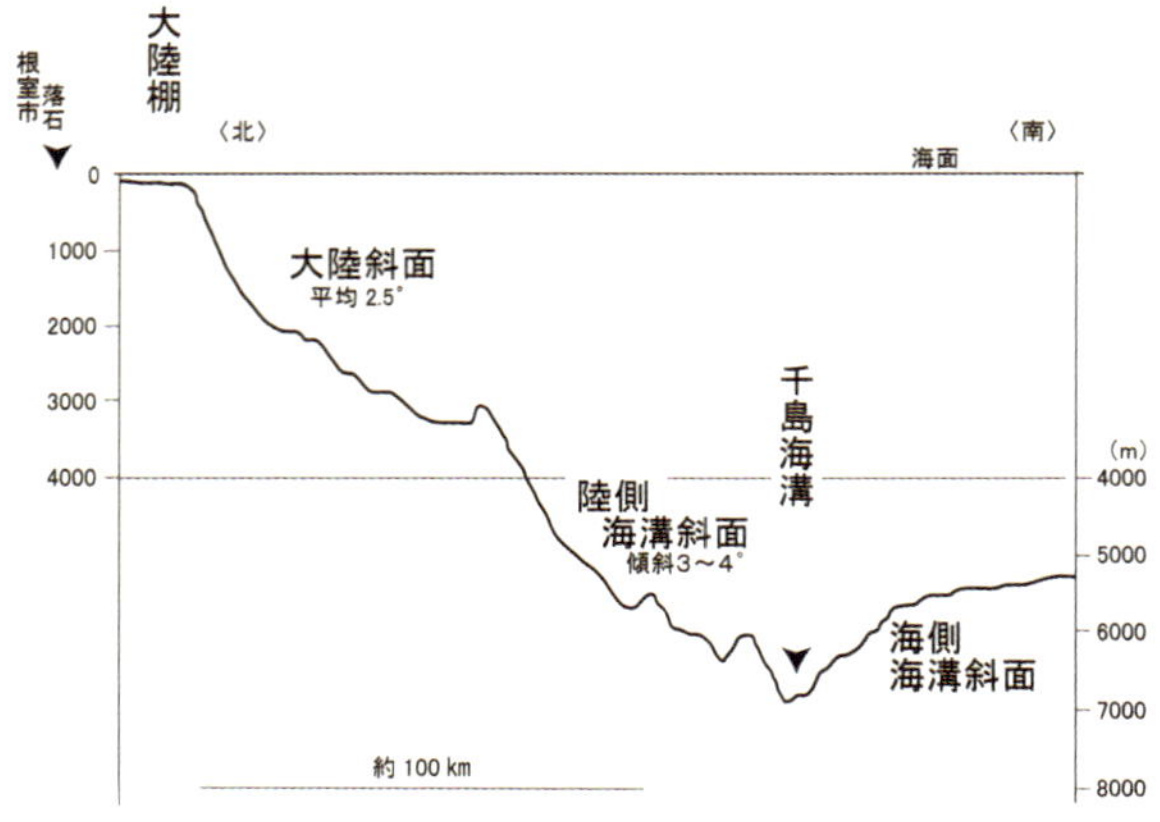

図ー海溝地形の例

太平洋海域の地形は、大陸棚・大陸斜面・海溝斜面・海溝に区分される。根室市落石から南南東への海底では、大陸棚の幅約24km（外縁の深さ約140m）、大陸斜面は深さ140～3300m、そこから海溝までの海溝斜面は深さ約3300～7000m（石井らの図[4]をもとに作成）

第5章　北海道は大陸縁への付加から始まった

1　アジア大陸の東にあった西部北海道

北海道とアジア大陸の間には日本海が横たわっています。日本海を北へ追うとサハリンと大陸の間の間宮海峡へと続きます。日本海は、大陸が縁で割れ、新たに海洋地殻が生まれてできた海であることが分かっています。海洋掘削調査の結果、日本海の形成は約2千5百万年前に始まり、1千5百万年前頃に終わったことも分かりました。したがって、それ以前には北海道はアジア大陸にくっついていたことになります。

前の章で北海道は南北方向に3枚におろせると記しました。3枚がそろって、現在の北海道の形に近いものとなったのは約1千5百万年前より後です。

日本海ができる前の様子を復元しようとする場合、北海道や日本列島の一部をアジア大陸の縁のどこへ戻すのかは、研究者によって意見が違います。その違いを巡って、時として論争にもなります。しかし多くの場合、論争にならずに異なった復元図が並存しています。書籍によっては原典が記されていない復元図もあるので注意が必要です。

日本海の拡大前の復元をめぐる論争については、第7章にあらためて記します。ただし西部北海道が東北地方北部と一体となってロシア沿海州のシホテアリン山脈の東に戻せることに関してはあまり異論がありません（図5-1、図5-2）。

2　岩石からわかること

さて、西部北海道はいつ大陸から離れたのでしょうか。それを知るためには、石の年齢を調べればよいのです。

石の年齢をどうやって決めるのでしょうか。地層に含まれている化石を使って調べるか、石に含まれる放射性同位体を測るのが一般的です。化石は、昔の特定

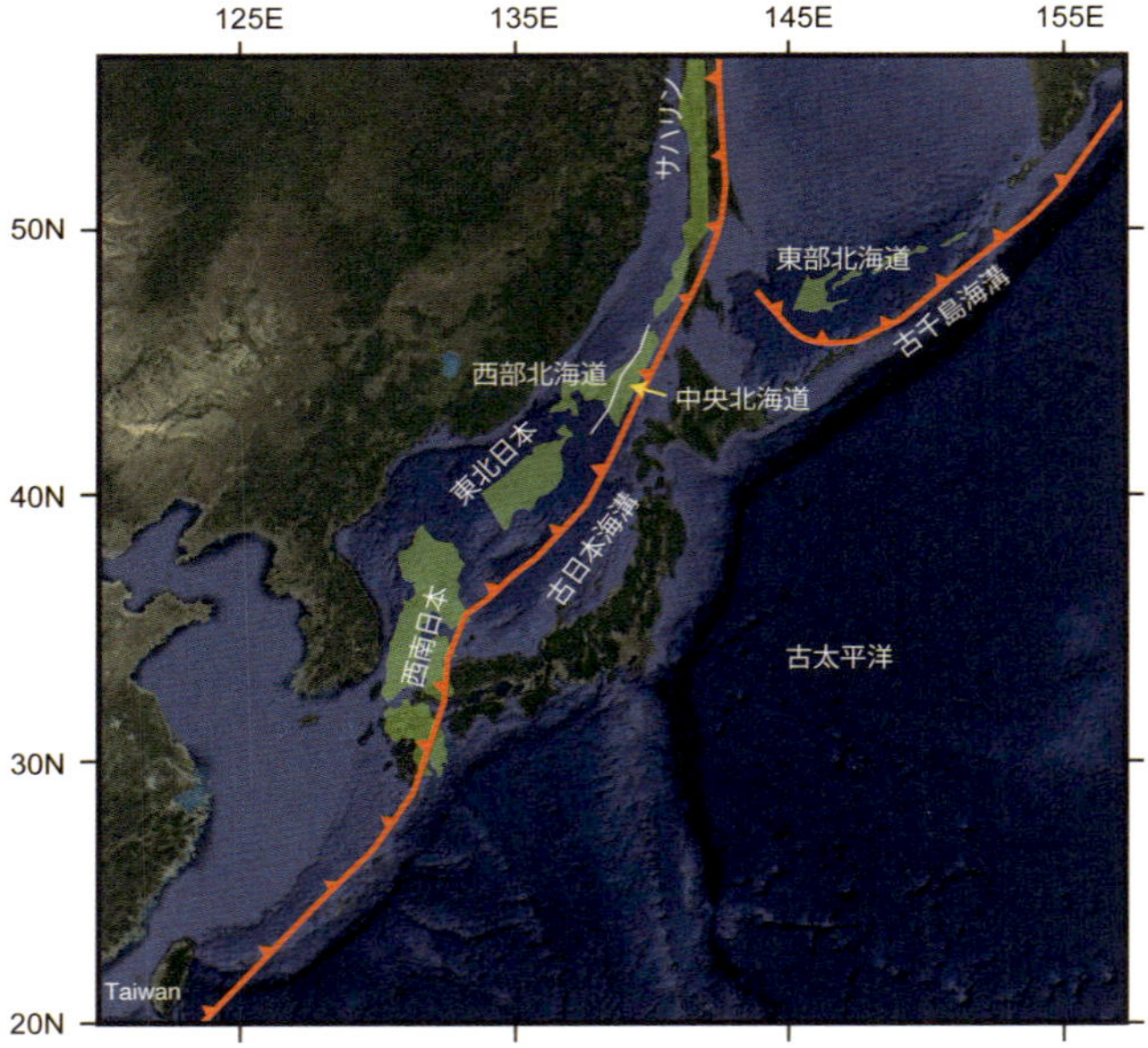

図5－1　日本海拡大以前の日本列島の推定位置（漸新世）

中央北海道と西部北海道はアジア大陸の東縁にあったが、東部北海道は現在の北海道の東北方向に離れており、古太平洋のプレートが古日本海溝、古千島海溝から沈み込んでいた（Kimura ほか[1]をGoogle Mapにプロット）

の時代にしか生きていなかったものを使います。たとえば北海道はアンモナイト化石が出ることで有名です。地層からアンモナイトが出れば、今から一億年ほど前の白亜紀のものです。

また、石はどれでも自然に放射線を出しています。微量なので健康に影響はありません。放射線を出す元素の量を測ると、マグマが冷えて結晶ができてからの時間がわかります。この方法は化石と違って数字として年齢を出せる利点があります。最近は放射性同位体を測る精度が格段に高くなったので、わずかな量の石や、鉱物1粒からでも測れるようになりました。

地質時代は、これらの方法によって決定されてきました。

プレートテクトニクス理論においては、岩石や地層は基本的には「他の場所で作られたものが、プレートとともに今の場所に移動した」と考えます。ですから、古い石であればあるほど遠くからやってきた可能性が高くなります。

このため、石の年齢を決めると同時に、どこで作られたものかを明らかにする必要があるわけです。

3 西部北海道はジュラ紀には大陸縁の海溝だった

では、西部北海道をアジア大陸の縁まで戻してみましょう。渡島半島はほとんど新生代や現在の火山から噴出した石に覆われていますが、ところどころに基盤を構成する古い石が出ています。それらは、海溝付近に堆積していた砂泥岩と、遠洋で形成された石灰岩や海洋地殻の破片が混合した石からなります。この石灰岩からは、古生代の石炭紀や二畳紀（ペルム紀）という今から2億5千万～3億年以上も前の化石が産します。砂泥岩中の泥岩（写真5－1）からは中生代最初のジュラ紀を示す化石が出ます。

このことから、西部北海道の基盤岩は、古生代の海洋プレートの沈み込みに伴ってジュラ紀に大陸の縁で形成された付加体であることが分かります。このジュラ紀の付加体は東北地方の北上山地に広く露出していますし、大陸のシホテアリンにも分布します。この付加体が、北海道ではもっとも古い基盤の岩石です。作られた場所については、図5－2では西部北海道と中央北海道をシホテアリンの東に置きました。しかし、もう少し後の白亜紀の付加体を含めて、はるか南方にあったと考える研究者もいます。大陸の縁辺に沿う横ずれ断層によって移動してきたとする考えです。

これらの付加体に貫入して、前期白亜紀（1億4千5百万年前から約1億年前まで）の花崗岩が分布しています（写真5－2）。花崗岩は大陸の縁に形成された火山のマグマだまりの跡で、北上地方や大陸のシホテアリンにも見られます。このことから、大陸縁でマントルから地殻に火山のマグマが供給され、大陸が成長したと推定できます（図5－2）。

第4章で、西部北海道の東の縁に北上から樺戸そして礼文島へつながる礼文・樺戸・北上火山帯があると記しました（図4－5）。これらの地域に分布する岩石とその年代から、この火山帯は白亜紀前期には大陸縁の火山フロントであったとみられます。

4 水を吸ったマントルの破片と上昇した変成岩

さて、中央北海道には、南北に伸びサハリンまで続く同種の岩石からなる地帯があります。その中軸部には、夕張山地、日高山脈など地形的な高まりがあり、図4－5にみられるように、磁気異常の大きい地域と一致

写真5−1　ジュラ紀の海溝堆積物（松前折戸浜／提供・川村信人氏）

中央の厚い砂岩（厚さ約50cm）とその上下の砂岩泥岩互層はアジア大陸から運ばれた砂泥が古日本海溝に堆積してできたと考えられている。地層は右下に傾いており、堆積後の地殻変動を示している（参考HP「北海道地質百選」）

写真5−2　西部北海道の白亜紀花崗岩（提供・垣原康之氏）

せたな町太櫓付近の花崗閃緑岩は白亜紀花崗岩類の1つで、アジア大陸東縁の大陸縁火山帯で形成されたと考えられている。花崗岩類は地下深くでマグマが固まったもので、上昇して冷却する過程で節理と呼ばれる割れ目ができる。地表に現れて風化作用を受けると割れ目が広がり小さな岩塊が分離して崩落していく。ここでは波に当たって花崗岩が消滅していく様子がわかる（参考HP「北海道地質百選」）

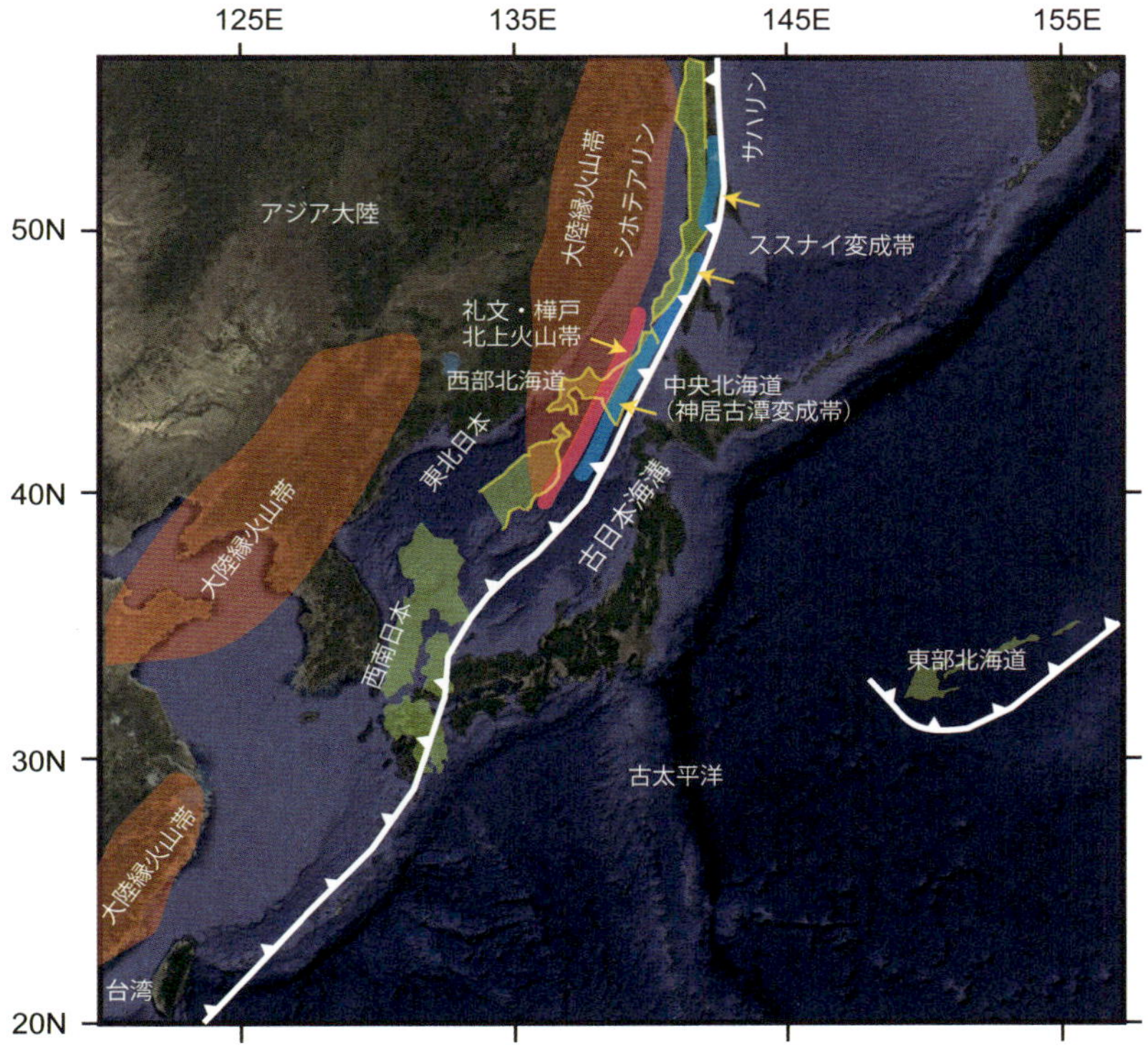

図5-2　白亜紀前期のアジア大陸復元図

古太平洋下のプレートがアジア大陸に沈み込み、古日本海溝の大陸側に中央北海道の神居古潭変成帯、サハリンのススナイ変成帯をつくった。背後のシホテアリンの大陸縁火山帯の東縁に、礼文・樺戸・北上火山帯が火山フロントをなしていた（Kimura ほか[1]に加筆したものをGoogle Mapにプロット）。東部北海道・千島列島の基盤となった古い大陸（オホーツク古陸）は古太平洋の中にあったと推定しています。この地帯は神居古潭変成帯と呼ばれ、変成岩や蛇紋岩などが分布します。

滝川と旭川の間あたり、石狩川のほとりに神居古潭という場所があります。ここには見事な峡谷があり、河原では、緑色の折れ曲がった岩を見ることができます。白い岩もあります。緑色の岩は、もともとは海洋底に広がっていた玄武岩の岩盤でした。白い岩はもともと石灰岩でした。おそらくサンゴ礁だったものでしょう。

神居古潭峡谷の岩は、海洋プレートの沈み込みによって玄武岩や石灰岩が地下深くの300度を超えるところまで持ち込まれ、プレートがずれる運動によって飴のように引き伸ばされたものです。このようにしてできた新しい岩を「変成岩」と呼びます。（写真5－3）

古日本海溝という海溝が、今から6千万年から1億2千万年ほど前にはアジア大陸の縁にありました（図5－2）。古日本海溝での沈み込みによってできた変成岩は、北海道からサハリンにかけて広く分布しています。北海道では神居古潭変成帯、サハリンではススナイ変成帯と呼ばれます。

これらの変成岩は、蛇紋岩という暗緑色の岩に取り囲まれるように分布しています。蛇紋岩はとても美しいので、壁材や床材として利用されています。この岩の起源は、地下深くにあるマントルです。マントルの構成鉱物が水を吸って含水鉱物に変化し、膨れてできたのが蛇紋岩です。高温により石が飴のように曲がった状態で蛇紋岩に取り囲まれているということは、海洋プレートがマントル深くまで沈んだことを示す重要な証拠です。（写真5－4、P79のコラム参照）

一度地下深くに沈んだ石が、なぜ地上にあるのでしょうか。これにはいくつかの説があります。

マントルが水を吸って膨らみ蛇紋岩になると、密度が小さくなります。地下深くは圧力が大変高いので、軽くなった蛇紋岩は浮力によって地上まで上がって顔を出すとする説がその一つです。西太平洋のマリアナ海溝には、蛇紋岩が海底に噴き出してできた山があります。その中から一度沈み込んだ海洋プレートのかけらが発見されています。蛇紋岩に包み込まれて変成岩が上がってきたとする考えとよく合います。

また、海溝から海洋プレートが沈み込むところでは、プレート同士が水平に押し合いながらずれていきます。

写真5-3　「つ」の字に曲げられた変成岩（提供・中川充氏）

神居古潭峡谷は変成岩を石狩川が削ってできた横谷である。緑色片岩の中で飴のように褶曲した白い石灰質の岩石が印象的（写真では暗灰色）。このような結晶質石灰岩は数百度の温度で形成され、緑色片岩とともに巨大な圧力で押されて曲がりくねったと考えられる（参考HP「北海道地質百選」）

写真5-4　断層で持ち上げられた蛇紋岩（提供・加藤孝幸氏）

沙流川沿いのこの付近には岩内岳をつくる蛇紋岩のほか、白亜紀後期と考えられる黒色泥岩が分布している。蛇紋岩はマントルから上昇してきたかんらん岩が変化したもので、黒色泥岩は前弧海盆に堆積したものだから、それぞれの形成場はまったく異なる。この露頭では両者が断層で接しているので、蛇紋岩の上昇に関わる大規模な地殻変動を見ることができる。両者が断層で切り合った深さは、数kmもの地下であったと推定される。これらは新第三紀以降に東西圧縮による断層に沿って深部からともに上昇した（参考HP「北海道地質百選」）

そのため地震が起こります。このような場所では、プレートの押し合いにより、蛇紋岩とそれに包まれた石が絞り出されるように斜め上に押し出されると考えられます（写真5－4）。蛇紋岩は膨れて軽くなるだけでなく、外から受ける力にとても弱く、簡単に変形して絞り出されてしまうことも実験で確かめられています。

海洋プレートの沈み込みの後に他の大陸のプレートがやってきて衝突すると、沈み込んでいたものが浮上します。ヒマラヤ山脈やアルプス山脈は、現在大陸同士がぶつかっているところです。ぶつかったところには、海洋地殻の破片を含むかつての付加体が挟み込まれています。

大陸と海洋のプレートがぶつかると海溝ができます。大陸プレート同士がぶつかると、世界の屋根といわれる大山脈ができます。どちらの場合でも「一度沈み込んだ岩石が絞り出されて地表に出てくる」という地球のダイナミクスに驚かされます。

北海道中軸部からサハリンにかけても、かつては海溝がありました。これは、オホーツク海の下に眠る小さな大陸がアジア大陸と衝突したものと推定されています。

この事件についてはもう少し後で記しましょう。

5　海洋プレートのかけらが混じる付加体

大洋下の海洋地殻の硬い岩盤の上には砂や泥、あるいは生物の遺骸、海水からの沈殿物などが堆積します。太平洋の真ん中などは陸から遠いので、空から降ってくる火山灰や黄砂のようなもの、海洋の表面で生きているプランクトンの殻などが降り積もります。これらは「マリンスノー」（海に降る雪）と呼ばれます。さらに海底の岩盤が風化して、海底の水の流れによって流された堆積物などもあります。

海洋プレートが生まれるところは海底火山です。そこでは海水が岩盤の深くまで入り込み、熱水として再び海底に噴き出ます。その熱水が岩盤の中を流れる間に、岩盤から金属などが溶け出します。それが海底に噴き出ると、急に冷やされ、金属が析出します。

海洋地殻は玄武岩ですが、その起源は実は海洋底が拡大する海嶺だけではありません。海嶺ではないのに火山があり、海洋地殻を作り出すハワイのような場所があります。ここでは、マントルが溶けた玄武岩質マグマが地球深部から噴き出すので、「ホットスポット」と呼ばれます。ここで噴き出すマグマの化学組成は海嶺で噴き出すものと若干異なるので、化学分析をして区別をします。

図5-3に、調査によって作成された中央北海道南部の白亜紀前期の復元断面図を示しました。さまざまな起源をもつ海洋地殻の破片が積み重なったことが示されています。その中には、小笠原列島の火山のように、沈み込まれる側の火山の破片も付加しているものもあります。火山岩が高い圧力や温度の下で緑色に姿を変えてしまうと、起源の区別ができません。化学分析を行って火山の成因を検討することが必要になります。

これらの付加体には、プランクトンの殻が降り積もったチャート（珪質堆積岩）や石灰岩などの地層が含まれ、今から2億年以上前の化石も見つかっています。また陸から流れ込んだ泥にも化石が含まれます。それは、付加体が形成された年代を示します。

このような調査と分析から、1億3千万年前頃から1億年前頃に、主に海洋地殻の付加によって、中央北海道は大きく太ったと考えられます。

6 中央北海道の驚くべき地下構造

地球物理学的観測によって地下を見ることは、そこがどのような構造になっているのか、どのような岩石がどのような状態にあるのかを大づかみに把握する上で欠かせません。表層から数km程度については、地質学が伝統的に大きな力を発揮してきました。しかし、それより深い地下に対しては、地質学と地球物理学との連携が事実解明のために必須です。

地球物理学のうち、地震学の研究結果によって地下の構造を推測したのが図5-4です。各地に設置した地震計で多数の地震波を測定していくと、場所ごと、深さごとに地殻の中を地震波が伝わる速度が求められます。この図では20×25×20kmの直方体ごとに地震波速度を算出しています。

地質を知っている人から見るとなんと大雑把な推定かと思ってしまいます。しかし、大きなモザイクをかけて地球を見ていると思えばいいのです。このモザイクをどんどん小さくしていくと、視野は狭くなります

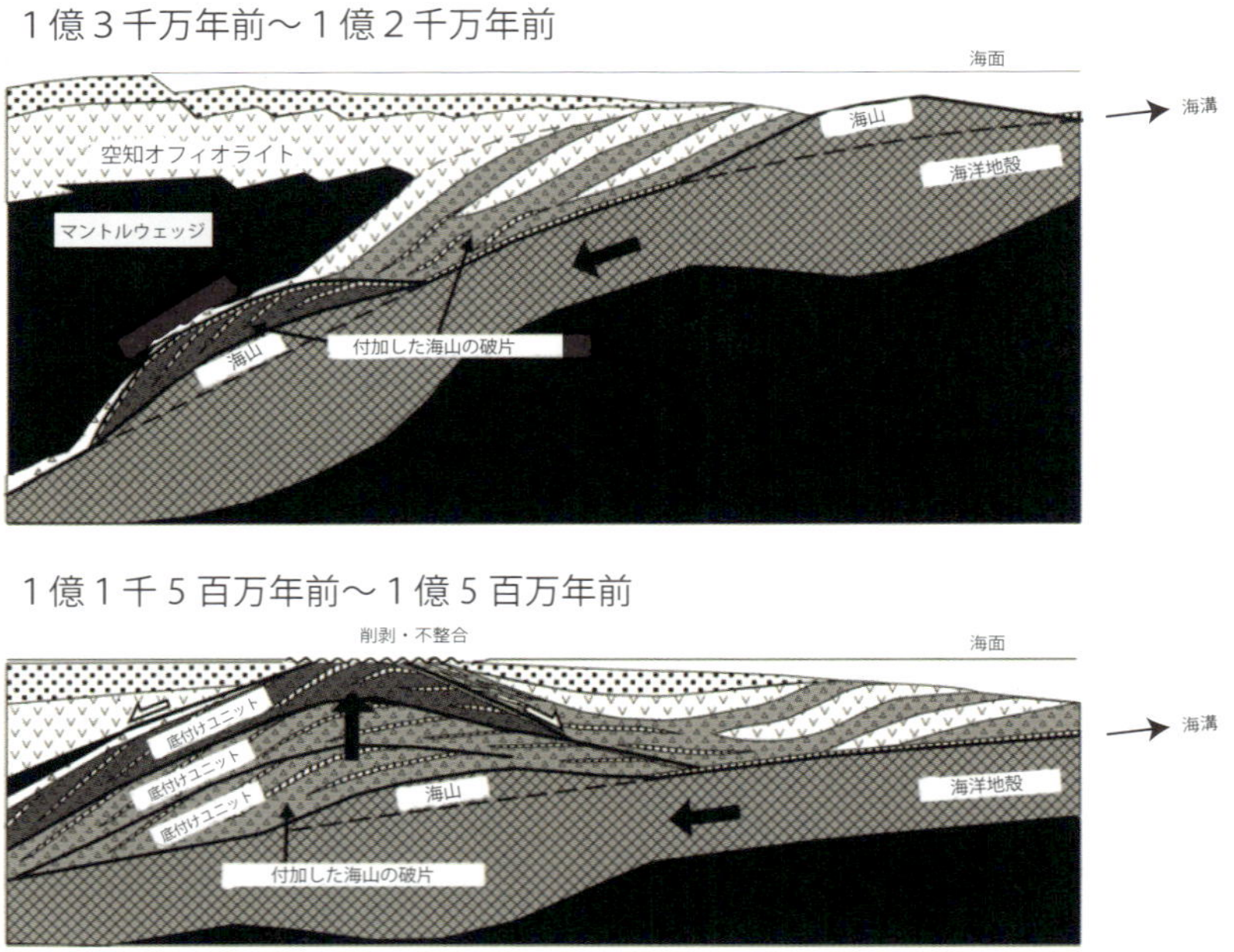

図5−3　白亜紀前期〜中頃の中央北海道南部形成を説明するモデル[2]

［上］白亜紀前期、［下］白亜紀中頃。さまざまな起源をもつ海洋地殻の破片が積み重なっている。中央北海道は海洋地殻の付加によって大きく太ったらしい。底付けユニットとは、深く沈み込んだ上盤プレートの底に下から付加した地質体のこと。空知オフィオライトはマントル・海洋地殻の岩石から構成される

が、地質学の観察・観測に近づきます。デジタルカメラの画素数が上がって現実に近づいていくことと同じです。この場合の現実は地質と岩石です。

さて、第4章でみた重力異常や磁気異常は、北海道が南北方向に3枚おろしになっていることを示しました。このことは地下の岩石の密度や、磁石としての性質に関係しています。岩石の密度は、岩石を作る鉱物の種類や、水などで満たされた隙間の多さに関係します。

一方、地震波の伝わる速さは、岩石の持つ弾性が強いか弱いかに関係します。この性質は岩石の密度と関係があり、地震波の伝わる速さの遅いところは、密度の小さいところと言えます。密度の小さいところは重力が小さくなります。

図5-4の速度と図4-4の重力分布を見比べると、大づかみに地下の岩石の様子が想像できることになります。その結果を単純化して説明したのが図5-5です。この北佐枝子らの最近の研究は、それまで考えられてきた北海道の地下に対するイメージとまったく違う姿を明らかにしました。

これによると、中央北海道の西半分の地下に、東西幅50km、深さ80kmの太平洋プレートの上面まで、地震波速度が遅い岩石が分布しています。普通のプレートの沈み込み帯では、深さが約30kmを超えるとそこはマントルです。沈み込むプレート上面と地殻の底の比較的平らなマントルとの境界に囲まれた形から、くさび状マントル（ウェッジマントル）などと呼んでいます。

そのウェッジマントルが、中央北海道西部では欠落していることが明らかになったのです。図5-5のaは東西断面です。図の下部に、上に凸な太平洋プレートの上面があります。その上面から地表に至るまでを速度の遅い岩石が占めているのです。ここは強い負の重力異常が認められる地域ですが、その根は深さ80kmにまで及んでいたのです。

もう一つの面白い発見は、図5-5のbに描かれています。深さ80kmにまで達する地震波速度の遅い岩石が、太平洋プレートに引きずられてさらに深いマントルに引き込まれているように見えることです。

プレート沈み込み帯において、陸側の地殻が削られてマントル深部へ引き込まれる「造構性浸食作用」に

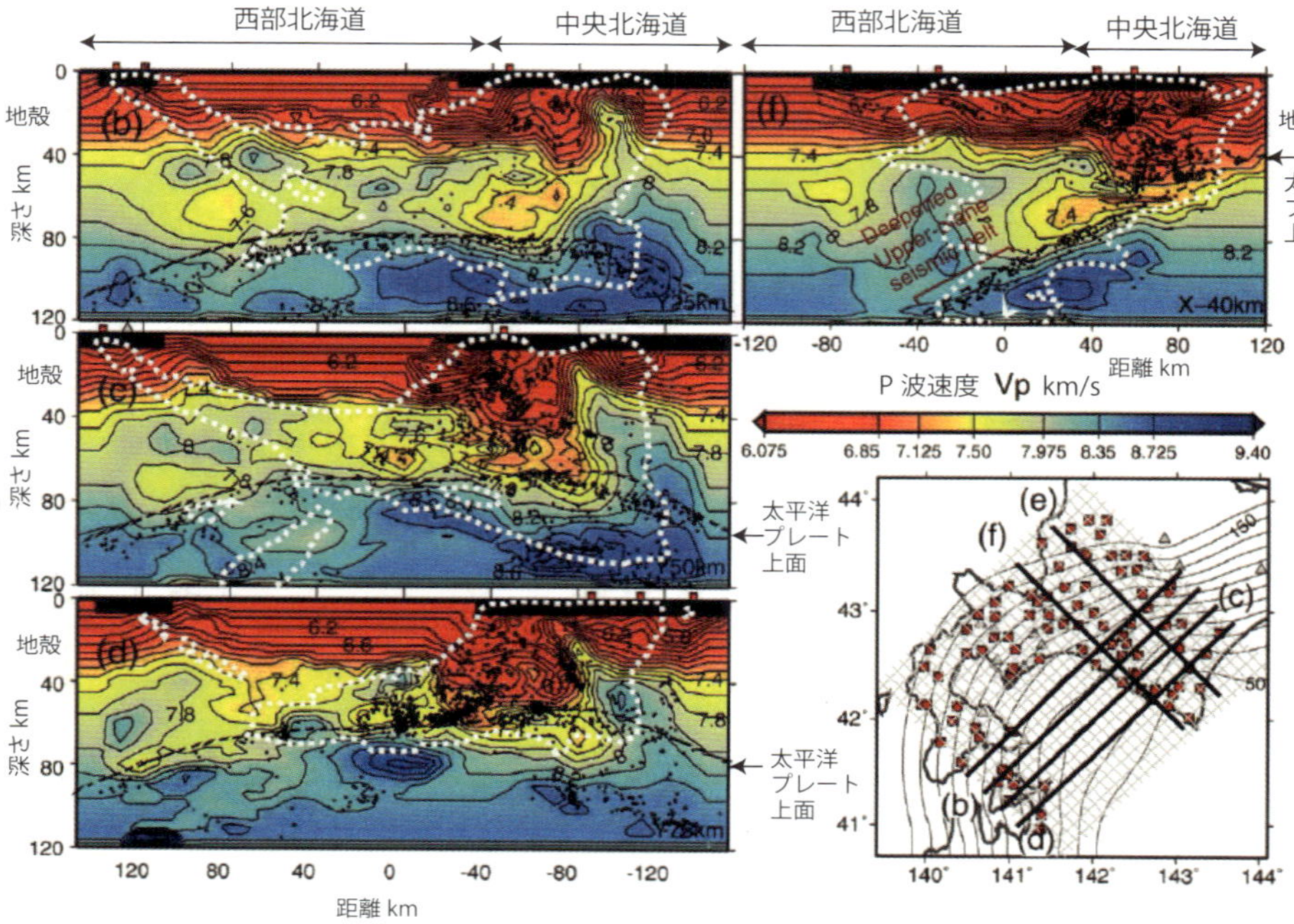

図5－4　西部北海道と中央北海道の地震波（P波）速度分布[3]

中央北海道の西部には、深さ70km程度の太平洋プレートの上面まで地殻物質と同程度の地震波速度の遅い岩石が存在する。陸上部の地質からみて、東北日本の地殻・中央北海道に分布するのと同じ付加体・破片海洋地殻・蛇紋岩などからなると類推され、それらが地下に沈み込み、太平洋プレートの上面に達していると考えられる。中央北海道でのこの衝突により、中央北海道南部では水平距離で60kmに及ぶ東西短縮が起こったと推定できる

カラー（赤～青）：P波速度（赤は遅く青は速い）
黒点：震源
白破線：信頼度の高い領域

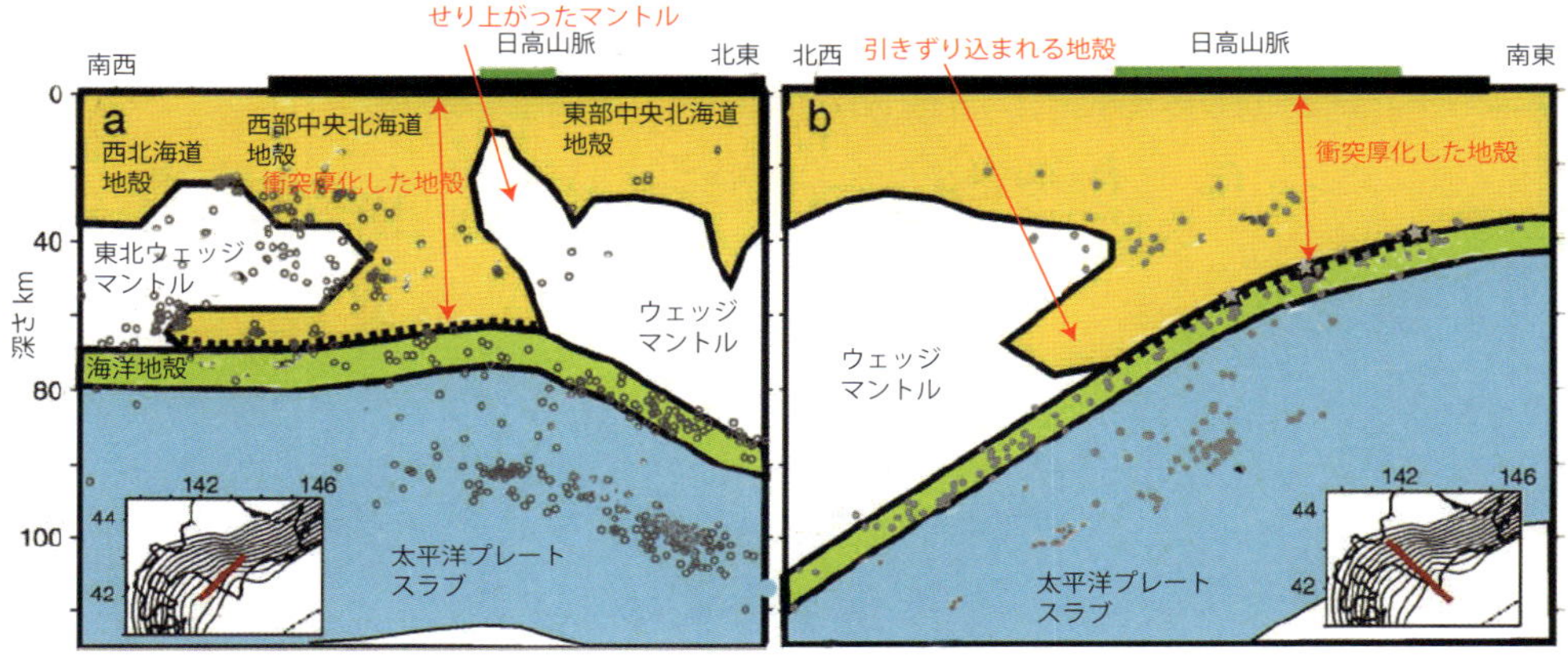

図5－5　中央北海道の地下はどうなっているか[3]

中央北海道は中央部で2つに分かれる。西半分は太平洋プレート上面に達する低速度層（衝突厚化した地殻）だが、東半分は通常の地殻に近い速度層となっている。スラブとは沈み込んだプレートのこと。両者の境界部にあたる日高山脈の西側では、マントルと同じ高速度の岩石（東北ウェッジマントル）が刺さり込むように挟まっている
白丸：震源

ついては、プレートテクトニクス理論が提案されて以来、活発に議論されてきました。陸は、化学的にはマントルから軽い元素が絞り出されてできたものです。一般に陸を構成する岩石は密度が小さいため浮力が働き、陸と陸が衝突するところでは沈み込みに対して抵抗力が働きます。したがって、陸の地殻は、塊としては地球内部に戻ることができないと考えられてきました。これが、地球上の最古の岩石はどれも、陸に封じ込められている理由です。

一方、プレートが沈み込むところでは、海洋プレート表面の凹凸が上盤のプレートを塊として削り込む（浸食）ことがあるとする説は有力です。多くの研究者が、地球上の半分以上の海溝でそれが起こっているとの考えを支持しています。

図5－5に示された北海道の姿は、太平洋プレートが沈み込むその上で、東部中央北海道地殻と西部中央北海道地殻の2枚の上盤プレートが衝突しながら互いに重なり合うというプレートの三重会合点をなしている可能性を示しています。木村は三重会合域の北海道の地下について1986年に論じました。[4]

北らによる北海道の詳細な地下構造の研究は、かつては物語であった木村らの解釈を科学へ引き上げる重要なきっかけにもなっていると考えます。

この低速域（衝突厚化した地殻）の地表部分には、白亜紀前期の付加体が基盤岩として露出しています。地下80㎞まで同じ付加体が占めていることを直接確かめることはできませんが、地震波速度などの特徴は似ています。また中央北海道の南部は北部に比べて、逆断層型の活断層が多く発達していることから、東西短縮がより大きいように見えます。平均的には厚さ30㎞程度の地殻が、現在は80㎞の厚さになっています。

ここから、地殻の短縮距離を推定してみましょう。前提として、東西短縮前後で地殻の断面積の大きさは維持されると考えます。すると、現在の断面積は80㎞（厚さ）×40㎞（幅）と計算されるので、短縮以前の地殻が平均的な30㎞の厚さだったとすると、当時の幅は107㎞と推測されます。これが半分以下の40㎞に短縮されたと想像できます。

geo word 7　かんらん岩と蛇紋岩

地殻を構成するのは花崗岩や玄武岩などの岩石です。マントルはこれらより密度の高いかんらん岩という岩石でできています。かつてマントルにあった物質が、北海道の多くの場所で見つかっています。しかし、地殻より密度が高く重たい物質が、現在は地表に出てきているというのは不思議なことです。

実は、かんらん岩が直接観察できるのは珍しいケースで、その多くは水と反応して軽い岩石になっています。このような岩石を蛇紋岩と呼びます。蛇のような紋様が見られることから、そのような呼び名が付けられました。かんらん岩はほとんど水を含んでいませんが、蛇紋岩は10%以上も水を含んでいます。蛇紋岩が形成されるということは、地下深く、マントルまで水が持ち運ばれていることを示しています。このような水は、水を含んだ海洋プレートが地下深くまで沈み込み、マントルと接するような場所で供給されると考えられています。蛇紋岩となったマントル物質は、軽くなって浮力を獲得し、周囲の岩石（海洋プレートが変成してできた変成岩など）を巻き込みながら、地上まで上昇してくるのです。

表面が風化した蛇紋岩
（東豊土氏提供）

見た目にも美しい蛇紋岩ですが、野外で見つけた時は喜んでばかりもいられません。蛇紋岩は、蛇紋石という鉱物からなります。この蛇紋石の中には、アスベスト（石綿）と呼ばれる針状の結晶として存在しているものもあるのです。触ったからといってすぐに健康被害が出るようなものではありませんが、多量に吸い込むと肺の病気を引き起こす可能性のある物質であることは心に留めておくべきでしょう。（亀田）

第６章　成長する大陸縁と見えてきたマントル

1　陸をつくることは山をつくること

この地球に、どうして陸と海があるのか、人間は太古の昔から考え続けてきたに違いありません。だから、どの民族の神話にも必ず天地創造の物語があります。日本で言えば、イザナギ、イザナミが大八洲《おおやしま》を産んだという神話です。日本列島では、海の中に島ができる、火山ができる、それが陸地になると思えたのでしょう。

しかし、たとえば欧州ではどうでしょうか。広大な陸地がすでにあり、文明が生まれた地中海、メソポタミア、インドをつなぐ地域には大山脈があります。その山脈の頂上に近いところでは、海の中にすんでいたとおぼしき貝などの化石も出てきます。はるか昔に海であったところが高く盛り上がり、陸になったのだと直感したでしょう。

ローマ帝国が欧州へ進出した際に通ったであろうアルプス越えの道から眺める山並みには、かつて海に溜まった地層はもちろんのこと、大地の足元を作る花崗岩なども折れ曲がって露出しています。「海底が巨大な力を受けて山になった。それが陸を造る運動だ」と思うのはごく自然の流れだったのでしょう。

明治維新の後、日本はドイツから弱冠二十歳の地質学者ナウマンを招いて東京大学に地質学教室を開設することにより、地質学を「輸入」しました。氷河時代の日本にたくさんすんでいたナウマンゾウの命名は彼の名にちなんでいます。

ナウマンが来日した19世紀後半、アルプス山脈を形成した「造山運動」は地球収縮論によって説明されていました。「火の玉から出発した地球は冷えて固まってできた。冷えるに従って地球は収縮する。それによって表面にシワがよる。それが造山運動の原因だ」というもので、オーストリアのウィーン大学教授ジュースの唱えた説でした。しかし、日本列島を調査したナウマンは、このジュースと反りが合いません。それが遠因となって、ナウマン帰国後、東大地質学教室の初代日本人教授となった原田豊吉とナウマンの間で、日本列島の地質的構造をめぐる大論争へと発展することになってしまいます（付章参照）。

地球収縮論に基づく「造山運動」支持派は地殻の水平短縮を主張しました。しかし、20世紀になってアメリカ新大陸の地質の研究が進み、「地向斜造山運動」が提唱されます。海から山になったという順序は一緒なのですが、別な考えです。

地向斜造山運動では、まず地球内部へ沈む「地向斜」という地形ができます。地向斜が深く沈んだ後、その上に大量の土砂が堆積します。最深部の地層は高い温度と圧力にさらされることになります。するとやがて地層は溶融し、マグマができます。マグマは密度が小さく、周りの岩石に対して浮力を持ちます。すると、それまで沈降していた地向斜は反転し、隆起を始めます。それがやがては山になったという説です。

地向斜造山運動は20世紀半ばまでに世界中の地質学界に広まり、各地の山脈の形成過程の説明に応用されました。第2次世界大戦後の日本では、1960年代末にプレートテクトニクス理論が登場するまでの20年ほどの間、地向斜造山運動論の余韻のような研究が続きました。北海道では日高山脈の研究が進み、「日高造山運動」が提唱されました。

それは、日高山脈がどのような岩石からなるかという事実記載を蓄積したという点では大きな科学的貢献でした。しかし、地殻の大規模水平移動を強調する大陸移動説から海洋底拡大説、そしてプレートテクトニクス理論へと地球科学の大変革が進行する中で、地向斜造山運動論に基づく日高造山運動論は次第に時代から取り残されていくことになります。もったいないことでした。

プレートテクトニクス理論に基づく大陸形成論・造山運動論は、地向斜造山運動論時代に記載した事実の解釈の組み替えから始まりました。その後は新しい視点・仮説に基づく大量の新しいデータの抽出が続きました。日本の地質学界において、そのような大変革が進行したのは80年代になってからでした。北海道も例外ではありません。木村や宮坂の青春時代の激動でした。

プレートテクトニクス理論では、地球上において、大陸が最も多く形成されるところはプレートの沈み込み帯であるとされます。ここでいう「大陸」の意味は、地形的に大地が海から顔を出す、というだけではありません。火山活動を起こすマグマによって大陸地殻（P52のコラム参照）の岩石が増えることが本質です。

第4章で述べた付加体の形成も陸地を増やしていると考えられますが、これは付加体が形成されている地域に限定されます。また、付加体は他の場所で作られたものが再配置して形成されるのですから、地球全体で見て大陸を増やすわけではありません。しかし、大陸の物質をリサイクルさせるという意味では、少なくとも大陸が縮小していかないように働いています。

同じプレートの収束帯でも、大陸プレート同士の衝突帯は地形的に高い山脈を造るという点では沈み込み帯以上の働きをします。また、単に大陸が衝突合体し改変されるだけではありません。衝突している間にマグマ活動が起きて大陸を増やすことも起きるようです。

さて、白亜紀前期に始まったアジア大陸東縁での沈み込みと大陸成長はいつまで続いたのでしょうか。

2 沈み込みの痕跡を探る〈その1〉火山列

大陸の縁辺あるいは弧状列島に沿って過去にプレートの沈み込みがあったかどうかを判定するためには、3つの痕跡を探します。90年代半ばまでは地表に分布する岩石が手掛かりでした。しかし、最近はそれらに加えて地球内部の情報が極めて大事であるとみられています。

痕跡探しの最初は火山です。

1億年前頃までの大陸縁での火山の痕跡は、西部北海道や東北の北上地方の花崗岩に記録されています。しかし、この時代には北海道や東北日本は大陸にくっついていたのですから、それらを大陸の縁まで戻さなければなりません。戻し方にはさまざまな議論がありますが、サハリンと西部北海道を素直にやや時計回りに回転させて戻したのが、先に示した図5－1です。

西部北海道には白亜紀後期や古第三紀の火山の痕跡は少ないのですが、ロシアの沿海州（シホテアリン）にはその痕跡である火山岩が広く分布します（図6－1）。これらの岩石に関する最新の年代測定結果の一例を並

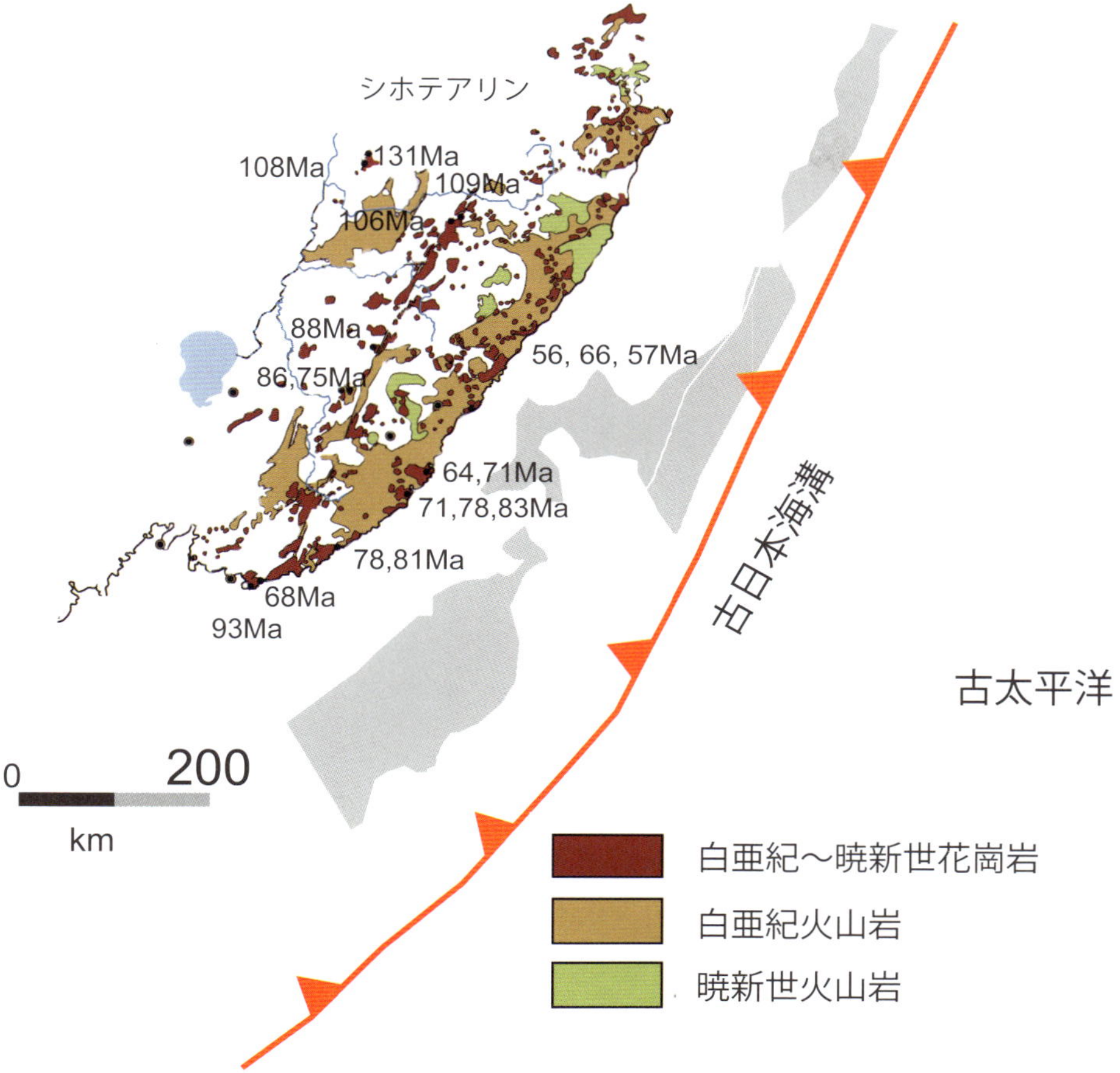

図6−1　日本海ができる前の日本列島と古日本海溝の位置と大陸縁辺での火山活動

火山活動の年代と岩石種は文献[1]、北海道の推定位置は文献[2]による。数字は火山活動の年代（Ma:百万年前）

べてみました。分かりやすくするために白亜紀と古第三紀暁新世のものだけを記しました。

これらが、北海道やサハリンが大陸の縁にあった頃、この地域のプレートの沈み込み帯で発達していた火山列の痕跡です。最も新しい年代が5千6百万年前ですから、少なくともこの時代まではプレートの沈み込みは続いていたと推定できるのです。日本列島に分布する火山岩や花崗岩の年代が詳細に調べられているのに比べると、大陸では圧倒的にデータが少なく、まだまだ十分な議論はできません。この分野での国際協力によって今後補われることを期待します。

3　沈み込みの痕跡を探る〈その2〉北海道とサハリンの付加体

痕跡探しの2つ目は過去の付加体の存在です。白亜紀の付加体には、中央北海道が相当することは前に記しました。木村らは、そのサハリンへの延長を求めて85年以来5回サハリンに赴き、調査を実施しました。ちょうどソ連が91年に崩壊しロシアになる過程と重なりました。97年の調査には亀田も参加し、サハリン最北端のエリザベス岬まで行きました。第2次世界大戦後、日本の地質調査隊としてこれだけ本格的に調査を実施したのは初めてでした。

サハリンでの調査では、クマとの遭遇は避けられません。サハリンでクマにお目にかかるのはごく日常的なことです。イタドリの薮道の曲がり道で出会い頭に突然遭遇したり、深夜、テントの周りをうろつかれたこともありました。この時には、同行したロシア人が機転をきかせ、大声で朝までテントの中から叫び続けたこともあって、ようやくクマが去りましたが、危機一髪でした。

サハリンの調査では、ロシアの研究者との共同研究もうまく進み、多くの成果をあげることができました。たとえば、ススナイ変成岩に関する成果です。

戦前の日本領時代から、サハリン南部には北海道の神居古潭変成岩とよく似た変成岩（ススナイ変成岩）が分布することは知られていました。しかし、私たちが調査を始めた時には、ススナイ変成岩がいつ形成されたものであるかも分かっていませんでした。またプレートテクトニクス理論によると、神居古潭やススナイに

図6－2　ススナイ変成岩類の構造[3]

写真はサハリン島・オホーツク海岸に露出するススナイ変成岩。左:変成・褶曲した混合岩（1985年木村撮影）とロシア研究者たち（左から通訳メロン氏、ロジェストベンスキー氏、メリニコフ氏）、右：褶曲した混合岩（上半身裸は当時パリ大学のジョリベ氏）

みられる変成岩はプレートの沈み込み帯で作られると説明されます。しかし、当時はまだススナイ変成岩も地向斜の一番深い底で作られたと説明されていたのです。ロシアも日本の地質学界と同じく、プレートテクトニクス理論の受け入れに遅れていたためです。

ススナイ変成岩は、ユジノサハリンスクから北へ数十kmほど進んだオホーツク海に面した海岸に露出しています。海岸に、流れるように変形した岩石が露出する様子は壮観です。

それらは、緑色の石、変成した大理石、瓦屋根に利用できそうな形に変形し薄く板状に剥がれる黒色片岩など、銘石のオンパレードです（図6－2）。その海岸を詳細に調査した結果、これらの岩石は海溝から深く沈み込んだ付加体であることが分かりました。

石のサンプルをリュックに詰めて持ち帰り、年代を測りました。するといずれも白亜紀の終わりに近い年代であるとわかりました。大陸の縁で火山活動が起こっていたちょうどその時の沈み込み帯の痕跡が見つかったのです。この変成岩はサハリンの中部、北緯50度近くまで続くと見られています。

白亜紀から古第三紀の早期まで、北海道とサハリンの陸地の元になった地殻は、海溝の沈み込み帯だったことは間違いないようです。では、そのプレートの沈み込みはいつ終わったのでしょうか。現在の北海道からサハリンにかけての地域もプレート境界ではあるのですが、海溝ではありません。むしろ大陸の衝突帯という方が近いでしょう。ですから海溝としての終わりがあったはずなのです。

それを解き明かす鍵は、中央北海道の東部と、地球内部のマントルにあります。中央北海道の東部に関しては後に記すとして、まず地球内部のマントルの姿を見てみましょう。

4 沈み込みの痕跡を探る〈その3〉マントル内の痕跡

ここまでは、過去のプレートの沈み込み帯の痕跡として、火山や付加体など、地上で観察できる岩石からの情報について述べてきました。これらに加えて、最近では地球内部のマントルの情報が注目されています。それが3つ目の痕跡探しの方法です。

海溝から沈み込んだ海洋プレートを通る地震波は、その周りのマントルに比べて速く伝わるという特徴があります。簡単に言うと、地震波は固いものや温度の低いものほど速く伝わる性質を持つので、高温で柔らかいマントルに比べ、冷えて固い海洋プレートは地震波が速く伝わるのです。

地球内部で地震波の速く伝わるところを描き出すと、沈み込んだプレートの姿が見えてきます。日本海溝や千島海溝から沈み込んでいる太平洋プレートも実によく見えます（図6－3）。波の速い部分が太平洋プレートであることは、図2－4に記した深発地震が起こるところと対応させると、よりはっきりします。沈み込んだ太平洋プレートは、北東アジアの下のマントル上部と下部の境界660㎞付近に横たわっているように見えます。横たわるプレートは、沈み込んだ直後のプレートに比べて少し厚みを増しているようです。また、現在の海溝から沈み込んでいる太平洋プレートはアジア大陸の中国東北部の下までで途切れているように見え

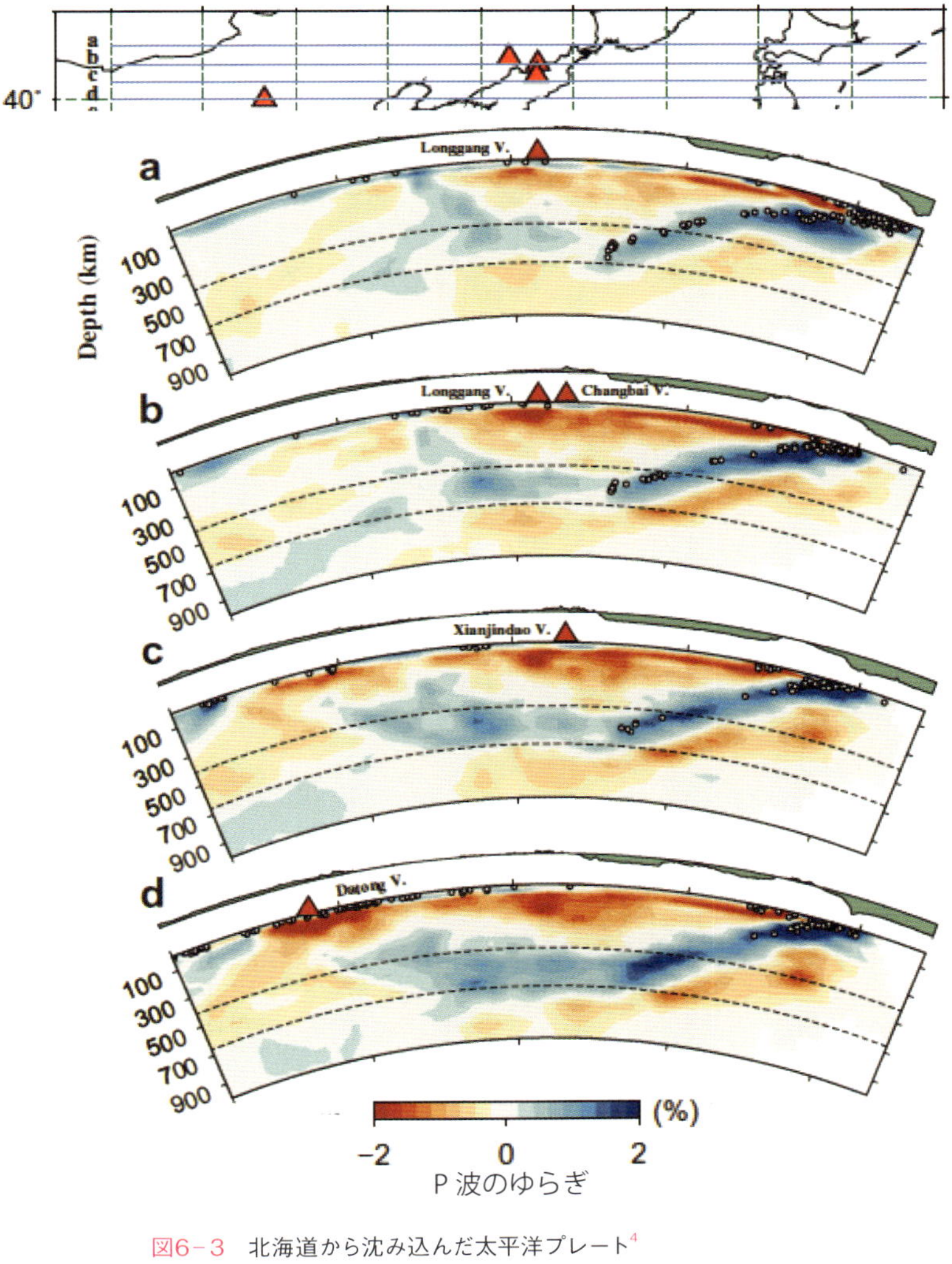

図6−3　北海道から沈み込んだ太平洋プレート[4]

上の地図上に断面図の位置を示した。aとbが千島海溝、cとd（北緯40度）が日本海溝を通る東西断面。青色部は地球内部で地震波の速く伝わる沈み込んだプレートの姿。日本海溝や千島海溝から沈み込んでいる太平洋プレートを表している。太平洋プレートは、北東アジアの下のマントル上部と下部の境界660㎞付近にまで到達し、横たわっているように見える（断面図中央の淡青色部）

カラー（赤〜青）：P波速度（赤は遅く青は速い）　白丸：震源

ます。

図6－4は、地震波速度から推定された温度分布です。沈み込んでいるプレートの物質がそれを囲むマントルと同じであると仮定すると、地震波速度を温度に換算できるのです。この図からも、現在沈み込んでいる太平洋プレートが途切れている様子を見てとることができます。

さらに深い下部マントルにも、地震波速度の速い領域、つまり低温の物質が広がっているように見えます。これは、太平洋プレートが沈み込む前には、別の海洋プレートが沈み込んでいたことを示唆しています。これまでの太平洋のプレートの歴史をめぐる研究を参考にすると、その正体は白亜紀に存在していたイザナギプレート（P118のコラム参照）である可能性があります。これらのマントルの姿は、別な見方をすれば太平洋プレートの沈み込みの始まりを示している可能性があります。

図6－5は、沈み込んだ海洋プレートの動きを数値計算によって再現した結果です。2つのモデルでは、マントルの粘性を変えて計算を行っています。この計算の目的は、海溝から沈み込んでしまった海洋プレートの想定量とマントル内の地震波の速度分布の関係をうまく説明できるかを検討することです。沈み込んだ海洋プレートの「途切れ」に関しては後述します。

計算の結果は、北海道からサハリンにかけては、今から5千万年ほど前に沈み込みが完了したことを示しています。

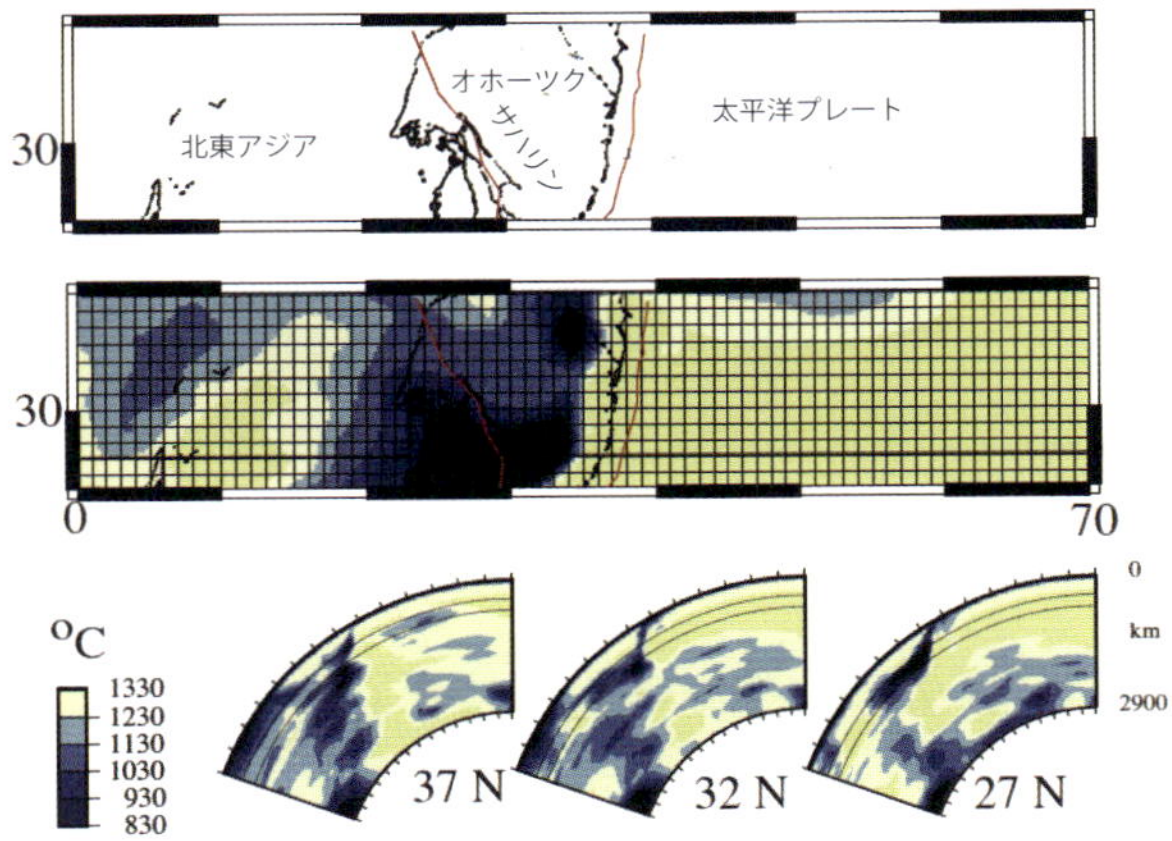

[上] オホーツク海の東西域の平面図
[中] 深度500kmでの換算温度の分布
[下] マントル下底までの換算温度断面図

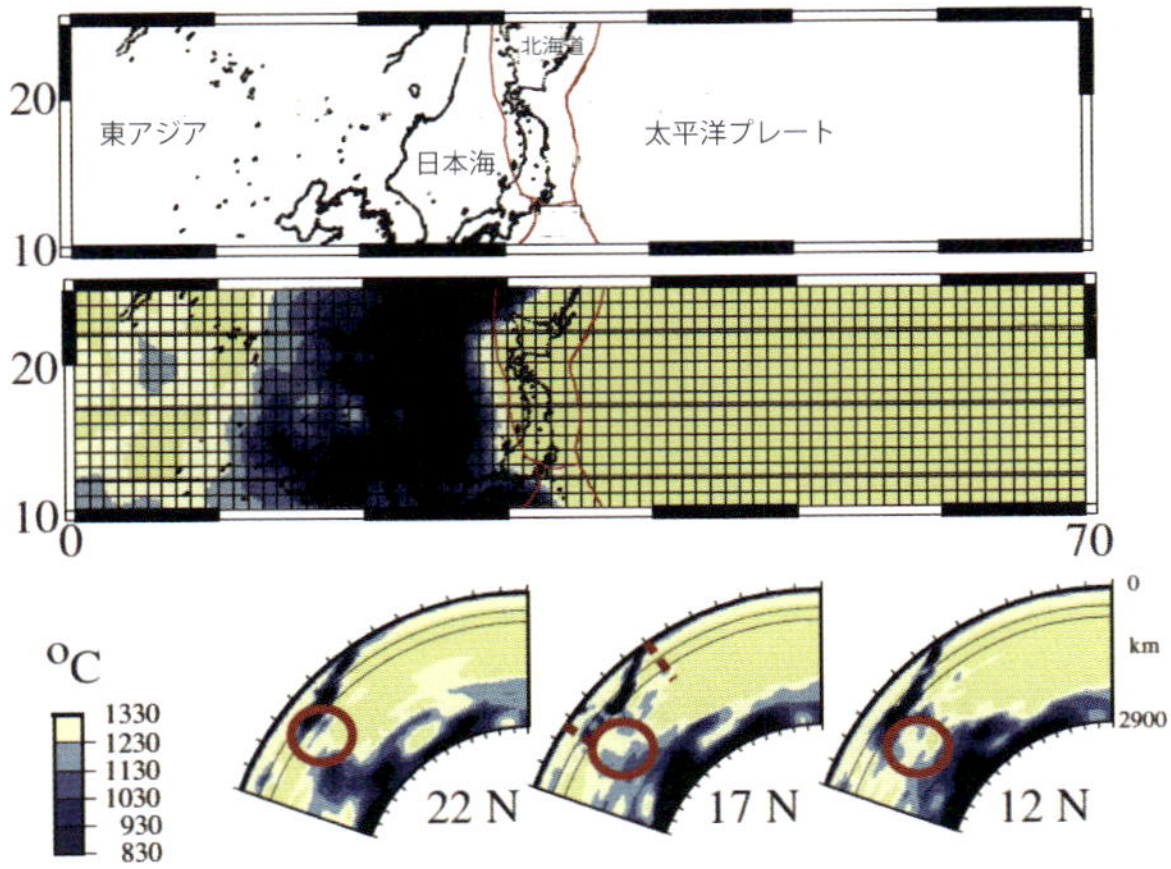

[上] 日本海の東西域の平面図
[中] 深度500kmでの換算温度の分布
[下] マントル下底までの換算温度断面図

図6-4　地球内部500km深での平断面図と鉛直断面図[5]

速度を温度に換算して見たモデル（NECESS_PINT＝北東アジア高域地震観測網NECESSArayによる）。カラー（黄緑～淡青～濃青）は換算温度で、濃色部の方が低温。温度分布からも、太平洋プレートがアジア大陸の下で途切れている様子（赤丸部分）を見ることができる。

太平洋プレートを固定した時のユーラシアプレートの相対運動の回転極（北緯約61度・東経約86度、時計回り約0.86度/100万年）の周りにメルカトール投影図法によって作成した地図を用いている。枠外の数値はその図法上の緯度経度であることに注意。断面図のNはこの図法上の北緯を表す。この図法で記すと緯度線はプレートの運動方向と平行になる。プレートモデルは文献[6]による

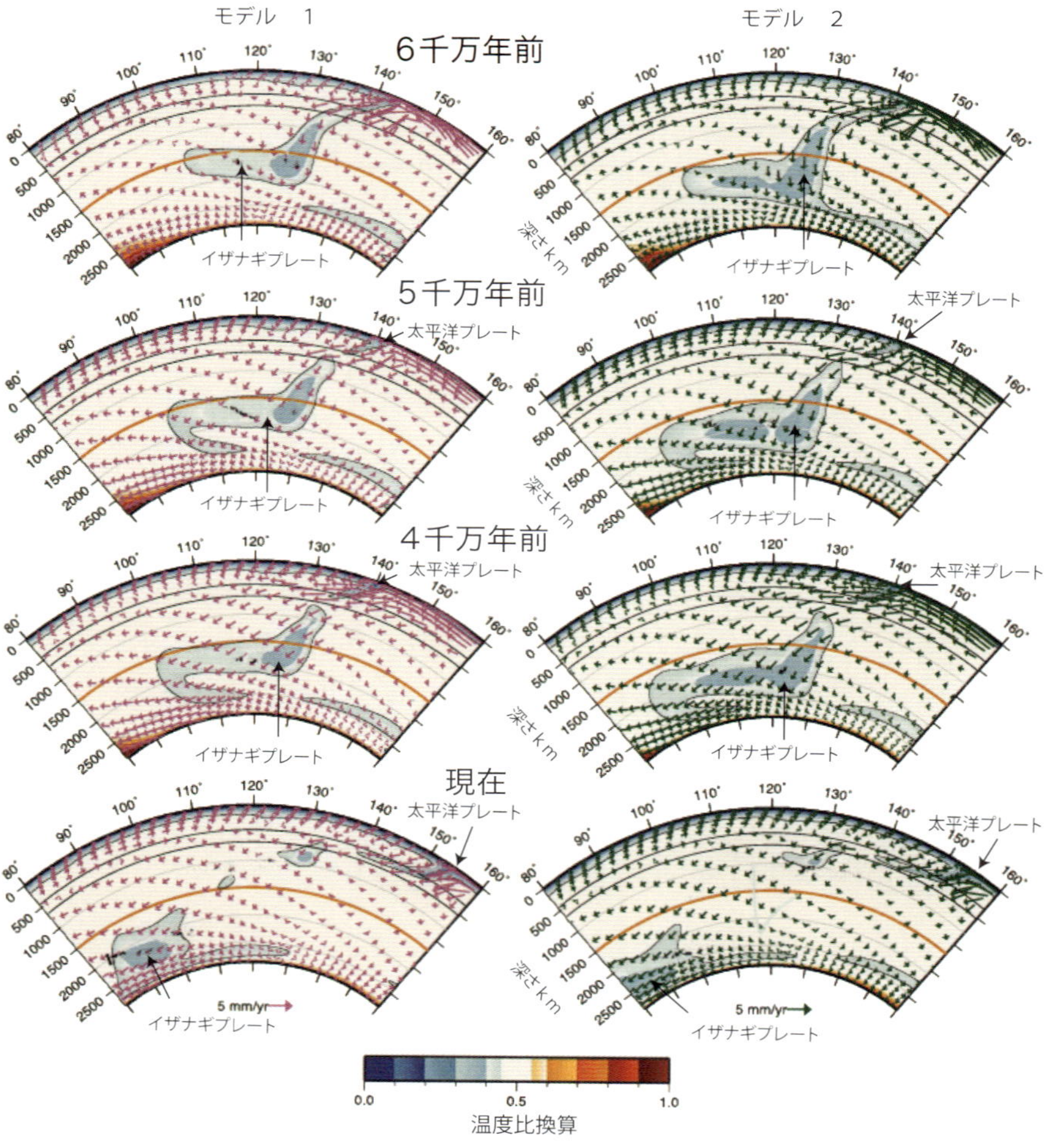

図6-5　下部マントル内のイザナギプレートのスラブ[6]

図は北緯48度の東西断面、東経180度～80度の範囲。カラー（赤～青）は換算温度で、赤は高温で青は低温を示す。6千万年前には東経140度付近において深度2000km付近まで低温物質が連続するが、5千万年前には地表との間で途切れて不連続になっている。イザナギプレートのスラブが落下を始め、現在ではマントル下部に横たわっていることを示している

geo word 8　マントル

地球内部は層構造を持つことを前に述べました。最外層が地殻、そしてその下に広がるのがマントルです。マントルとは英語で「覆う」という意味で、スーパーマンやアンパンマンが空を飛ぶときにまとう「マント」と同じ言葉です。マントルは、地球中心にある核を包み込むマントなのです。マントルは地球の全体積の80%以上を占めます。

マントルの中にも、地震波速度が不連続に変化する深さがあり、その深さ660km付近を境界として上部マントルと下部マントルに分けられます。

よく誤解されますがマントルは固体でできています。例えば、上部マントルは主にかんらん石（オリビン）と呼ばれる鉱物の集合体からなります。しかし、固体ではあっても、ゆっくりと時間をかけて流動変形します。マントル対流と呼ばれる熱対流現象も、固体のマントルがゆっくりと流動変形することで引き起こされると考えられています。

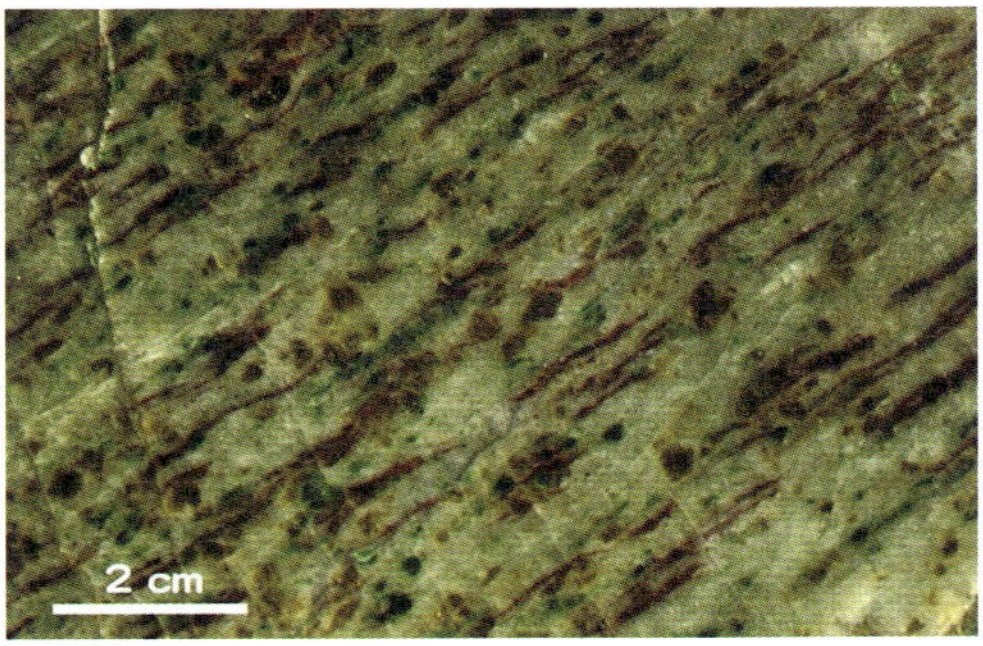

マントルの贈り物・かんらん岩
（新井田清信氏提供）

固体が流動する性質は、温度条件によって変化します。水あめを想像してみましょう。温度が高いと流動性も大きいですが、温度が下がってくるとだんだんと硬くなっていきます。マントルを構成する岩石にもそのような性質があります。マントルの深いところは温度が高いため流動しやすいですが、表層に近いところでは、温度も低く、流動性がだんだんと失われていきます。上部マントルの中でも最上部（70～150kmよりも浅い層）は、そのような固いマントルでできています。力学的な性質でいうと、その上にある地殻と似ています。そこで、この固いマントル層と地殻を合わせてリソスフェア、その下にある流動性の高いマントルをアセノスフェアと呼びます。本書のキーワードでもある「プレート」と呼ばれるのは、リソスフェアのことです。（亀田）

第7章　アンモナイト・恐竜の海から石炭の大湿原へ

1　白亜紀末の大陸縁辺の姿

　第5章で、アジア大陸の縁に西部北海道の基盤が付加体として形成され始めたことを記しました。約2億～1億4千5百万年前のジュラ紀のことです。そして白亜紀になると、それらの付加体を貫いて火山が噴き出し、火山列ができました。その結果、大陸の縁では新しい地殻が増えていきました。

　火山列の海側には、付加体を覆うように陸からの土砂が堆積を始めました。これが現在の中央北海道西部に当たる地帯で、地質学では空知‐蝦夷帯と呼んでいます。[1]おそらくさらに海側（東側）に、堆積物をせき止めるダムのような海底地形があったのでしょう。このような配置は、1億3千万年前頃から、中生代の白亜紀が終わり新生代という新しい時代が始まった直後の約6千万年前頃まで続きました。

　その様子を再現したのが図7‐1です。時代はおよそ7千万年前の白亜紀末です。蝦夷海盆と呼ばれる前弧海盆がいったん浅くなり、また深くなるという変化がありました。また海底が部分的に隆起して、そこが削剥されるなどの地域的な事件もあったようです。しかし、大局的な配置は変わらず続いたようです。

　6～7千万年もの間、このような状態が変わらず続いたというのは驚くべきことです。白亜紀の後半、太平洋の海底は今よりも速い速度で拡大していたことが推定されています。今、太平洋プレートは日本海溝から年間9cmほどの速度で沈み込んでいますが、当時はその倍にも及ぶ高速で沈んでいたと推定されています。だとすると、海洋プレートは6000km以上も地球内部へ沈んでしまったことになります。これは東京からハワイまでの距離に匹敵します。そのような長大なプレートの沈み込みの記録が、この前弧に収まっているわけです。

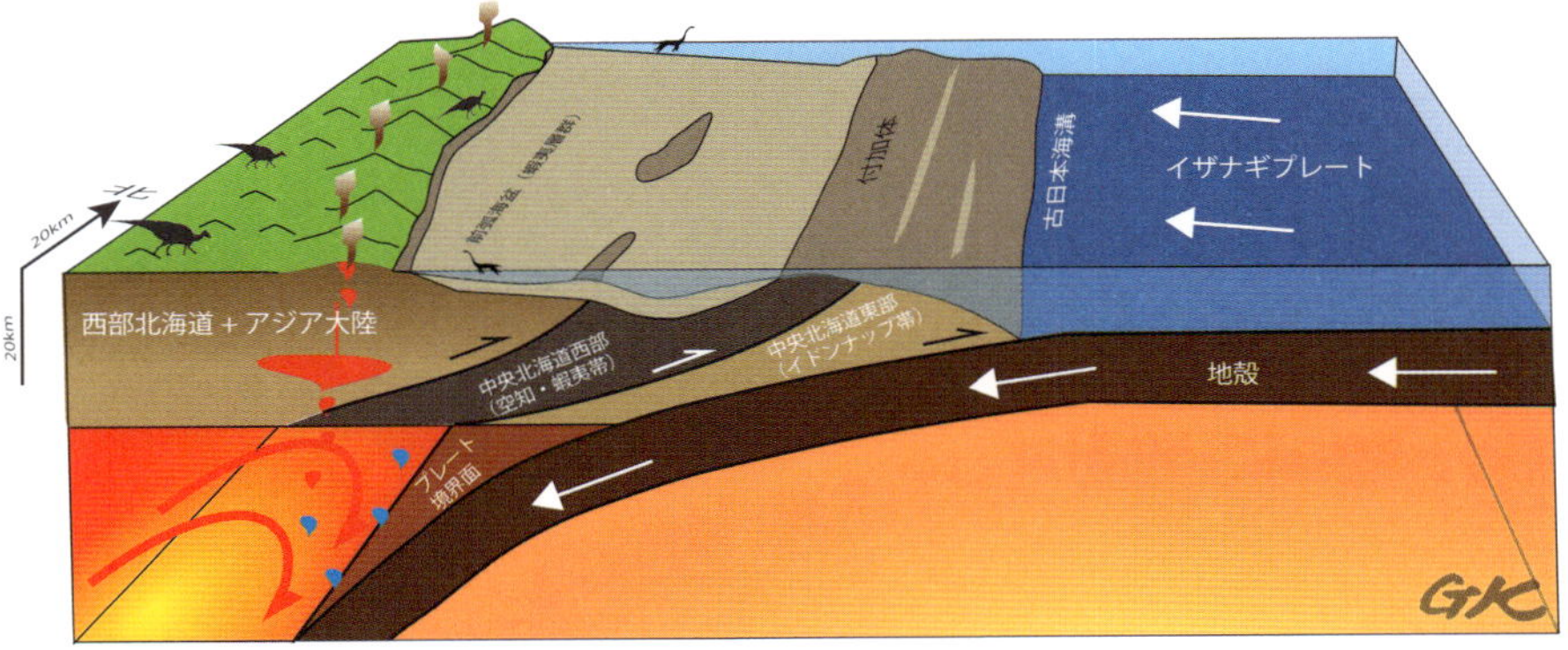

図7－1　白亜紀末頃の東アジア縁辺〜北海道付近のイメージ（木村原図）

西部北海道はアジア大陸東縁の火山列の中にあり、イザナギプレートが古日本海溝から沈み込んで付加体をつくり、背後の前弧海盆（蝦夷海盆）では蝦夷層群が堆積を続けていた

このような図を地球科学者や地質学者はこれまで数多く描いてきました。しかし、どこに新しいアイデアを加えたのか記されていない場合も少なくありません。査読制度のある科学論文では、そのことを明示しなければ不備となり、受理されません。しかし一般書籍では、出典表示が不十分な場合が多いように思います。そうすると、一体どこに考えのルーツがあり、その根拠は何なのか、そしてその独創性はどこにあるのかが分からなくなります。

図7－1を説明しましょう。この図はもちろん本書のオリジナルです。しかし、書いてある内容は、これまでの多くの研究成果を総合したものです。

縦横のスケールは、ほぼ垂直：水平＝1：1です。表面の岩の層はプレートではなく地殻です。マントルの中で色が赤から黄へと徐々に変わっているのは温度変化をイメージしていますが、定量的なものではありません。ですから漫画のようなものと思ってください。スケールを無視して恐竜や魚竜のシルエットを載せていますが、これはこの時代がまさに陸上でも海でも恐竜・魚竜が闊歩《かっぽ》していたことを表しています。

西部北海道下のマントル対流のイメージは図3-10がもとになっています。

中央北海道西部の地殻は1色で示していますが、内部の構造については図5-3に示されたものを根拠としています。この地帯を本書では中央北海道西部と呼びます。先ほどの空知-蝦夷帯に当たります。[1]

その東側が中央北海道東部です。地質学ではイドンナップ帯と呼ばれています。[2]現在の地表での分布は大変狭いですが、図5-4や図5-5によると地下60kmより深くまで続いている可能性があります。地殻の断面積が一定だと考えて、この時代には東西に大きく広がっていたと想像したわけです。

当時の太平洋の底に広がっていたプレートは、イザナギプレートと推測されます。1980年代のプレートテクトニクスモデルでは、約8千万年前以降の西太平洋のプレートはクラプレートとされていたのですが、最近では東太平洋にはクラプレート、西太平洋にはイザナギプレートという異なるプレートが一貫して存在していたと考えられています。[3]

2　付加体の上に形成されたアンモナイトの海の盆地

北海道の化石といえばアンモナイトです。昔は炭鉱のある山間をさらに奥に入れば容易に採集できました。しかし今では大変貴重なものになっています。

白亜紀に蝦夷海盆[4]に堆積した地層を蝦夷層群と呼びます。この地層からはアンモナイトが産出します。蝦夷海盆の基盤となっているのは付加体の岩石です。蝦夷層群は、海溝近くで形成された付加体のようには激しく変形しておらず、堆積したときの状態を残しています（写真7-1）。また付加体のように、起源や時代の異なるさまざまな岩石と地層が混合してはいません。

蝦夷層群は、アンモナイト以外にも浅い海にすんでいた動物化石を多く含んでいます。また白亜紀の末期に大陸の沿岸部にすんでいた大型恐竜や魚竜の化石も見つかり、最近大きな話題になっています。

この蝦夷層群は、白亜紀の数千万年の間の環境変化と地殻の変動を記録しています。深い海から浅い海へという堆積環境の変化が3度にわたって繰り返されたようです。[4]その原因は、この間に起こった全地球的な海水準の変動にあるようです。しかし同時に、東アジア大陸縁辺における沈み込みの影響も受けたに違いありません。

研究者の間で意見が分かれるのが、今から1億1千万年ほど前に、蝦夷海盆の南部で起こったらしい「事件」です。事件を想定する仮説は、蝦夷海盆の基盤の岩石が上昇し、陸上に姿を現したとするものです。基盤の変成岩の年代や、マントル起源の蛇紋岩の砂粒が堆積盆地の地層に含まれることから推定されました。隆起が発生し、陸上に顔を出し、削剥され、礫として再堆積することによると説明されていました。蝦夷層群の中に見られる事件であることから「中蝦夷地変」と呼ばれていました。「地変」とは地殻の変動のことです。

しかし、その礫は大陸側から流れ込んだものであることや、一見削っているように見えるのは海底地滑りとも考えられることから、この「地変」を否定する意見が出されたのです。[5] ただ、基盤岩に見られるマントル起源の蛇紋岩の砂粒が多く含まれるなど、地変否定説では説明が困難なことも残されています。「中蝦夷地変」論争は決着していないように見えます（写真7－2）。

このように異なる仮説があることは、新たな事実を

geo word 9 アンモナイト

アンモナイトは今から6600万年前までの、白亜紀という時代まで生きていました。タコやイカの仲間で殻を持ち、浅い海の中を泳いでいました。

白亜紀の終わりには、恐竜が絶滅したことがよく知られています。メキシコのユカタン半島沖に大きな隕石が衝突し、それが全地球におよぶ大規模な環境変化を引き起こし、恐竜を始めとして多くの生物を絶滅させたと考えられています。

三笠市立博物館展示室の大型アンモナイト（撮影・木村学）

日本列島には1カ所だけ、道東の白糠丘陵の中にその時の黒い地層が残されています。アジアでも隕石衝突の結果、森林大火災が起こったと考えられています。浅い海の中で、アンモナイトも環境激変に耐えられず絶滅したのでしょう。（木村）

写真7−1　蝦夷海盆西部、白亜紀中期の三笠層（撮影・宮坂省吾）

石狩炭田西縁部の三笠層は蝦夷海盆の西側に堆積した地層と考えられており、主に浅海〜河川で堆積した礫岩や砂岩で構成されている[6]。この東方では浅海で堆積した泥岩が厚くなり、西の大陸から東の沖合への変化を示している。ハンマーの長さは約30cm

写真7−2　中蝦夷地変の露頭（新ひだか町静内高見・シュンベツ川上流／提供・川村信人氏）

中蝦夷地変は蝦夷層群の中の不整合を作った構造運動と考えられてきたが、その真偽については諸説があった。最近、弱い変成を受けた緑色岩に中部蝦夷層群最下部（浅海性の円礫を含む砂岩層）が乗っていると推定された。また青色角閃石を含む変成岩礫があることから、高圧型変成作用を受けた付加体深部が蝦夷層群堆積場に上昇して陸化したと考えられている（参考HP「北海道地質百選」）

引き出す原動力となるのが科学の常です。この意見の違いをバネに、新たな事実の発見につながることが期待されます。

白亜紀の終わりの6千6百万年前近くになると、蝦夷海盆は急速に浅くなり、ついには陸上に顔を出し、削剥される場所へと変化しました。この「地変」には異論がありません。この浅くなった海の地層から、最近、むかわ竜の全身骨格が発見されたのです。なお、北海道の北部の方は、もう少し遅く5千6百万年前頃まで海の下にあったようです。

白亜紀末に蝦夷海盆が陸地化していく過程は、図6－1に示した大陸縁辺での火山活動の終わりと見事に符合するではありませんか。「数千万年にわたるプレートの沈み込みが終わったことにより火山活動も停止し、前弧海盆も干上がってしまった」と想像したくなります。それでは、その海溝はどうなってしまったのだろうとさらに知りたくなりますが、その疑問は第8章で扱います。ここでは陸地化の話を前へ進めましょう。

3　石炭の島・北海道

日本の石炭の開発は江戸時代の末から本格化します。1853年、黒船に乗ったアメリカ海軍のペリーがやってきて、幕府に開港を要求したことはよく知られています。その時、水と食料と石炭の供給を求めました。なぜ石炭だったのでしょうか。産業革命を押し進めた蒸気機関をエンジンとする黒船は、燃料として石炭が必要だったのです。

しかし、当時の日本人は石炭（コール）を主な燃料としては使っておらず、主要な燃料は木炭（チャーコール）でした。燃える石炭はわずかに薪の代用として使われたほか、瀬戸内海の塩田で海水を沸かして蒸発させ塩を得るために使われていたようです。当時の日本は鎖国中でしたが、出島のあった長崎周辺の九州北部には石炭が露出していたので、日本に石炭があることは欧米に知れ渡っていた可能性があります。それでペリーは幕府に石炭を要求したのでしょう。この事件を機に幕末から石炭開発が一気に活発化し、そのための地質調査も始まったのです。

さて、北海道の石炭開発は、北海道開発の最大の目的の一つでした。開拓使の黒田清隆は岩倉使節団に先んじてアメリカに渡り、大統領にも謁見し、農務長官だったケプロンを招聘《しょうへい》することに成功しました。そのケプロンに依頼して招聘した一人が農学者のクラーク、もう一人が地質学者のライマンでした。[7]ライマンの使命は地下資源探査のための地質調査であったことはよく知られています。北海道の石炭調査は、山肌の石炭層を1枚1枚剥いで追いかける作業でした。それを実施する地質技師の地位はすこぶる高かったことが伝えられています。巻末の付章で、このあたりの事情をさらに詳しく記します。

4　石炭層の起源は大湿原と大森林

石炭は炭素の濃集した地層で、石炭層あるいは炭層と呼ばれます（写真7-3）。「黒いダイヤ」と呼ばれたように、黒光りするガラスのように美しい石です。炭素の源は古代のうっそうと茂った大森林と大湿原です。森林が生えた釧路湿原や尾瀬の湿原をイメージすればよいでしょう（写真7-4）。札幌周辺は、明治の開拓前は湿原に加え、うっそうと茂る森でした。

植物は枯れてしまうとやがて腐り、二酸化炭素と水に分解されて消えてしまいます。しかし、枯れた植物が、腐るよりも速く堆積し、酸素が不足する状態になると、腐敗せずにゆっくりと分解が進みます。厚く積もると地下で徐々に圧力が高まり、温度も高くなります。すると植物をつくる有機物から水や他の元素がゆっくりと抜けていきます。最後には主に炭素だけが濃集して残り、石炭ができます。

写真7-3のような厚い石炭層を作るには、その数百倍の厚さの植物が降り積もる必要があります。釧路湿原、十勝平野、石狩平野などの下には、泥炭（ピート）や亜炭と呼ばれる今まさに石炭になりつつある地層が広くあることが知られています。石炭化がゆっくり進行する時には化学反応によって熱を放出しますが、褐色のモール温泉はこの熱によって地下の水が加熱されたものと説明されます。そういえば、うず高く積まれた堆肥内部は温かく、時には自然発火さえします。

産業革命によって燃料が大量に必要になり、もっとも重要な燃料として石炭が利用されてきたことはご存じでしょう。採掘できる石炭層が広く分布する地帯を

写真7−3　石炭の大露頭（夕張市、提供・川上源太郎氏）

1888（明治21）年に地質学者ライマンに指導を受けた坂（ばん）市太郎（北海道庁職員）が発見した石炭の露頭。3層からなる石炭層は厚さが合わせて24尺（7.3m）であることから「24尺石炭層」と呼ばれた。露頭の発見から130年が経っているが、その見事な景観は変わっていない。北海道指定天然記念物

写真7−4　石炭が作られつつある大地、釧路湿原（提供・北海道新聞社）

釧路湿原は冷涼で、ハンノキ林が繁茂する程度。しかし、始新世の北海道は今の西日本ぐらいの気温で、繁っていたメタセコイアやニレ・フウ・カツラなどの大森林が原材料となり、石狩炭田の石炭を形成したと考えられている

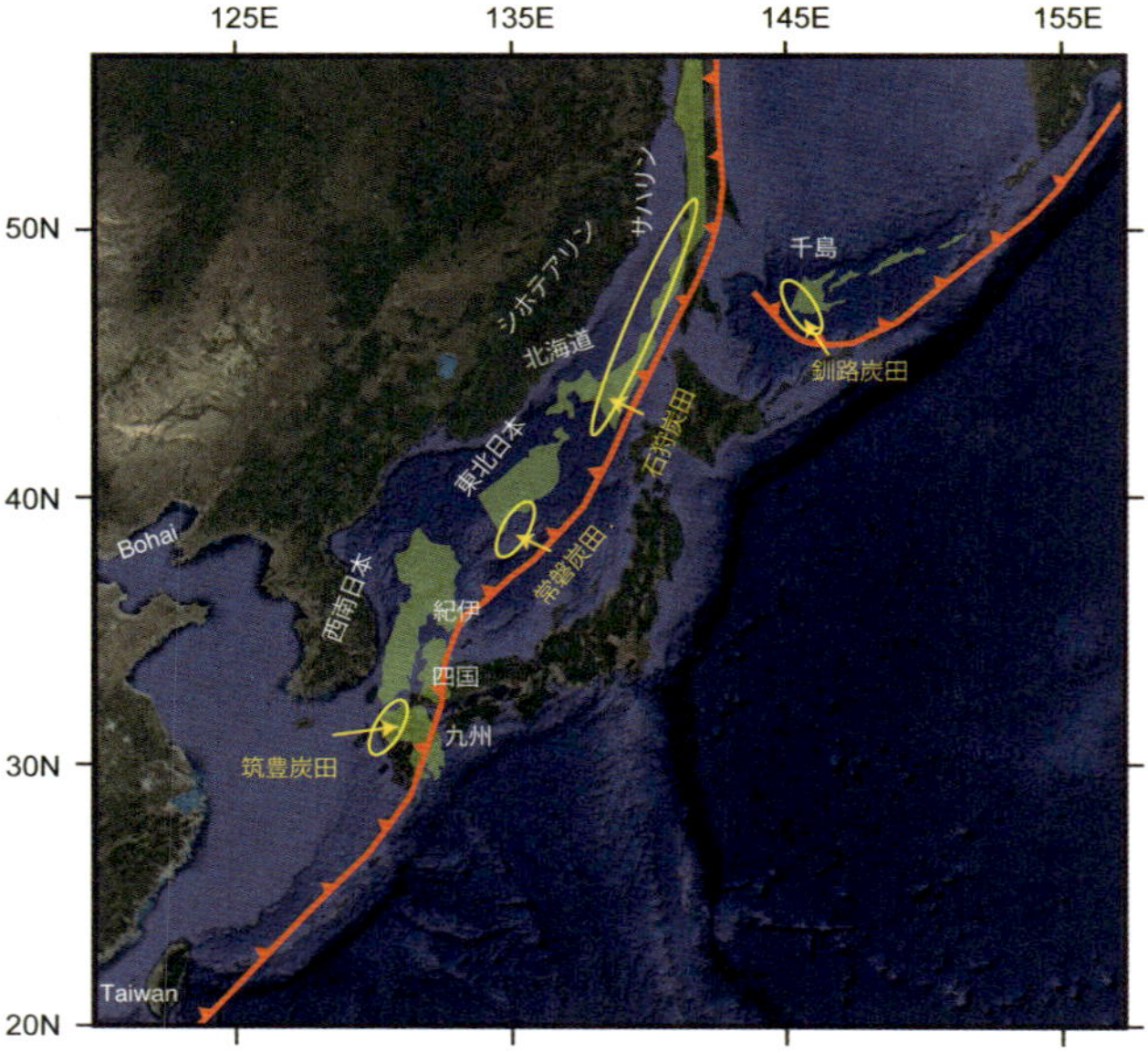

図7－2　日本列島の始新世の炭田分布[8]

西部～中央北海道を含む日本列島はアジア大陸の東縁にあった。空知-蝦夷帯の西縁部に形成された始新世の地層は、北海道からサハリンまで延々と続く細長い大湿原と大森林があったことを示す

炭田といい、現在の油田に匹敵する産業的な地位を持っていました。北海道内では、石狩炭田、釧路炭田、留萌炭田、天北炭田、茅沼炭田などが主な炭田でした。石炭化の途中で一酸化炭素やメタンガスなども発生しますから、炭鉱での採掘は大変な危険を伴います。夕張の炭鉱では大規模事故が相次ぎ、閉山のきっかけになりました。現在、北海道の石炭はほとんどが露頭掘りです。

石狩炭田で採掘していたのは、今から4千5百万年ほど前の石炭層です。釧路炭田はそれよりも少し新しいですが、ほぼ同時代の石炭層です。

その時代には、北海道からサハリンまで延々と細長く、地層を溜める窪地が続いていました。この地域だけではありません。九州北部の筑豊炭田、東北地方の常磐炭田もほぼ同じ時代にできたものです。かつて東アジアの大陸の縁には、数千kmにわたって点々と続く大湿原と大森林があったのです（図7－2）。

地球の一周はざっと4万kmですから、数千kmというと、全地球的な規模で窪地に石炭が溜まったと考えたくなります。

5　再び堆積の場へ——白亜紀の旧前弧海盆

石炭の元となった有機物を溜めた窪地は海岸近くにあったので、海の水が浸入したり、水が引いて再び湿原が広がったりを繰り返したようです。しかしやがて本格的に海の下に戻っていくことになります。今から4千万～3千5百万年前のことです。

海岸近くの窪地が海の下になるには2つの理由があります。海水面が高くなるか、大地そのものが沈んでいくかです。

今から1万年以上前の氷河期には、海水面は今より100m以上低く、宗谷海峡は干上がり北海道はサハリンとつながっていました。北海道と本州はギリギリでつながったり離れたりしたようです。氷河期には大陸の上に氷床が広がるので、海の水が少なくなります。そのため海水面が低下するのです。逆にそれらが解けると海水面が上がるわけです。氷河時代が終わった後の縄文時代、今から6千年前頃には海水面は今より数mも高かったのです。近年話題になっている地球温暖化は、陸上の氷が解けることにより標高の低い海岸地域が水没してしまうため、深刻な問題なのです。

では、石炭の窪地が海の下に沈んだのは、地球全体が暖かくなって海が浸入してきたからでしょうか。それとも窪地を作る大地の沈む速さが、気候が変わることによる海水面の変化よりも大きかったからなのでしょうか。

図7-3に、当時の世界平均気温を示しました。この図は少々複雑です。横軸は地質時代とその年代です。ちょっと難しいのは縦軸です。左側に記されている「酸素同位体比」は、酸素の同位体である酸素18の割合を千分率で示したものです。貝殻やプランクトンの炭酸カルシウムの殻には酸素が含まれます。酸素の原子量は16ですが、酸素18は原子核の中性子が2個多い同位体です。この酸素18の酸素16に対する割合を示しています。

この割合は、どういう意味を持つ値なのでしょうか。酸素は、当然ですが海水の水分子にも含まれます。その酸素は生物が成長するときに殻に取り込まれます。すなわち、生物が生きている間の海水中の酸素同位体の割合が、殻に記録として取り残されているとみなされるのです。

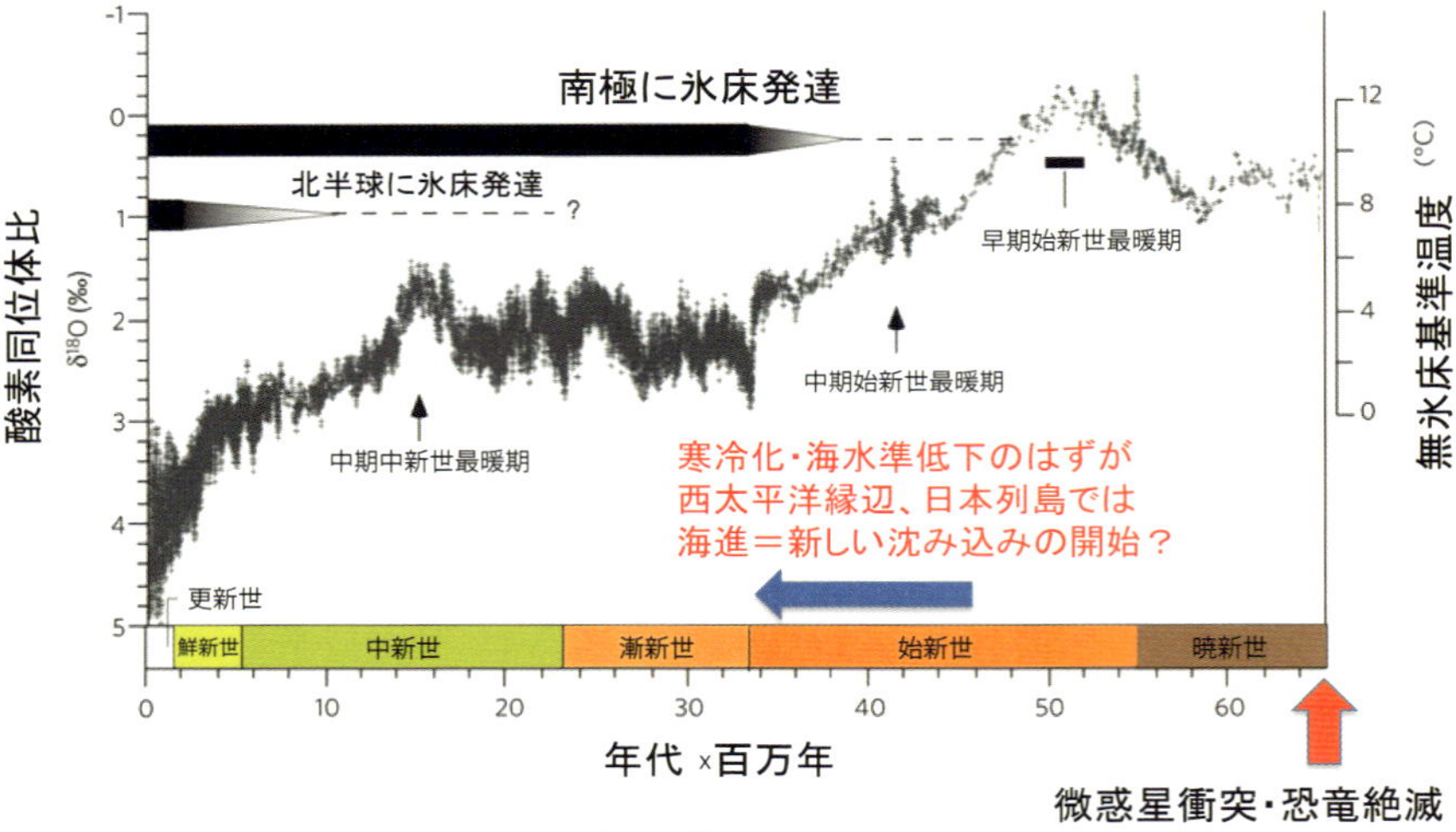

図7－3　新生代の気候変動と温度変化[9]

酸素同位体比と年代測定結果による海水温の経年変化を示したグラフ。青矢印は北海道で石炭が形成された時代。この時代は海水温低下が顕著で寒冷化が進んでいるので、海面が低下しているはずである。しかし図7－2に示したように、北海道を含む西太平洋縁辺では海進によって地層が形成されている

では、海水中の酸素同位体の割合は何によって決まるのでしょうか。

海の水は常に表面から蒸発しています。蒸発した水蒸気には軽い酸素16が多く、重たい酸素18は海に残ります。蒸発量は温度で決まります。蒸発しても雨が降れば元の木阿弥です。しかし、陸地に氷床や氷河が発達してくると、海に水は戻らなくなり、海水の酸素18は濃くなります。その水の酸素が体内に固定されるため、殻の酸素18も濃くなるというわけです。

そこで、地球上にまったく氷河のなかった白亜紀末の海水の酸素同位体比を基準として、相対的な海水温（無氷床基準温度）を推定したのが右の縦軸です。左の同位体比の軸とプラスマイナスが逆になっていることに注意しましょう。どうやって地球全体の平均温度へ換算するかは、専門的な話になるので省略します。

さて、あらためて図を見ると、5千万年前頃をピークに温度が急に下がっていることがわかります。気温が下がり大陸に氷河が広がると、海水面が下がります。北海道で石炭を溜めた窪地に海が浸入してきた時代は、南極大陸に氷が広がり、海水面が下がり始めた後です。

氷の広がりから予測されるのは海水面の低下に伴う海岸の後退と干上がりです。しかし、地層の記録は海の浸入と海水面の上昇を示しており、全地球的な海水面変動と矛盾します。

推定した地層の時代が間違っていないとして、この矛盾を解くには2つの道があります。

①気候変動に伴う海水面変動の推定が間違っていて、本当は温暖化し海水面が上がった。

②海水面が下がる以上の速さで窪地が沈降し、結果として海が浸入した。

①の説を支持するのは大変挑戦的で面白いのですが、その根拠となっている世界中のデータに疑問を提示し反論しなければなりません。②ですと、アジア大陸の東縁に限定して起こった地殻変動のせいにすればいいので、少し簡単です。それでも数千kmに及ぶ現象ですから、十分にグローバルな現象です。さらにその原因らしき事件がありそうです。次の章で述べましょう。

第8章　新世界の始まりと北海道

1　地球史の新世界「始新世」

今から約５６００万年前から３３９０万年前までの地質時代を始新世といいます。新生代の最初の時代である暁新世に次ぐ2番目の時代です（P35のコラム参照）。

恐竜やアンモナイトがすんでいた時代は、新生代の前の中生代です。これらの時代区分は、地層から産出する化石によってなされています。中生代とは、中程度に進化した生命の時代という意味です。中生代の終わり、６６００万年前に巨大隕石が地球に衝突し、多くの生物が絶滅しました。そして、私たち哺乳類が繁栄する新しい生命の時代、新生代となりました。巨大隕石衝突による環境激変から徐々に地球環境は回復し、衝突から1千万年ほどたった頃、はっきりと哺乳類がこの世界を支配する新しい時代、始新世に入ったのです。

環境激変で寒冷化した気候も復活し、５千万年前頃には新生代で最も暖かい時（早期始新世最暖期）となりました（図7－3）。この始新世に、地球を揺るがす大きな事件が4つありました。北海道もその影響を少なからず受けたに違いありません。

その事件とは、

①太平洋プレートの運動の変化

②イザナギ・太平洋海嶺の沈み込み

③南極大陸の孤立のはじまり

そして、

④インドとアジアの衝突によるヒマラヤ山脈の形成開始

です。

それらについての最新の研究を見てみましょう。そうすると北海道と地球とのつながりがもっと見えるようになります。

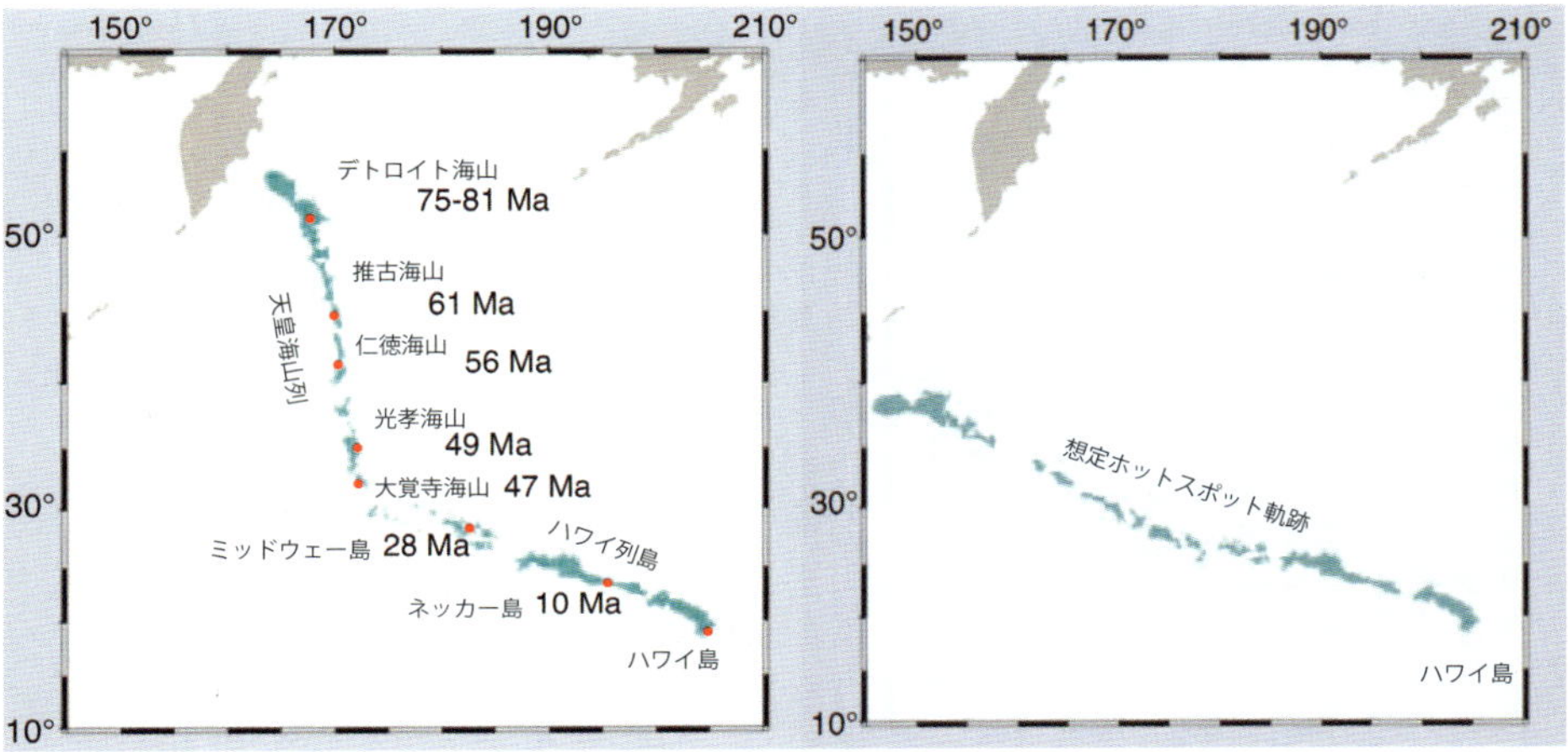

図8－1　ハワイ・ホットスポットの軌跡と年代[1]

青は火山跡。赤丸は年代測定された火山の位置（Ma：百万年前）。図［左］の4300万年前に起こったとされる島列の大きな折れ曲がりは見かけのものであり、ホットスポットが固定していると見なした場合に想定される軌跡は［右］のように描かれると考えられた

2　ハワイ列島とホットスポット軌跡

北海道沖の千島海溝や日本海溝からいま沈み込んでいるのが太平洋プレートです。日本海溝では年間約9cm程度の速さで沈んでいます。この運動はいつから続いているのでしょうか。それはハワイを見るとわかるというのが定説でした。

列島を形成するハワイは、その東南の端にあるハワイ島だけが活火山で、その西北西へつづく島はすべて死火山です。その先は海面より低い海山となり、方向を北北西に変えます。この並んだ海山はそれぞれに「推古」や「明治」など天皇の名前が付けられ、全体を「天皇海山列」といいます。これらはアメリカの研究者によって命名されました。

海山の年齢は、ハワイ島から離れるほど古くなっています（図8－1左）。この海山列の成因を説明したのは、プレートテクトニクス理論の提唱者の一人、カナダのウィルソンでした。ハワイ島の下にはマントルプルームと呼ばれるマントルの底から湧き上がる上昇流があり、その上を水平にプレートが動いています。するとプルームの真上は活火山となります。そこをホットスポット

といいます。プレートがホットスポットの上を過ぎ去った後、プレート上には移動の軌跡としての死火山の列が残ります。ホットスポットから離れるほど火山の時代は古くなります。

このマントル上昇流は、深さ２９００kmのマントルの底から上がってくると考えられています。ホットスポットはこの上昇流の真上にあります。このためホットスポットはマントル深部に対して固定した場所にあると見ることができます。

すなわち、ホットスポットの軌跡としての火山列は、地球深部に固定された座標に対するプレートの運動を示していることになります。このような見方を、プレート間の相対的な運動と区別して絶対運動と呼びました。

ハワイ列島は西北西へゆくと水没し、その先は北北西へ方向を変え天皇海山列へと続きます。列の折れ曲がりの年代は約４３００万年前とされてきました。天皇海山列の北北西の端は、カムチャツカ海溝とアリューシャン海溝のちょうど会合するところへつながります。その年代はおよそ８０００万年前です。このハワイ列島・天皇海山列がホットスポットの軌跡だとすると、太平洋プレートは、始新世中頃の約４３００万年前に、北北西から西北西へ運動方向を大きく変えたことになります。

プレートの運動方向が変わるというのは大事件です。なぜなら、それまで海溝だったところが消滅したり、逆に新しい海溝が発生したりするからです。最近、ハワイ列島の死火山の噴火した年代が詳しく調べられました。すると、天皇海山列からハワイ列島への折れ曲がりは、約５０００万年前から４２００万年前の間に数百万年以上かけてゆっくり起こったことがわかってきました。

3　ホットスポットが動いた？

ところがです。近年、ハワイのホットスポットは固定しておらず、動いているのではないかという疑問が出てきました。これは海山に残された火山岩の磁気の記録からもたらされました。[1]

噴火したマグマが冷えて固まる時、生じた火山岩にはその時の地磁気が記録されます。これを磁力計で測定すると、噴火当時の地球の磁場がわかることになります。この磁場からわかることは方位だけではありません。緯度も知ることができます。磁針の真ん中を軸にして支え、磁針をやじろべえのように動くようにすると磁針は傾きます。傾く角度が緯度を表します。赤道の上では水平、南極や北極の上では鉛直になります。東京では30度ほど傾きます。

ホットスポットが動かないならば、どの海山も噴火当時には北緯22度、すなわち現在のホットスポットであるハワイ島の緯度に近い場所にあったはずです。ところが、天皇海山列の死火山は、古くなるほど高い緯度で噴火したというデータが得られたのです。これは、ホットスポットが時代とともに南下していることを示しているのではないかという疑問が発せられたのです。[1]

1965年のウィルソンの提案以来、プレートの運動を復元する重要な基準と考えられてきたプレートテクトニクス理論の中心仮説が揺らいだのですから、大きな論争が始まりました。ホットスポットが固定しているかどうかの疑問は当初からあったのですが、この問題提起から本格的な議論がはじまりました。[1] それから十数年たち、今ではホットスポットもマントル対流に引きずられて動いていると考える研究者が多くなってきているようです。太平洋プレート上に噴出していてあまり動いていない他のホットスポットから考えると、ハワイのホットスポットが動いていないと考えた時に想定される軌跡は、図8-1右のようになるはずだというのです。[1]

地球上にはたくさんのホットスポットがありますが、南大西洋とアフリカ近辺のものはあまり動いておらず、そこから遠いものほど動きが大きいようです。ハワイのホットスポットが少ししか動いていないとみなす研究者は、太平洋プレートの運動の方向はやはり変わったとみなし続けています。ハワイのホットスポットは動いていて、太平洋プレートの運動方向はあまり変わってはいないとみなす研究者も、太平洋プレートの運動速度が速くなっているとみなしているようです[2]（図8-2）。

いずれにしても、この始新世の時代に太平洋プレートの運動に大きな変化があったとみなしてよさそうです。この研究と論争はまだまだ続きます。アジアの縁辺で太平洋プレートの沈み込みを受けていた北海道と日本列島がその影響を受けないはずがありません。研

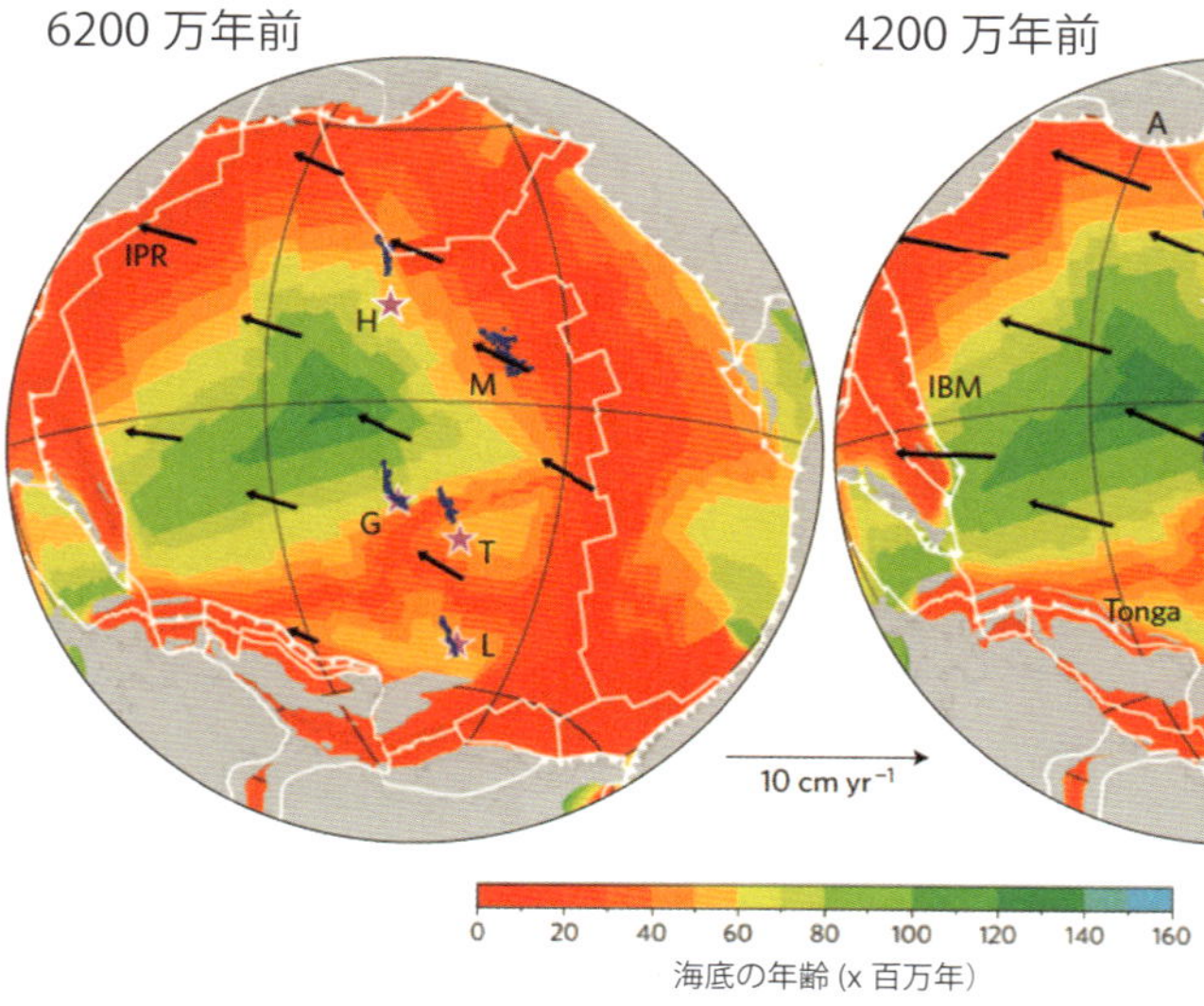

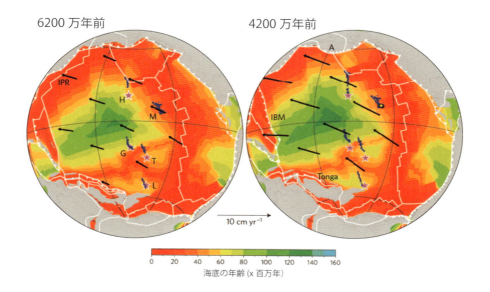

図8−2　ハワイ・ホットスポット軌跡屈曲前後の太平洋のモデル[2]

太平洋プレートの運動方向はあまり変わらず、速くなったと考える。屈曲後はプレートの移動は高速となって西への移動量が大きくなり、西北西へホットスポットの軌跡を示す火山が並ぶ。図中のアルファベットはホットスポット名の略

★：ホットスポット
IPR：イザナギ・太平洋海嶺
IBM：伊豆ボニンマリアナ海溝
4200万年前の図 南北の白線：古東太平洋中央海嶺

究の行方に注意を払っておく必要があります。なにしろプレート運動の基準座標をめぐる議論が揺らいでいるのですから。

4 イザナギ・太平洋海嶺の沈み込み

このハワイ天皇海山列の屈曲に先行する事件として注目すべきなのが、イザナギ・太平洋海嶺の沈み込み事件です。

西太平洋の地名やプレートの歴史を記した論文には、日本の歴史にちなんだ命名が出てきます。西太平洋にあったプレートで、すべて海溝から沈んでしまってかけらも残っていない仮想のプレートに「イザナギ」プレートがあります。『古事記』に出てくる日本創造の男神イザナギに由来します。

恐竜が全盛であった中生代、大陸といえば超大陸パンゲアだけでした。そして海の側も超海洋パンサラッサだけでした。それは古太平洋のことです。その北西半分を占めていたのがイザナギプレートです。これもアメリカの研究者によって命名されたものです。地質学者は地球の歴史を研究しているので人間の歴史にも関心があり、神話に出てくる神や民族の名を地質学的事件や名称に使う場合が多いのです。

さて、イザナギプレートは完全に失われているのに、どうしてさまざまな推定ができるのでしょうか。

図8－3を見てみましょう。6千万年前頃を推定した最近のプレートテクトニクスモデルの1つです。[3] 太平洋プレートとイザナギプレートは、プレート同士が離れていく状態にあり、その境界には海の山脈（海嶺）があります。海嶺は海面の上には顔を出さないのですが、裾野が何千kmにも延び、深海底から比べると高さが2～3千mにもなる山です。そしてその山頂には噴火口があるのです。図8－3はこの海底山脈が海溝に接近し、5千万年前頃にアジアの縁にあった古日本海溝にぶつかった図になっています。

「海のプレートが互いに離れていくところにできる海嶺が、プレートの沈み込むところにできる海溝とぶつかる」とはどういうことでしょう。

その例は、今の地球上でも見られ、南米のチリ海溝に太平洋の中にある海嶺がぶつかっています。過去に海嶺が大規模に海溝とぶつかったことを示すデータが

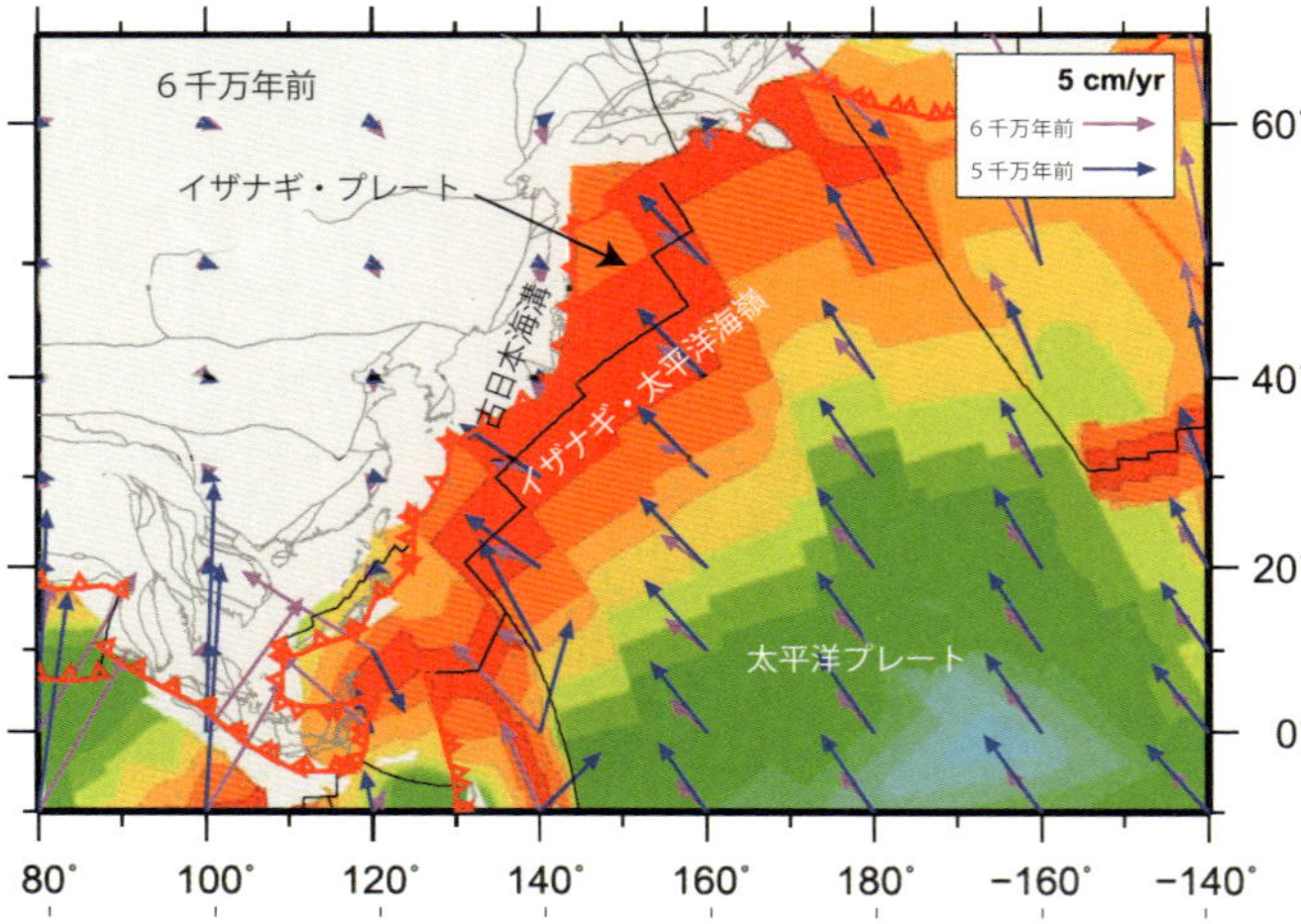

図8−3　6千万年前頃の太平洋モデル[3]

色によって示されたプレート年齢は図8−2と同じ。濃赤色は現在、水色は約1億5千万年前（歳）を表す。太平洋プレートとイザナギプレート間の黒線（海嶺）はイザナギ・太平洋海嶺。この海嶺が海溝に接近して、5千万年前頃にアジア大陸の縁にあった古日本海溝にぶつかったと考えられた。衝突の結果、太平洋プレートを動かすトルク（力）が変わり、より速く移動するようになったと説明できる可能性がある

最初に発見されたのはアリューシャン海溝でした。そこから沈み込む太平洋プレートの年齢が、海溝に向かってどんどん若くなっていることから推定されたのです。若くなるということは、その先に海嶺がなければなりません。しかし、その海嶺はすでに海溝から沈み込んでしまっているというわけです。

このことは、なぜプレートが動くのかという疑問に答えを与えました。

海洋底が海嶺で広がり、海溝で沈んでいくのは、地球内部から上昇するマントル対流によってプレートが駆動されているためとみなされていました。しかし、それでは海嶺が海溝から沈み込むというのは奇妙なことです。そこで、同じ対流でも、地球の表面で冷却され、密度を増したプレートが重力に従って落下していくと考えると説明できるのです。

海嶺の近くでは海洋プレートはまだ十分な厚さになっていません。しかし、そこから離れるにしたがってプレートは冷却し、その下のマントルに対して密度が大きくなり、落下の駆動力を持ちます。そうすれば、部分的に海嶺が海溝と衝突して、そこでは沈み込みに

抵抗しても他は沈み込む、というわけです。テーブルクロスの垂れ下がった部分が重すぎると、自動的に机から落ちていくのと同じ原理です。

沈み込んだプレートはマントル深く落下しますが、海嶺付近は落下に抵抗します。するとプレートはちぎれてしまい、その隙間を埋めるように暖かいマントルが上昇してくると想像されます。実際にチリでは、海嶺が海溝にぶつかったところで、陸にマントルから噴き出した火山の痕跡があるのです。それらの岩石は、海嶺と同じ化学組成を持っています。

アジア大陸縁辺で始新世の時代にイザナギ・太平洋海嶺が沈んだという最近の仮説は、西南日本の地質を基に1980年代から議論されてきた白亜紀後期海嶺沈み込み説より数千万年も若く、話が合いません。しかし、北海道中央部では、海嶺に由来する玄武岩が海溝に堆積した泥の中に噴き出していることから、始新世の頃に海嶺が沈んだとの仮説が提案されていました。プレートテクトニクスモデルに不備があるのか、日本列島の地質の記録が曖昧なのか、未解決です。

5　海嶺沈み込み仮説と石炭形成の関連

さて、この海嶺沈み込みという大事件が、同じ時代に起こった石炭の堆積とどう関係するのかについては、まったく論じられていませんでした。

木村らは、白亜紀のアンモナイトの海が隆起して陸化し、再び沈降して石炭の宝庫へと大転換した事件の原因こそ、このイザナギ・太平洋海嶺の沈み込みだという新しい仮説を提案しています[4]（図8-4）。そして、ハワイ列島に記録されている太平洋プレートの運動方向の変化とスピードアップは、海嶺が沈み込んだ後に、アジア大陸縁辺で太平洋プレートの沈み込みが本格的に始まったとすると、それにより太平洋プレートをマントルへ引きずり込む力が加わったと考えられ、うまく説明できるのです。

沈み込みに伴う大陸縁の火山活動は約5600万年前に終わったことを第6章で述べました。アンモナイトのいた蝦夷海盆は白亜紀の終わり、またはその直後に干上がり、削剥されました。そして再び沈降し、海岸沿いの陸の大湿地帯や森林地帯となったのは、中央北海道では4500万年前頃でしょうか。前弧海盆が

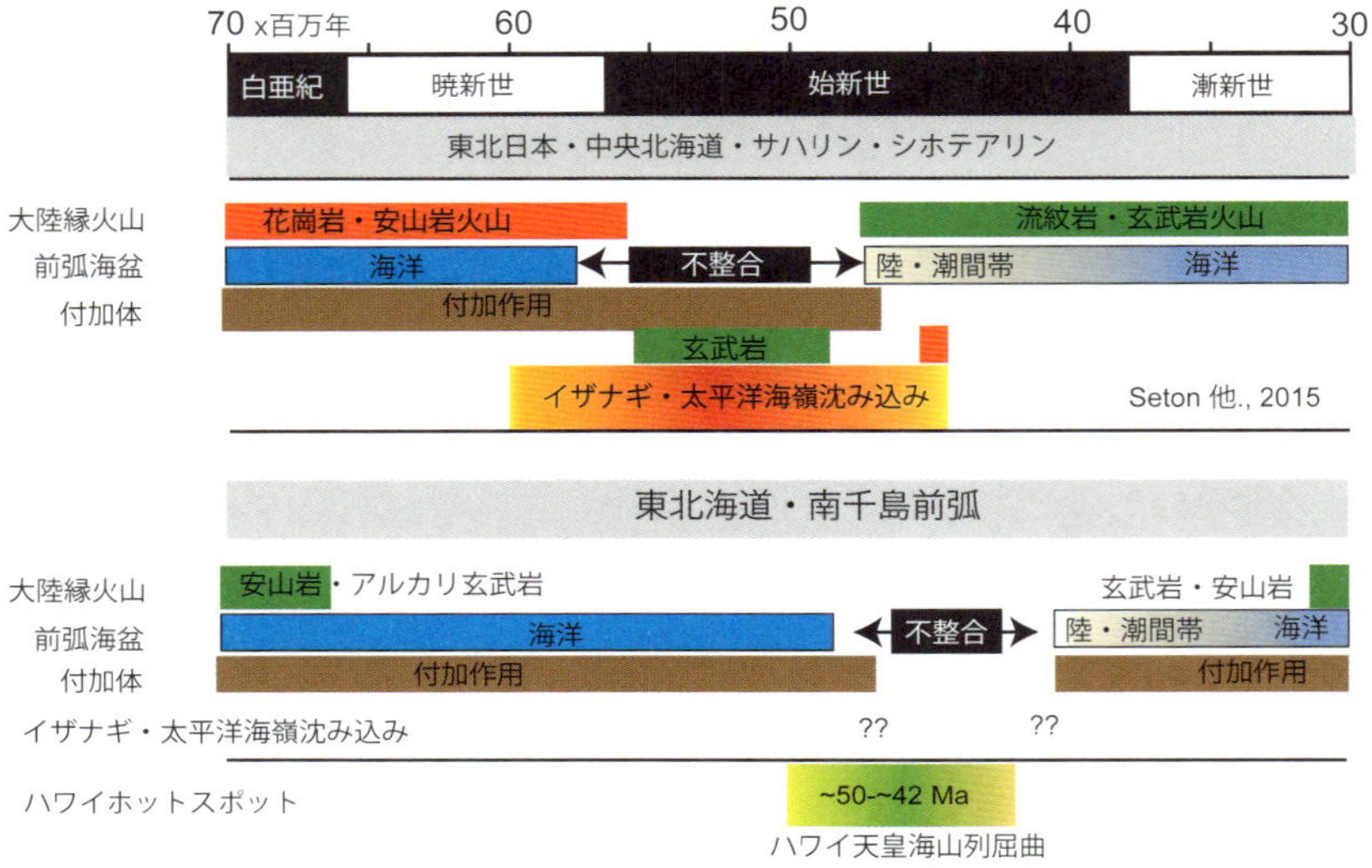

図8－4　白亜紀末から漸新世にかけて中央北海道と東部北海道で何が起こったか[3、4]

干上がってから1千万年程度が過ぎていました（図8－4）。この間には地層の不連続があります。この前弧海盆は漸新世に入ると再び海となります。

この時、海溝に近いところではどうなっていたのでしょうか。そのことを知る手がかりは、中央北海道東部に露出する地層にあります。そこには、膨大な厚さの砂や泥が堆積し、折りたたまれた地層があります。険しい山の奥深く調査に入らなければならないので研究が大変です。それでも、先進的な地質研究者によって調べられました。それらは白亜紀末から始新世にかけての時代のものであり、付加体とみなされています（写真8－1）。

そこには、付加体が形成されながら噴出したとされる玄武岩が産出します（写真8－2）。それらが泥岩に貫入するように見えることから、海嶺が海溝とぶつかったのではないかと推定されています。[5]

また、東部中央北海道の北部からサハリン南〜中部にかけて、これらの始新世付加体を貫いて花崗岩が産出します。最近、これらの年代と化学的特徴を調べた研究によると、それらも始新世中頃の年代を示し、化

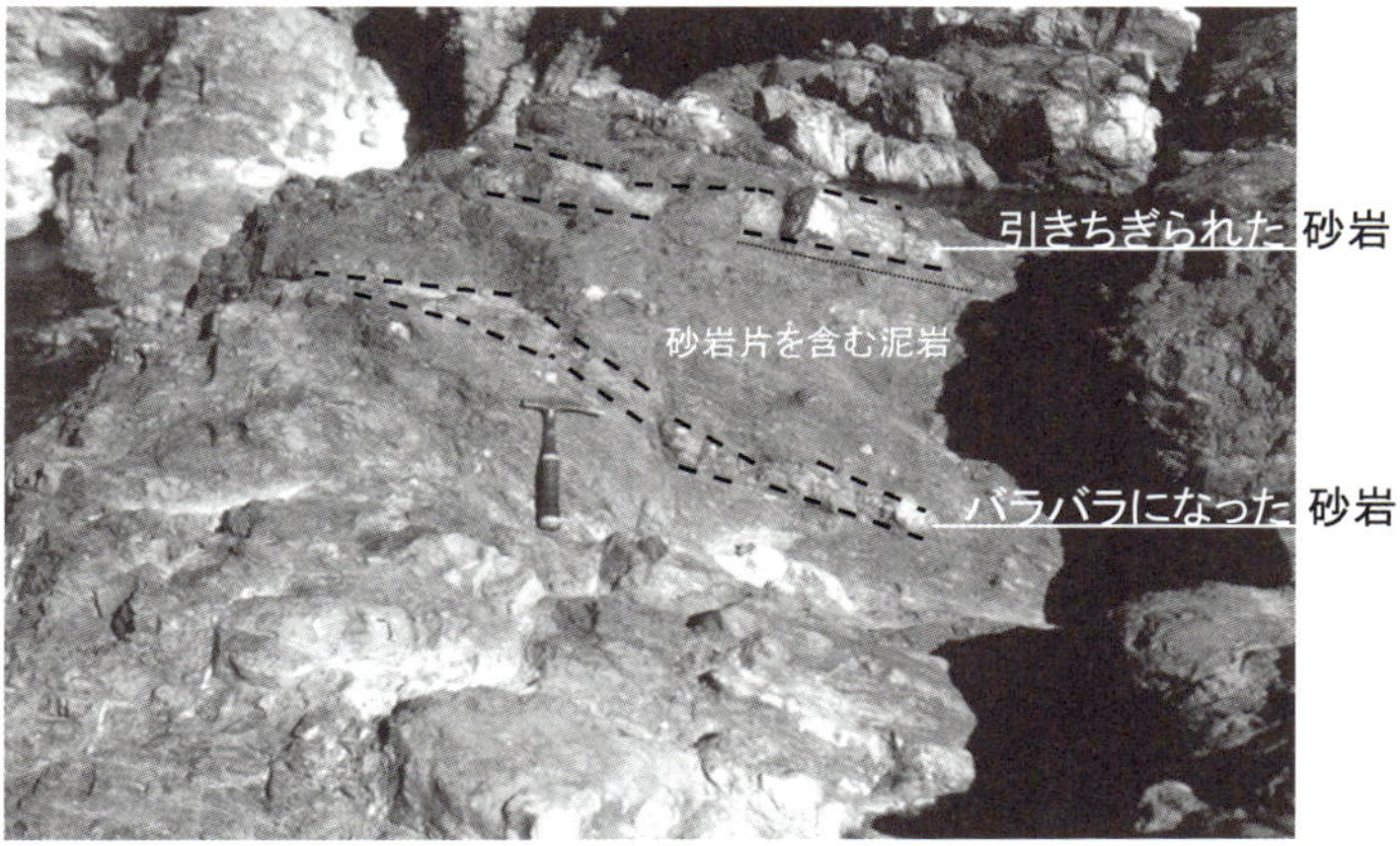

写真8－1　北見・滝上峡谷の砂泥混在岩（提供・田近淳氏）

砂と泥が混ざったりちぎれたりしてできた岩石を砂泥混在岩と呼ぶ。このような地層は沈み込むプレート境界断層やその周辺で形成されると考えられる（参考HP「北海道地質百選」）

写真8－2　変形した泥岩と海底玄武岩（興部町字豊畑・瑠椽川上流／撮影・宮坂省吾）

変形した黒色の泥岩（始新世）と薄緑色の玄武岩が混合している。玄武岩は泥岩の堆積中に噴出したとする見方もあるが、ともに激しく変形している

学的には、新しくマントルから抽出されたできたての大陸の特徴を示すようです。[6]

これらの最近のデータは、日高山脈を含めて広く分布する花崗岩類の起源について、海嶺の沈み込みが関与しているのではないかとの仮説を支持するように見えます。

日高山脈に露出するマグマ起源の岩石と変成した岩石の年代には従来から2つのピークのあることが知られていました。それらをもとに、日高に見られる地殻の岩石の2段階形成が議論されてきました。始新世の古い年代を地殻形成の主要な要因と見るか、中期中新世の年代を主要な要因と見るかで議論が続いてきました。[7]マグマが関与したことが2回あったのは、今や確実なようです。しかし、その貢献度の違いに関してはまだ議論が続くことでしょう。

根室半島を含む東部北海道や、根室半島の太平洋沖の調査から見える始新世頃の様相は、中央北海道と随分違って見えます。ここでの石炭の地層の始まりは、中央北海道に比べて時代が遅れていることは昔から知られていました。木村は、ここでの不整合をやはり海嶺の沈み込みと関連付けて説明しましたが、[8]それらの再検討も必要でしょう。いずれにしても、この北海道の地質や地層に残された事件の記録が、ハワイ・ホットスポットの屈曲年代にやや先行しつつ、重複していることは大変興味深いものがあります。

なぜなら、

イザナギ・太平洋海嶺が西太平洋で沈んだ。
→長大な沈み込み帯でプレートの引く力が消失。
→プレートの運動を決めるトルク（力）が変わった。
→結果として運動の方向や大きさが変わった。

という因果律が成立する可能性があるからです。

今後、より正確な事件の年代測定や広がりを研究する必要があるでしょう。

6　始新世・漸新世の大地と気候の変動

北海道からサハリンにつながる大地は、始新世にはアジア大陸の縁にあり、大海原に面していました。海岸地域は、地球規模で海水面が上昇したり下降したりした場合にその影響を直接受けます。

いま地球温暖化が大問題です。その問題の一つは、海水面が上昇すると、海岸に接する海抜0m地帯や数mの地帯が水没するということです。南極や北極、大陸の上に広がる氷河の氷が解けて、海に流れ込むからです。

気候が変動して寒くなったり暖かくなったりする原因は大変複雑で、さまざまな原因が推測されています（第11章参照）。その一つが温室効果ガスの増減です。

二酸化炭素やメタンなどが増加すると、太陽からの熱を蓄積し、地球を温めてしまいます。逆に、減少すると地球大気は冷えると考えられています。また、火山灰などが大気上空の成層圏まで舞い上がると、太陽光を遮断して地球は冷えてしまいます。

その他にもいくつもの要因が提案され、研究されています。ここでは、始新世とその後の時代を考えてみましょう。

前章で、北海道の石炭層は今から4千万〜3千5百万年前に海の下に入ったと考えられると述べました。それは大地の沈降が原因なのか、海水面の上昇が原因なのかをここで考察していきます。

図7－3で、新生代に入ってから現在までの温度変化を示しました。

図を見ると、5千万年前に温暖化のピークを迎えます。しかしその後、温度はどんどん下がります。特に始新世の次の時代、漸新世になる時にガクンと下がります。図の左上に示された南極の氷床の発達は、始新世後半の寒冷化が南極に原因があるとする、これまでよく知られた説と符合することを示しています。その頃、南極大陸が、かつてつながっていたパンゲア超大陸から分裂し、孤立しました。これにより南極大陸を周回する環南極海流が成立し、南極大陸がどんどん冷え始めたと考えられたのです。言うなれば冷蔵庫におけるフリーザーができたということです。この定説は、寒冷化の原因は地球の海洋をめぐる海流大循環にあるとするものでした。南極大陸の分裂はプレートの大変動の結果です。

しかし、これは温室効果ガスの増減とは直接の関係がありません。そこで新たな説が登場しました。ヒマラヤ山脈の形成につながる、インド亜大陸のアジア大陸との衝突開始です。

7　ヒマラヤ山脈の形成開始と地球寒冷化

インドは白亜紀のパンゲア大陸の時代、アフリカ大陸の東にありました。それが白亜紀後期に分裂し、北上しました。5千万年前頃にアジア大陸と接触を開始、ヒマラヤ山脈へつながる衝突帯を形成しはじめたと考えられています（図8－5）。この事件の始まりが、なぜ寒冷化にとって重要とみなされるのでしょうか。

陸で山脈ができると、それまで地下にあった岩石が顔を出す（露出する）ことになります。露出すると、ただちに空気や水と接触し、風化作用が始まります。風化とは、岩石が雨風にさらされてボロボロの岩屑《がんせつ》になり、崩れていく現象をいいます。風化には、機械的に細かくなっていく作用と、化学的にバラバラになっていく作用があります。そのほか、水の中にあるイオンと結びついて新しい鉱物として析出し、沈殿していく現象もあります。

注目されているのは、次のような現象です。石が化学的に風化して、カルシウムイオンが水に溶け込みます。水中には、空気中の二酸化炭素が溶け込んだ炭酸イオンがあります。サイダーやビールなどの炭酸飲料と同じです。両者が結合すると、炭酸カルシウムとして沈殿します。そうすると、水の中の炭酸イオンが少なくなるので、大気中の二酸化炭素はますます水中に溶け込むことになります。化学的風化は結果的に、このように空気中や水中から二酸化炭素を取り除く作用があるのです。

大陸と大陸が衝突してヒマラヤやアルプスのような大山脈ができはじめると、岩石の化学的風化作用が進んで大気中の二酸化炭素を除去し、ついには地球を寒冷化させるというのです。インド亜大陸のアジア大陸との衝突開始が地球の寒冷化を引き起こしたという説です。

地球の温暖化や寒冷化をめぐる議論や諸説には、「風が吹けば桶屋《おけや》が儲《もう》かる」という落語に聞くような説が多く、きちんと因果律の連鎖が成立しているかどうかが問題視されてきました。複雑な現象だけに大変な難問ですが、新しい科学の挑戦の只中《ただなか》にある課題だということは間違いありません。

地球が寒冷化して氷床が広がると、海水面が下がって大陸の縁では海が後退します。しかし北海道では、石

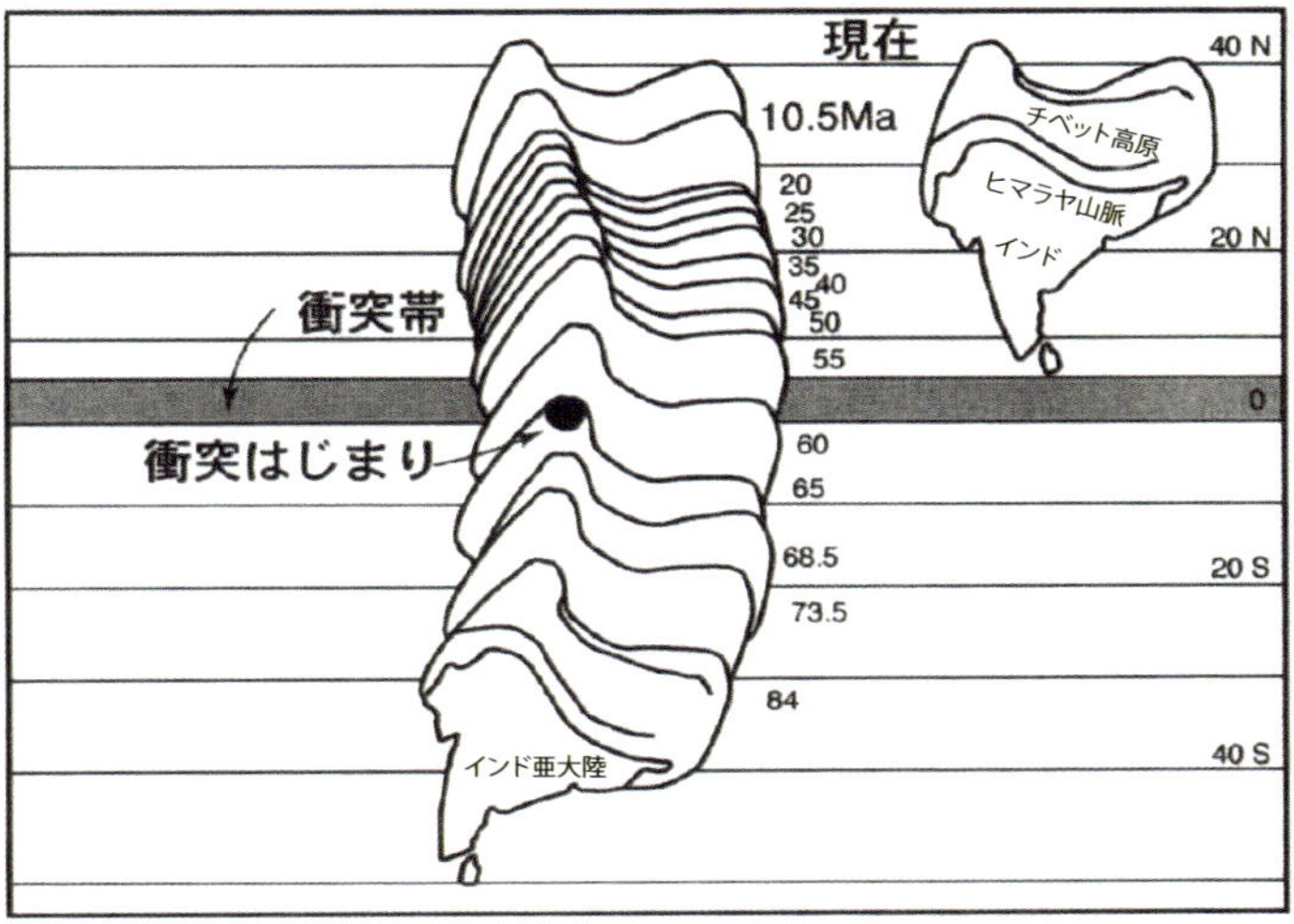

図8−5　インド大陸のアジアとの衝突[9]

北上するインド大陸を年代（Ma：百万年前）ごとに描いたもの。現在のインド大陸（図の右上）は5千5百万年前頃にアジア大陸と接触を開始し、5千万年前頃には、めり込み始める。その結果、数千㎞もアジア大陸に押し入りヒマラヤ山脈をつくった

炭の時代の後、逆に海が広がってしまっています。このことは、地殻変動によって、海水面の低下より速い速度で大地が沈降した結果であると言えることを意味しています。その大地の沈降をもたらした地殻変動こそ、太平洋プレートの新たな沈み込みであると本章で推定したわけです。

geo word 10　イザナギプレート

イザナギプレートとは、白亜紀〜古第三紀の西太平洋に存在し、現在はアジア大陸の下に沈み込んだ海洋プレートのこと。80年代には、約8500万年前以降の西太平洋のプレートはクラプレート（「クラ」はハワイ語で「源」）と考えられていましたが、最近では東太平洋にはクラプレート、西太平洋にはイザナギプレートと別のプレートが存在していたと考えられています[7-3]。

中生代、超大陸パンゲアをパンサラッサ（「すべての海」の意）が囲んでいました。太平洋プレート、イザナギプレート、そしてファラロンプレートの3つのプレートは、海嶺―海嶺―海嶺の三重会合点からおよそ1.5億年前に生まれました。イザナギプレートは西太平洋の海溝から沈み込んですっかり姿を消しましたが、北太平洋のアリューシャン海溝から沈み込んだファラロンプレートは今でも東太平洋に残っています。

これらの沈んでしまった海洋プレートと太平洋プレートは海嶺で区切られていたので、イザナギプレートが沈み込んで太平洋プレートに変わった時には海嶺が海溝とぶつかっていたことが想定されます。やがては海嶺そのものも沈み込んでしまったと考えられます。

イザナギプレートはマントルに沈み込みましたが、完全に失われているのではありません。第8章では、アジア大陸の下にイザナギプレートの残骸がある可能性を記しました。“幻のプレート”が、プレートの墓場ともいえるマントル下部に残っているかもしれないのです[10]。（木村）

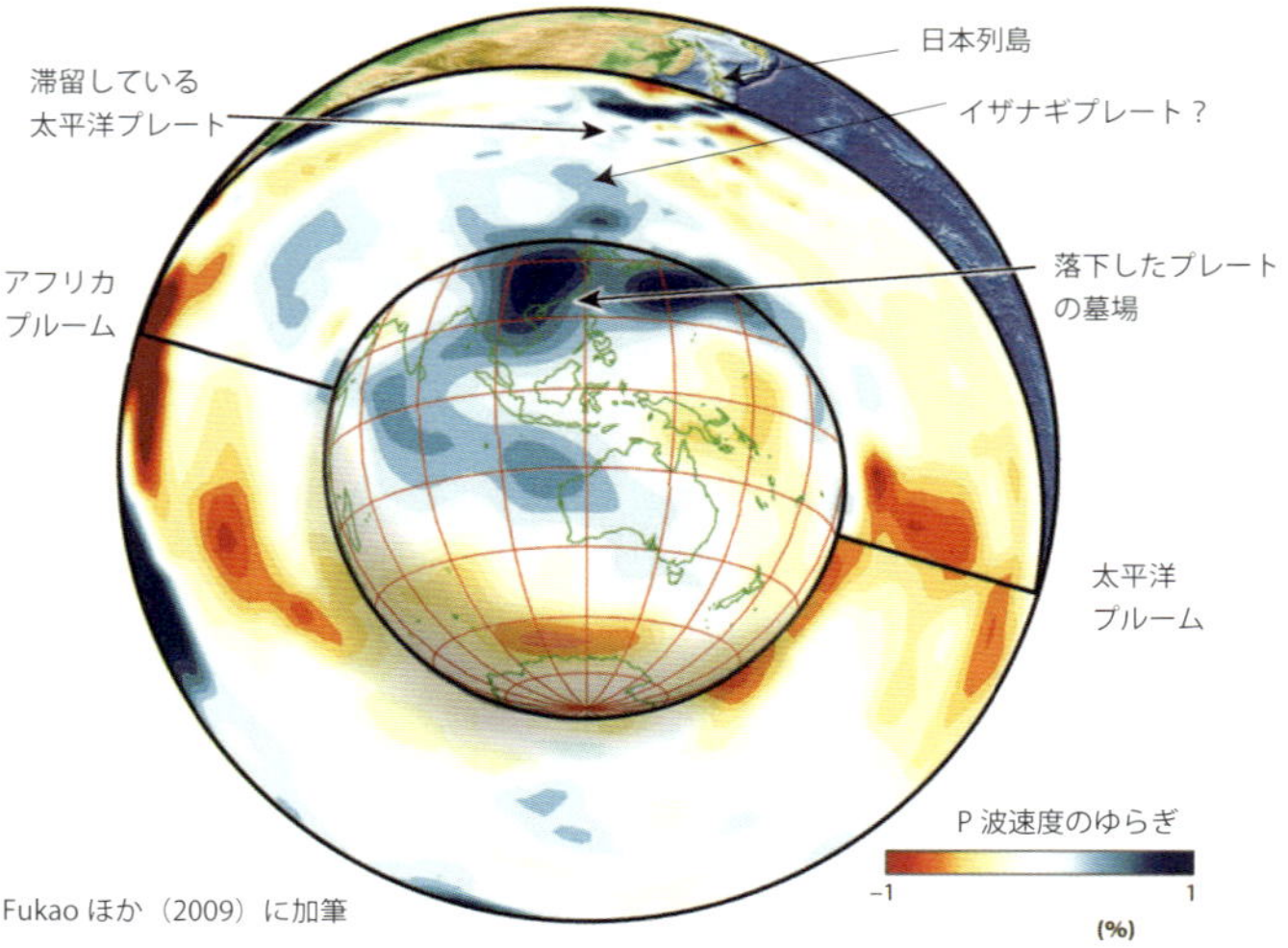

Fukao ほか（2009）に加筆

第9章　オホーツクプレートと右横ずれプレート境界

第8章までに、今からおよそ4千万年前から3千5百万年前頃までのことを記しました。その時代、日本列島はまだ大陸に接合していました。この後の大事件として、日本海の日本海盆やオホーツク海の千島海盆という背弧海盆の形成があります。それを記す前に、背弧海盆の形成を理解するためにも、北海道からサハリンに１４００km も続く北海道の背骨のことをもう少し記しましょう。

1　オホーツク海

北海道の北東に広がるオホーツク海。冬、流氷に閉ざされる海。氷の下には妖精クリオネが踊り、氷の上にはオジロワシ、キタキツネが休む海。夏、鏡のように穏やかな海。そして秋には海の幸に満ちあふれる海。

このオホーツク海の海底下は、世界でも最も未知の場所です。複雑な地政の歴史がこの地域を秘密のベールで覆い尽くしてきたのです。19世紀以降、ロシアと日本の間で、領土・領海をめぐるやりとりが、戦争も含めて繰り返されてきました。かつての東西冷戦に加えて言葉の違いも大きな壁となり、オホーツク海に関する研究成果が十分に共有されない状況が続いています。１９８０年代初頭までのソ連は、プレートテクトニクスを認めない地球科学者が日本と並んで多い国でした。そのことも、オホーツク海を秘密で包んできた一因でした。

それでも、オホーツク海の下を伝わってくる地震の観測や、人工衛星によるリモートセンシング、国際的な共同研究、ロシア語の文献の系統的な英訳などによって、徐々にデータがもたらされてきました。そして80年代以降、プレートテクトニクス理論の普及により、日本列島、特に北海道とオホーツク海地域の地質の見直しが始まったのです。田望と堀田宏は73年、オホーツク海を独立した小さなプレート（マイクロプレート）として分離して扱った方がよいとして、「オホーツクプレート」を提唱しました[1]（図9－1）。

2　オホーツク海は北米プレートかオホーツクプレートか？

今でも、「日本周辺に北米・ユーラシアプレートの境界がある」との解説がマスコミにもしばしば登場します。論文や書籍においても、枕詞としてそのように扱うものが多いのが現状です。

ユーラシア大陸は欧州からアジアまで広大な陸地を含む大陸であり、日本列島はその東端に位置しますから、日本の近くにユーラシアプレートの東の境界があるというのはわかるような気がします。それでは北米

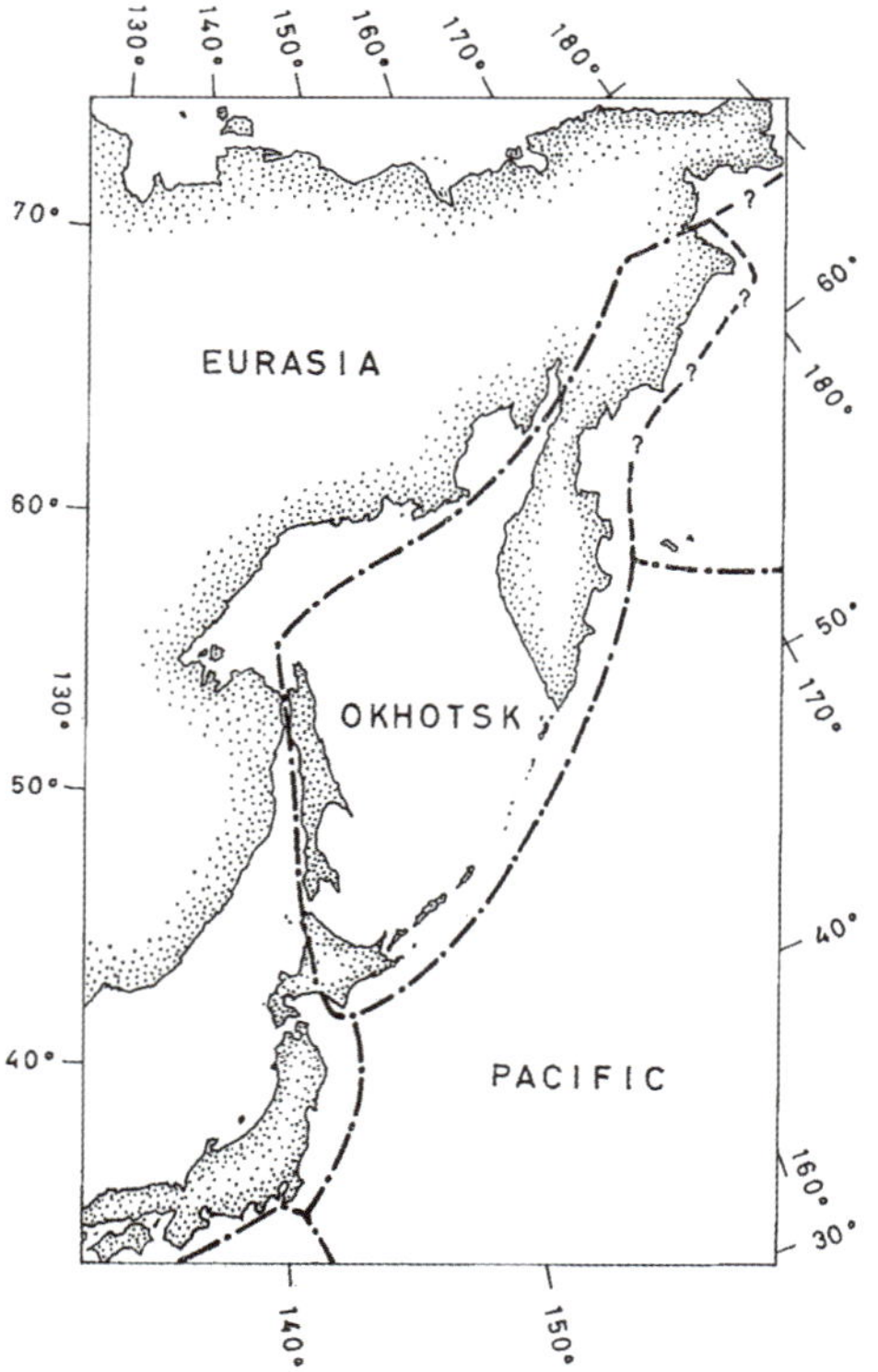

図9－1　オホーツクプレートの提唱[1]

プレートテクトニクス理論が提唱されてまもなく田望と堀田宏によって提唱された「オホーツクプレート」。現在では図3－8のように修正されているが、その見方の基本は引き継がれている

プレートがなぜ日本付近にあるのかという疑問がわきますが、北米プレートの範囲は北アメリカからベーリング海をまたいでロシア極東部、カムチャツカ半島、千島列島、さらには北海道東部にまで及ぶとされます。

「北米・ユーラシアプレート境界」という記述は、この地域の地震やテクトニクスの研究にあまり関与していない人たちによってなされることが多いように見えます。この地域を研究している当事者は、このような扱いはあまりにも大づかみすぎて、事態が不正確になる可能性があるので、より慎重です。筆者らも、田と堀田によっていち早く提案されたオホーツクプレートの方が適切と考えています。

3　オホーツクプレート

海溝や海嶺など狭い地域に断層が集中している場合と違って、大陸の中のプレート境界を特定の断層だけに限定して定義することは、それ自体に難しさがあります。大陸のプレート境界は、一条の活断層や集中した地震などとして現れない場合が多いのです。さらに、大陸地殻下部の岩石は、あたかも粘土のように変形しながら運動を解消する特徴があります。ゴムのように、力を外すと元通りの形に戻る変形ではなく、変形はそのまま残るか、あるいは幾条もの断層によって境界の運動を担います。このため、海のプレートと同じようには扱えない場合も多いのです。そこで、大陸をいくつかの小さなプレートに分け、それらの相対運動をつなげると全体の動きをうまく説明できるため、最近の地殻変動の研究ではそうした議論が盛んです。

地震活動の活発な地域が、サハリンから北海道へ至る地域、そしてもう1つはシベリアのケルスキー山脈を抜けてカムチャツカ半島の付け根へ抜ける地帯にあります（図3－8）。地震学者は、これらの地震活動が、活断層を伴ってプレート境界帯を形作っていると見ているのです。想定されているオホーツクプレートの相対的な運動速度は、北米プレートとユーラシアプレートに対して、それぞれ年間1cm以下です。これはGNSS（全球測位衛星システム）を用いても、測地学的判定は難しそうです。それでも、地震のすべりの向きや、それらの繰り返しの歴史を長い時間にわたって蓄積した断層からは、オホーツクプレートを独立させた方がよいように見

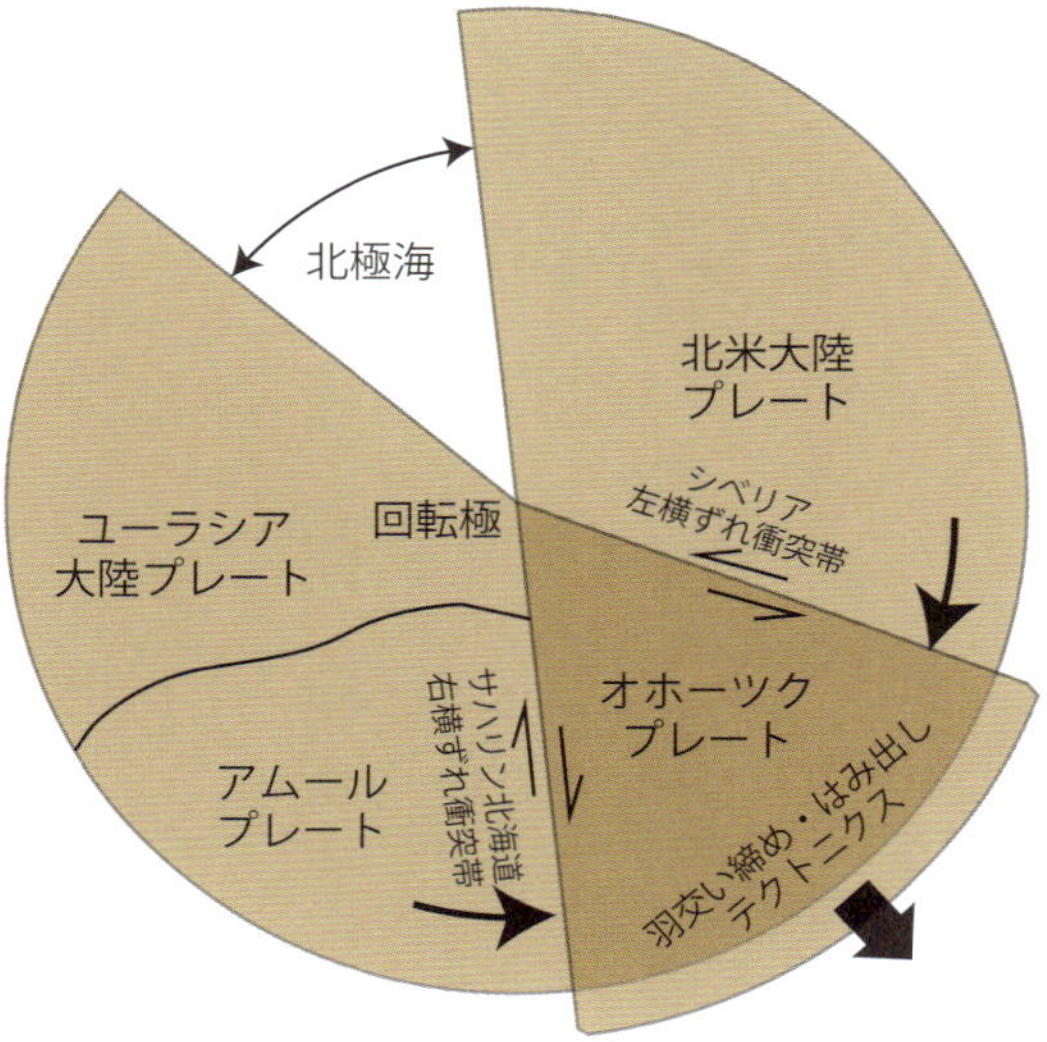

図9－2　押し出されるオホーツクプレート

図3－8に示された解釈を簡略化したモデル

えたというわけです。

4　羽交い締めで押し出されるオホーツクプレート

地震は、それがどのような断層のずれによって起こったものかを解析することができます（図2－6）。そこで、想定されるプレート境界付近の地震を考えてみます。大陸のケルスキー山脈を通りカムチャツカ半島の付け根に至るシベリアの地震活動は左横ずれと逆断層のものが多く、サハリンから北海道へ続く地域では右横ずれと東西の圧縮による逆断層のものが多いように見えます。この両者を合わせると、オホーツクプレートは北米プレートとユーラシア＋アムールプレートに羽交い締めにされ、太平洋に押し出されているように見えるのです[2]（図3－8、9－2）。

大きなプレートに挟まれた小さなマイクロプレートが押し出される現象は、インド大陸やアフリカ大陸と衝突するユーラシア大陸の各地で多く見られる現象です。シベリア地域は情報が少ないうえ、プレート間の衝突の速度が遅いためこうした現象が明らかになっていないのですが、同じ現象が進行している可能性があります。

それでは、オホーツクプレートはどのような岩石からなっているのでしょうか。オホーツク海の南は新しく拡大した海洋地殻ですが、北側3分の2程度は地殻の厚さが20㎞近くあるとみられています。そのことから、北には古い時代の大陸があるとみなされ、「オホーツク古陸」などとも呼ばれました。それは、沈み込み帯があった証拠のあるサハリンやシホテアリンの東側、シベリアの南側に位置するため、白亜紀より後に大陸と衝突したとされました。日高山脈やカムチャツカ半島の中核を占める山岳地帯に露出する花崗岩もオホーツク古陸の断片とされたのです。[3,4] また、千島海盆の北にある地形の高まりから、白亜紀の年代を示す花崗岩などの陸地を構成する石も回収されていました。それらを合わせて、オホーツク海には沈んでしまった大陸があると推定されたのです。

しかし、第1章でみたように、日高山脈にはそのような古い時代を示す岩石はありません。すべて新生代に入ってから作られた大陸性の地殻です。また、ドレッジ(容器を引きずって試料を採集すること)で回収された海底の石は、その場所の地質を反映していると解釈されていました。しかし、オホーツク海は大規模に流氷が流れるところです。千島海溝の外側にある襟裳海山(図1-1、1-6)の頂上からでさえ花崗岩などの円礫がたくさん回収されており、氷河時代の流氷によって大陸から運ばれてきたものと説明されています。ですから、オホーツク海から回収されているドレッジの石も別の場所から運ばれてきたものかもしれないのです。ちなみに、陸上の地質調査では、河原に落ちている転石はその場の石とは判断しないというのが鉄則となっています。そうすると、大陸性の地殻を示唆する事実は、この地域で地震波の伝わる速度がマントルより遅いということ、すなわち地殻が厚いということだけになります。

太平洋にそのような厚い地殻のかけらがたくさんあり、それらは失われた大陸「パシフィカ」の一部ではないかという仮説がかつて提案され、もてはやされたことがありました。しかし調べると、ほとんどは海洋プレートの上にマグマが噴き出して厚い地殻を作るホットスポットの海山の集まりであるか、ホットスポットの始まりに大規模にマグマが噴き出す「海台」と呼ばれるものの地殻でした。木村は、オホーツク海の基盤岩についてもそのような可能性が排除できないことを議論したことがあります。[5] つまりオホーツク海の北部を占める地殻がどのような起源を持つのか、古い大陸のかけらであるとする直接的証拠は十分ではなく、将来の研究が待たれます。

5　サハリンへつながる斜め衝突プレート境界帯

大地形の形成と広域のテクトニクスを論じた先駆的研究者に徳田貞一がいます。徳田は北海道炭礦汽船と三井鉱山に勤め、各地の地下資源の調査をしていました。彼は和紙を和糊で湿らせ、それに指でずれを与えて皺《しわ》を寄せる手法で、雁行配列する千島列島や、地層が折れ曲がってできる褶曲構造などの模型を作りまし

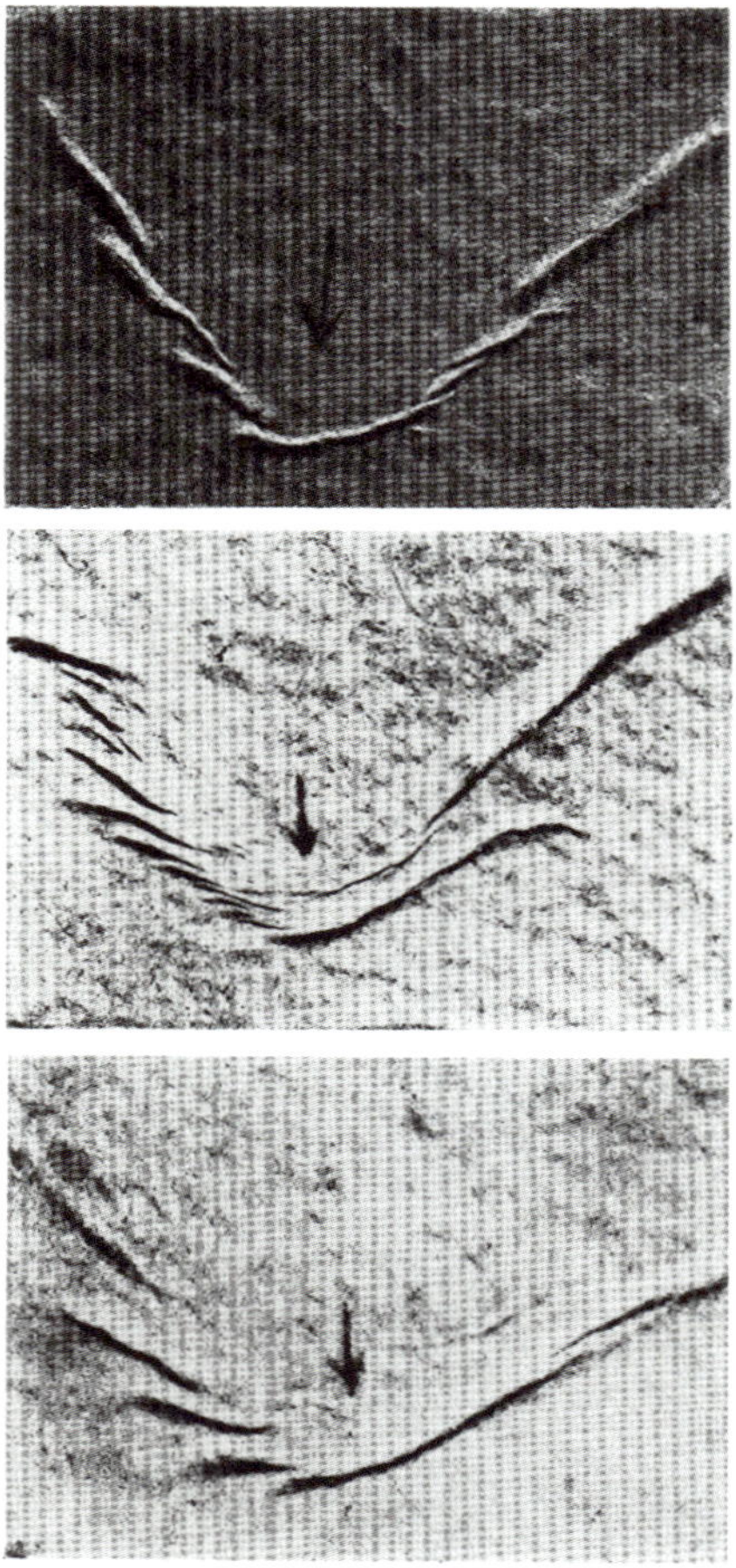

図9−3　徳田貞一の和紙による雁行配列の形成実験[6]

糊をたっぷり付けた厚紙に和紙を敷き、乾かないうちに指で紙面を押すと、図のような模様ができた。徳田はこの皺模様から、雁行配列には横圧力が加わっていると述べた[7]。図に示される模様が雁行構造で、矢印が力の方向

た（図9－3）。その中に、サハリン南部に露出する地層が、南北の断層に沿うずれで折れ曲がる様子を再現したものがありました。１９２６年の論文です。[6] 一方、木崎甲子郎は、日高山脈東側に見られる地層の折れ曲がりが、日高山脈に沿った左横ずれの運動によるものではないかと、51年に記していました。

徳田が再現した地層は右横ずれの運動を示しており、木崎の左横ずれという主張とは食い違いがあります。そのことについて考えてみましょう。

第1章で述べたように、北海道の南北に連なる山脈のうち最大のものは日高山脈であり、それが北見山地を経てサハリンへつながっています。80年の夏、日高山脈で地質の見学会が開かれました。参加者は、北海道の地質や日高山脈の成因などをプレートテクトニクスの視点から全面的に見直すという共通目的で、北海道地質構造研究会に集まった面々でした。会長は当時新潟大学に所属していた小松正幸で、言いたいことを自由に徹底して議論することをモットーとした集まりでした。

断層の運動をその変形の様子から決めるという研究手法は、70年代の後半以降盛んに行われ、木村もこれに興味を持っていました。見学会で地質の変形の様子を見るうちに、常々北海道周辺のプレート運動について考えていた木村は、雁行配列する露頭の構造から、日高山脈の主要な断層が右横ずれの動きを持つことに気がつきました。そしてそれが、北海道からサハリンへつながっているプレート境界の大断層の運動の姿であると直感したのです。

サハリンにいたロシア人研究者のロジェストベンスキーは、サハリンの南北に連なる断層は右横ずれであるとする論文を著しました。82年のことです。ロシア語で書かれたものが英訳され、北海道大学の図書館に眠っていました。アメリカは、東西冷戦の中での世界戦略として、ロシア語のすべての文献を訳していたのです。私たちは、その恩恵を受ける形となりました。

木村・宮下・宮坂は83年に、北海道からサハリンにかけては北米もしくはオホーツクプレートの境界であるが、そこでは右斜め衝突が起こっているとする論文を発表しました（図9－4）。その後、フランスから北大へやってきたジョリベらは日高山脈を研究し、同じ結論に達し、85年以降次々と論文を発表しました。それはまた次の章で述べましょう。

6　1995年の大地震

95年の大地震といえば、日本にとっては1月17日の阪神淡路大震災です。多大な被害が発生したということでは、2011年の東日本大震災とともに忘れられない災害です。

阪神淡路大震災と同じ年の5月に、サハリン北部のネフチェゴルスクという村で深夜に地震が起きました。3千人ほどの住民の3分の2が犠牲になるという悲惨

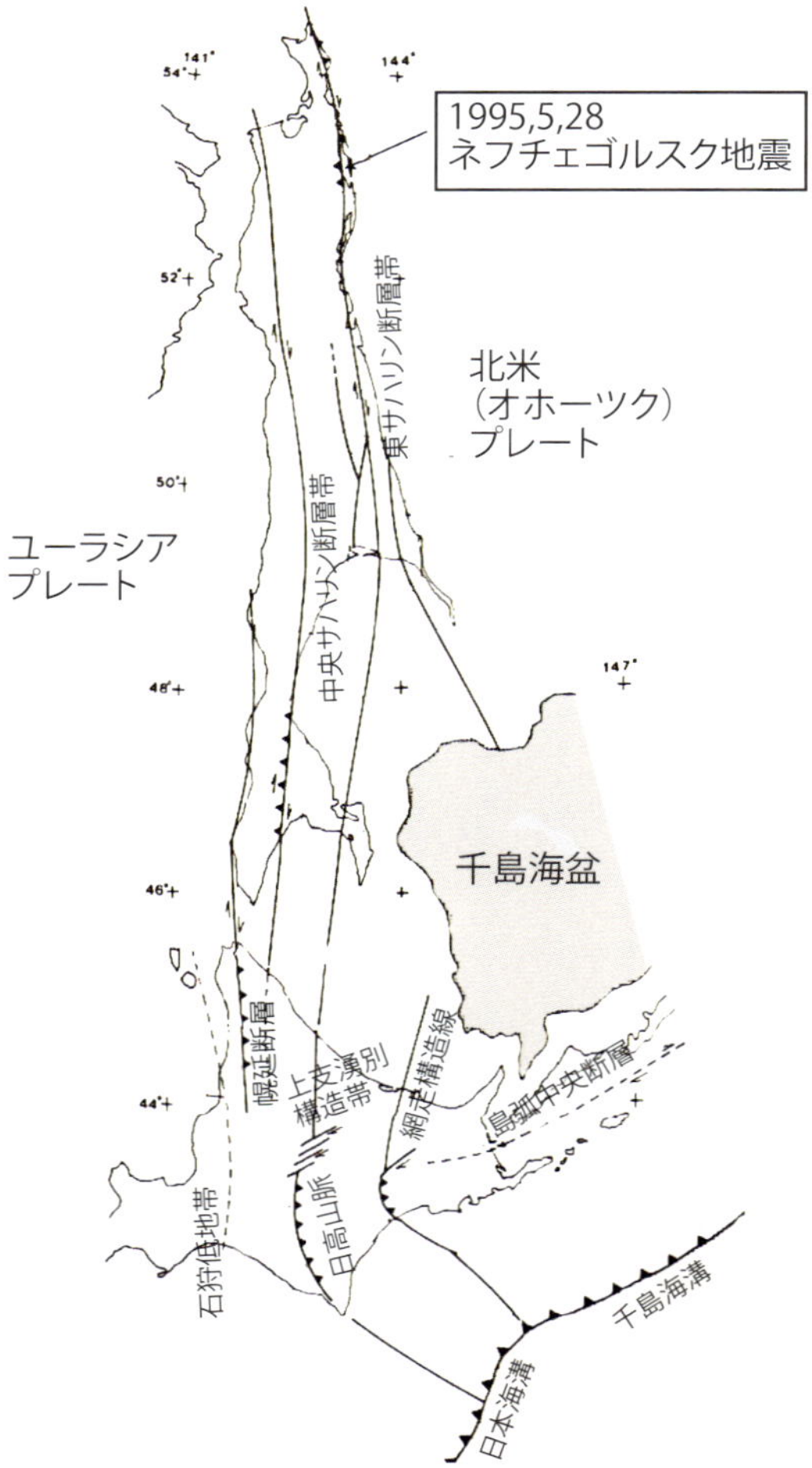

図9−4　北海道からサハリンにつながる横ずれ逆断層系[8]
サハリンから北海道にかけては「東サハリン断層」「中央サハリン断層」「幌延断層」と呼ばれる数百kmから千kmを超える長い右横ずれ断層の存在が知られている

な地震でした。

　サハリン北部はソ連の崩壊後、石油天然ガス開発で活況を呈していましたが、ソ連時代の古い建物は地震にはまったく耐えられず、4階建てのコンクリートアパートがすべて倒壊し、寝ていた人々が押しつぶされ、甚大な被害となったのでした。

　この地震が起きた場所は、木村たちが1983年の論文で右横ずれの活断層があると記載した、まさにその場所でした。地震断層として、地表に右横ずれ断層の露頭も現れました（写真9－1）。このことは嶋本利彦らが報告し、木村・亀田らも97年と98年に現地を訪れました。

7　右横ずれ斜め衝突はいつ始まったか？

　サハリンを南北に走る右横ずれの断層、そして日高山脈に見つかった右斜め衝突を示す大断層はいつから動き始めたのでしょうか。またプレート境界断層のずれの距離はどれくらいなのでしょうか。同じ方向の右横ずれ断層は、ほかにはないのでしょうか。

　断層の発生時期は、断層によって切られる地層や岩

写真9－1　ネフチェゴルスク地震によって現れた地震断層（モールトラック）

低湿地に出現した地震断層はモールトラック〈巨大なモグラ（mole）の通り道〉と呼ばれる。この辺りの断層変位は右ずれ3.0～3.5 mで、垂直変位はほとんどない。全体の地震断層は長さ約35km、北北西走向の右横ずれ断層で、最大変位は8.1mに達した[9]

石の地質年代からまず推定します。その年代を直接知るには、断層に挟まれた物質で新しくできた鉱物そのものの年代を測るのが一番です。第5章で説明したように、岩石に含まれる放射性同位体を分析すると、岩石の年代を決めることができます。断層では岩石が粉砕されるだけでなく、新しい鉱物も沈澱します。それが放射性同位体を含めば年代を測れるというわけです。

日高山脈の南端、襟裳岬周辺の海岸に下りていくと、昆布の干し場の砂利浜の横に奇妙な崖があります。そこには、灰色で黒いまだらのある花崗岩（P63のコラム参照）が礫として多く含まれる地層が出ています。この花崗岩の礫は大きくて角張っていることから、近くにあった日高山脈から崩れてきたものと想像できます。地層には２５００万年前頃の化石が含まれており、花崗岩の礫の放射性年代は今から約３３００万年前から２９００万年前のものであることが分かりました。

さらによく見ると、その角礫は引き伸ばされて小さな割れ目ができています（図9-5）。この割れ目の分析から、礫を引き伸ばしたのは、最初は右横ずれの運動で、後に日高山脈が東からのし上げた逆断層によることがわかりました。[10]確実な右横ずれの時代は、地層の形成より後ですから、２５００万年前より後ということになります。日高山脈には左横ずれはありませんでした。

日高山脈に見られるこの大断層が、道北の北見地方にどうつながっていくのか、当時は明らかではありませんでした。なぜなら、日高山脈の地下深部に見られる石は、大雪山の火山が間にあって、北へつながらないのです。おまけに鬱蒼とした山で、調査がままなりません。それでも、北見の滝上町付近で、今から約２５００万年前頃に右横ずれを起こした断層が見つかりました。さらに、地層が持つ磁気を調べた竹内徹らも、２５００万年前頃には右横ずれの運動が始まっていたと示唆しました。

どうやら２５００万年前頃には、北海道中央部からサハリンにかけて、右横ずれ断層のプレート境界としての動きが始まっていたようです（図9-6）。この右横ずれの運動は日本海盆や千島海盆形成の時代へと引き継がれますが、横ずれと海盆形成はどのような関係にあったのでしょうか。次章で検討しましょう。

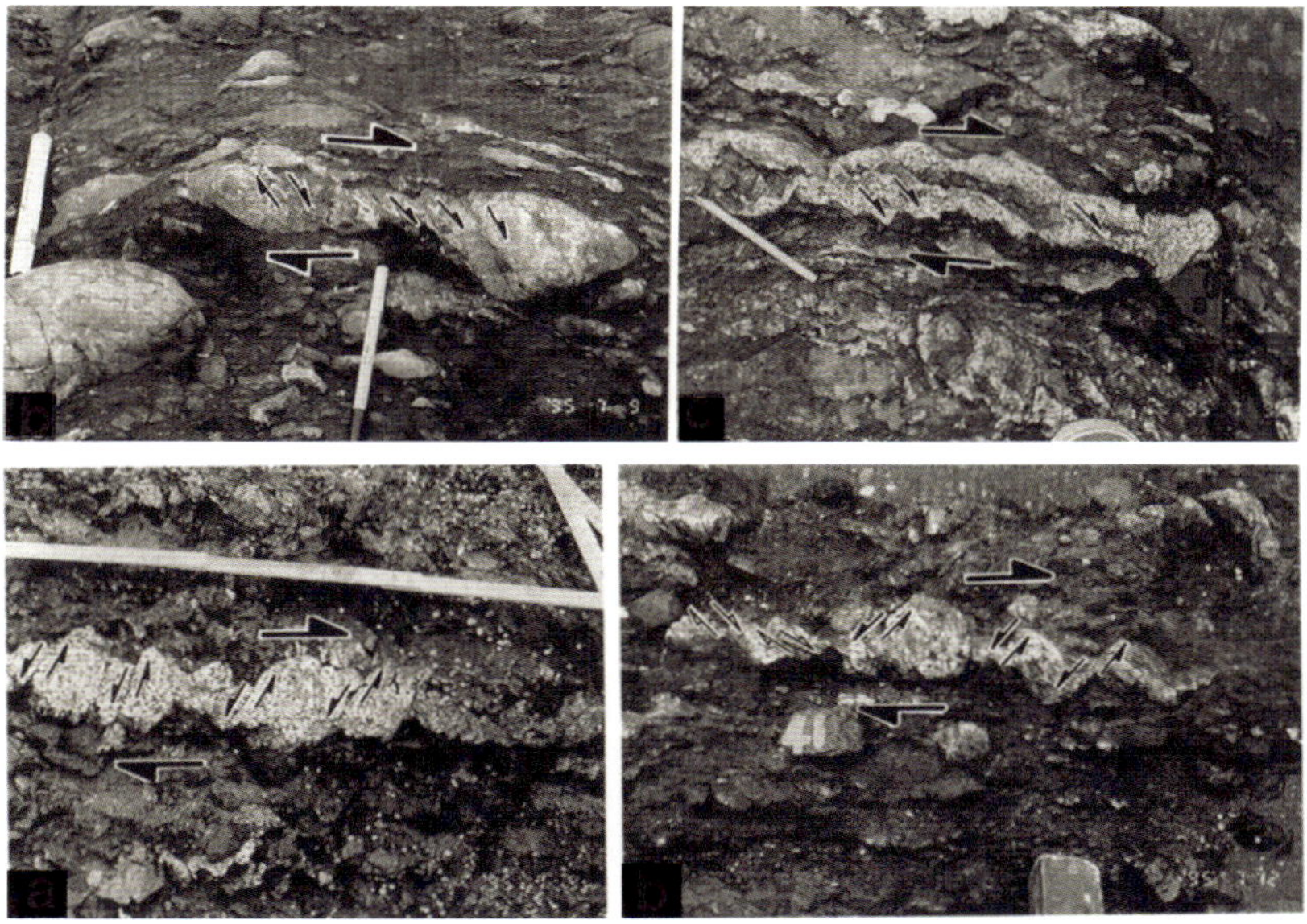

図9－5　襟裳層の礫の変形

襟裳岬付近に分布する古第三紀漸新世後期に堆積した襟裳層は、日高変成帯起源の灰色の角張った大きな花崗岩の礫を含む。花崗岩角礫は小さな割れ目（小矢印）によって左右に引き伸ばされており、割れ目の形状から右横ずれ運動（大矢印）が角礫を破壊したと推定されている[10]

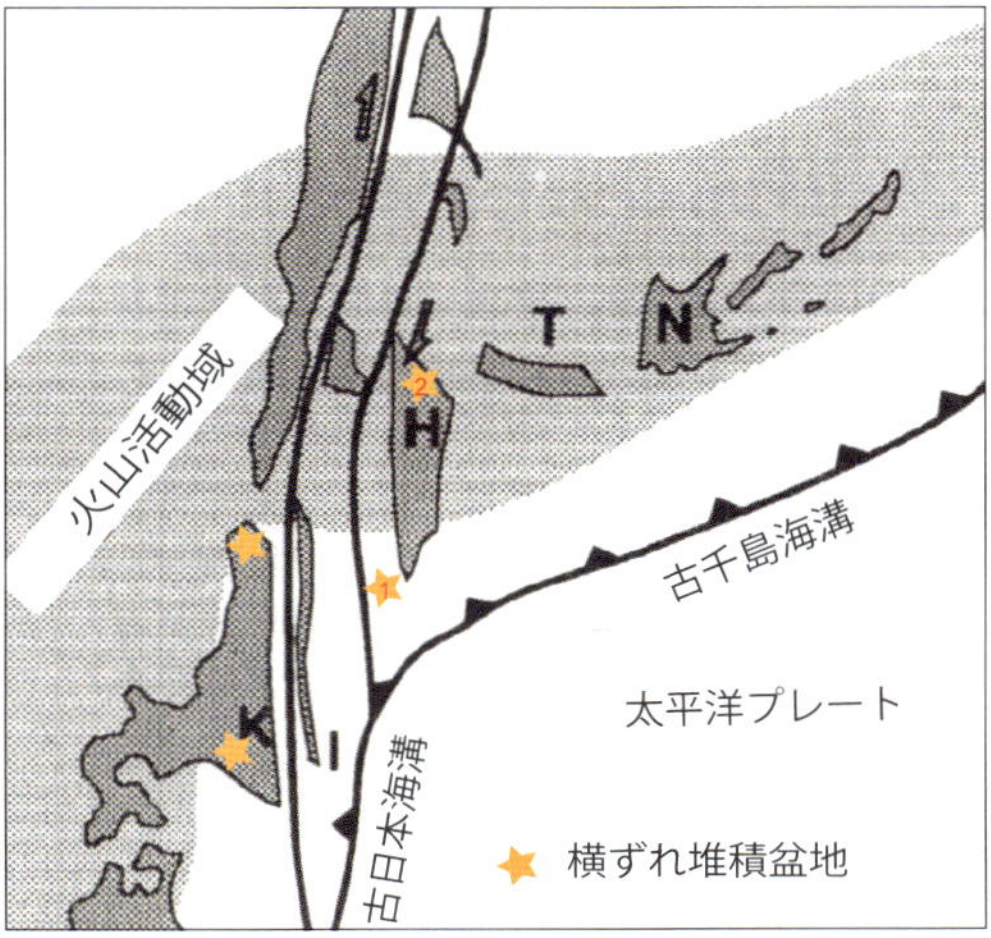

図9－6　右横ずれ運動前の想定地帯配置[11]

地帯構造　K:神居古潭変成帯、I：イドンナップ帯、H：日高帯、T：常呂帯、N：根室帯
★1：襟裳岬の礫の変形（2500万年前以降）
★2：滝上町の断層年代（2500万年前頃）
川上（2011）[12]による横ずれ堆積盆地認定も加えた

geo word 11　ネフチェゴルスク大地震

サハリン最北端のネフチェゴルスクという村で阪神淡路大震災と同じ1995年の5月の深夜にマグニチュード7.5の大地震が起きました。

この地震によって長さ約35㎞の北北西方向の右横ずれ断層ができ、最大変位は8mに達しました。地震断層はツンドラ地帯に形成されたため、遠くからは1本の筋のように見える地面の切れ目がはっきりと見えたそうです。

写真9－1では、地震断層の垂直変位は小さいが、横ずれは3mあまりに及び、表土をめくりあげて延々と連続しています。推定震度は5強から6弱なので、強く揺れながら大地が切り裂かれていったのでしょう。

長さ35㎞は札幌駅から岩見沢駅までにも相当し、直下型の地震がどれほどの力をもっていたか、想像するだけで身震いが起こります。

さて、サハリン北部には、図9－4に示したように、南北方向に延びる2本の右横ずれ断層があります。西側は中央サハリン断層、東側は東サハリン断層と呼ばれ、北海道まで続くと考えられます。「ネフチェゴルスクの悲劇」をもたらした地震は、右横ずれの活断層があると記載した東サハリン断層の、まさにその場所でした。

地質学が、そこで発生する地質現象を知ることができる、未来学でもあることを示しています。（宮坂）

第10章　日本海・オホーツク海誕生

1　背弧海盆

第2章で述べたように、プレートテクトニクス理論の先駆、大陸移動説は1910年代から20年代にかけて、ドイツのウェゲナーによって提唱されました。日本の地質学は、東京大学においては主にドイツから輸入されたこともあり、この説はいち早く届きました。最初に反応したのは物理学者の寺田寅彦でした。論文や随筆の中で彼は、日本海はアジア大陸が分裂してできたこと、日本海の中には取り残された大陸の残骸があることなどを記しています。

第1章に登場し、第9章でも触れた徳田貞一は寺田と交流がありました。徳田は、和紙に皺を寄せて作った模型で日本列島の雁行配列を説明しようとしました（図9－3）。第2次世界大戦後には日本列島形成を「地向斜造山運動論」の隆起・沈降の上下運動によって説明しようとする議論が盛んになりましたが、実はその20年前にはもっとおおらかに日本列島の水平運動が議論されていたことがわかります。

寺田は大陸移動説を受けて、日本海は大陸の分裂によってできたと想像しましたが、背弧海盆の形成に関する議論はプレートテクトニクス理論の登場で本格的に活発化します。その最初は71年、アメリカのカリッグが「海洋プレートが沈み込むところでは海溝と平行に火山列ができる。最初は大陸の縁に火山ができるが、やがて大陸と引き離され、火山列島として漂移（移動）する。そして火山列島と大陸の間に海洋地殻を持つ縁海もしくは背弧海盆ができる」と説明しました。

しかし、海洋プレートの沈み込むところでなぜ大陸が割れるのか、海洋プレートの沈み込みはあちこちで起きているのに背弧海盆が開いているところはなぜ限られているのか、西太平洋に背弧海盆が集中しているのはなぜか、などすぐには説明できないことが山積みでした。背弧海盆形成論は、プレートテクトニクスの中でも難問中の難問となったのです。

2　日本海盆と千島海盆

北海道を挟んで西には日本海、東にはオホーツク海があります（図3－2）。どちらの海も、深いところは３０００ｍ以上の深さです。そして、その海底の下には３０００ｍに及ぶ厚い堆積物がたまっています。堆積物の下に横たわる岩盤がいつの時代のものかは明らかではありませんでした。寺田が想像したように、大陸から日本列島が分裂し日本海ができたのはよいとしても、それがいつの時代の事件なのか分からなかったのです。プレートテクトニクス理論が成立してすぐに提案された説[1]では、日本海の形成は恐竜のすんでいた白亜紀の時代とされていました。

　その後、日本列島は大陸の縁にあった時はもっと直線的な形をしていたが、日本海が拡大した結果、西南日本は時計回りに、東北日本は反時計回りに回転したことで、今のように折れ曲がった形になったとの説が提案されていました。その根拠は、日本列島の各地の岩石が持つ磁気（第8章参照）を調べて得られました。岩石の年代と磁気としての特徴を合わせて調べた乙藤洋一郎らは、日本海の拡大によって日本列島が回転したのは今から１５００万年前前後の短期間のことだとする説を発表しました[2]（図10－1）。乙藤らの「超急速日本海拡大説」が正しいとすると、日本海の海底の下にある岩盤の年代もすべてこの時代のものでなければなりません。

　一方で、海の深さや、海底から伝わってくる熱の量などから推定される日本海の形成年代は、もう少し古く３０００万年前くらいまで遡るかもしれないという説が、玉木賢策らによって提案されていました。玉木らによる時代の推定は、海洋底は拡大したあと時間がたつと冷えていくので、そこから出てくる熱も少なくなり、海底の深さも深くなっていくという性質に基づくものでした。

　このように、日本海が形成された時代をめぐる議論では、それぞれ異なった根拠に基づいて異なった時代が推定されていました。

　こうしたときこそ科学が前へ進むチャンスです。どの説が正しいか、それを検証する方法が確立されれば、問題を決着させることができるからです。そのような中で、ちょうど日本周辺の海洋底を掘削する国際プロジェクトが計画され、日本海の海底を調査する機会が訪れました。89年のことです。

　日本海の数カ所で掘削が行われ、堆積物の下の岩盤を採取することに成功しました。北海道の西にある日本海盆からは、約２８００万年前～１８００万年前という年代が得られました。どうやらその頃から日本海の拡大が本格化し、日本列島の特に西南側が大きく回転したと思われる１５００万年前頃まで続いていたと言えそうです。それは、玉木らによって提案されていた仮説に最も近い年代だったのです。２８００万年前から１８００万年前というと、地質時代では漸新世から中期中新世となります（P35のコラム参照）。

　そうなると、実際に掘削して確かめることはできて

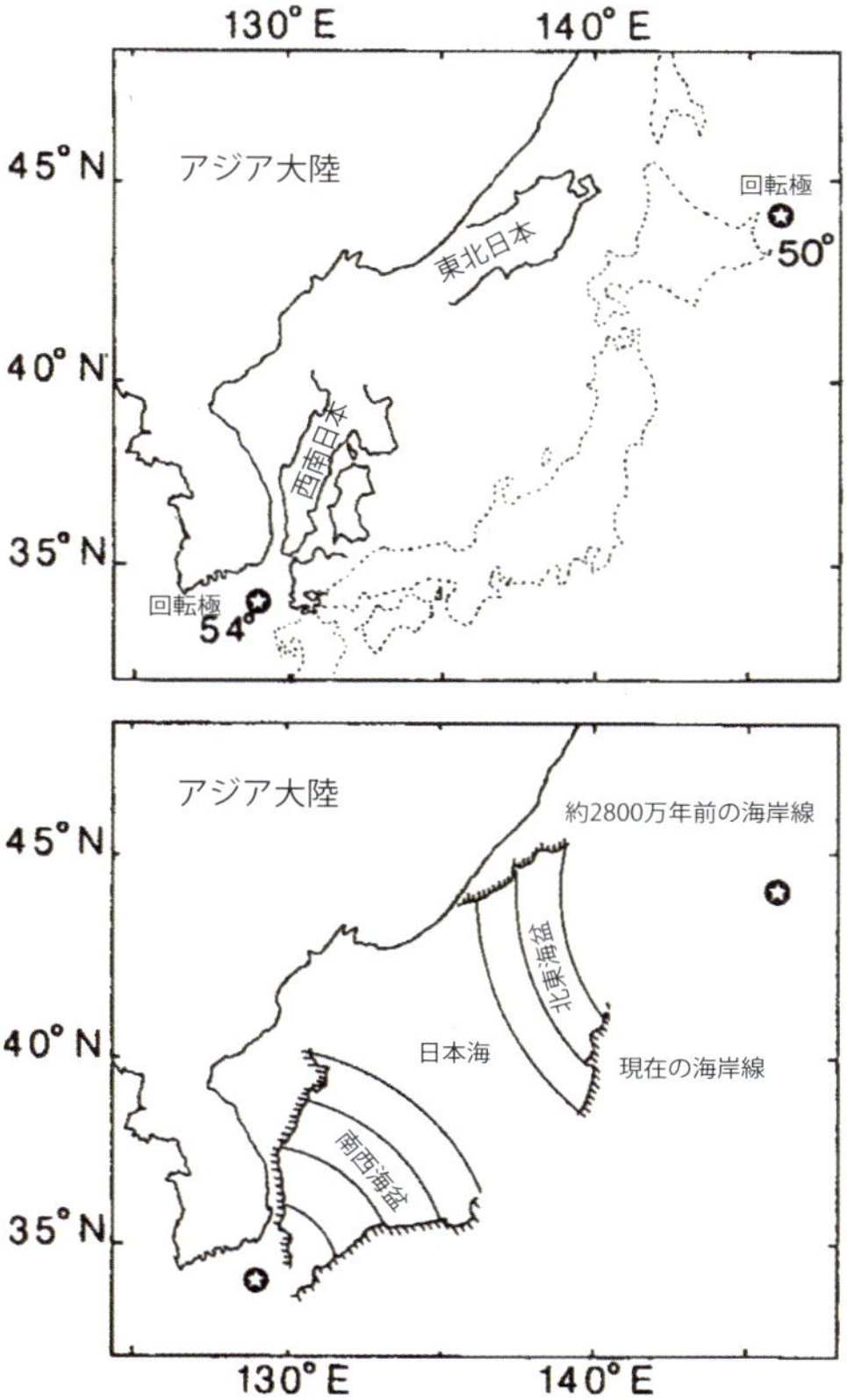

図10－1　日本海拡大の「観音びらき」モデル[2]

東西の回転軸を固定点として、北東海盆と南西海盆が2枚の扉によって観音びらきのように開いた様子が描かれている

いなくても、オホーツク海の南部にある千島海盆も同じ時代にできたとの推定が成り立ちそうです。なぜなら、堆積している堆積物の厚さや、その下の岩盤の深さが日本海とほとんど同じだからです。

千島海盆の調査は大変遅れています。しかし、将来日本とロシアの間に良好で安定的な関係が実現した時には、真っ先に共同調査研究を実施したいところです。東部北海道やサハリンには、どう位置付けたらよいのかよくわからない、あるいは意見が分かれている地質や火山活動などが多くあります。それらも持ち寄り総合すると、大いに前進するでしょう。

背弧海盆は石油や天然ガスも豊富です。さらに、北海道や日本がどのようにしてできたのかを知る上でも欠かせない研究対象なのです。

3　地殻の陸橋としての北海道

さて、日本海と千島海盆についての研究と議論の状況について述べました。２８００万年前から１８００万年前と聞いて、ここまで読み進まれた方は「あれっ？」と思うかもしれません。そうです。前章に記したように、ちょうどその頃は、北海道からサハリンにかけて右横ずれ斜め衝突の活動があった時代です。

この衝突活動は、２５００万年前には確かに始まっています。もちろん１５００万年前頃は、右横ずれ運動が継続したことによって深い海もでき、そこに大量の礫が流れ込んでいたこともわかっています。[3] つまり日本海盆や千島海盆が拡大していた時には、中央北海道では斜め衝突の活動も同時に進行していたことになります。

そこでもう一度、海底地形（図3－2）を見てみましょう。日本海盆のアジア大陸の縁を、北海道を越えて東へ伸ばすと、ちょうど千島海盆の北の縁につながって見えます。北海道とサハリン南部が、２つの海盆を隔てる陸橋のように見えるのです。その陸橋に沿って、南北に連なる地帯で右斜めの衝突が起きていたのです（図10－2）。これを「陸橋仮説」と呼ぶことにします。

そのように想定すると、次のようなシナリオが浮かび上がってきます。[4]

①日本海盆と千島海盆の２つの背弧海盆にはマントル上昇流がある。

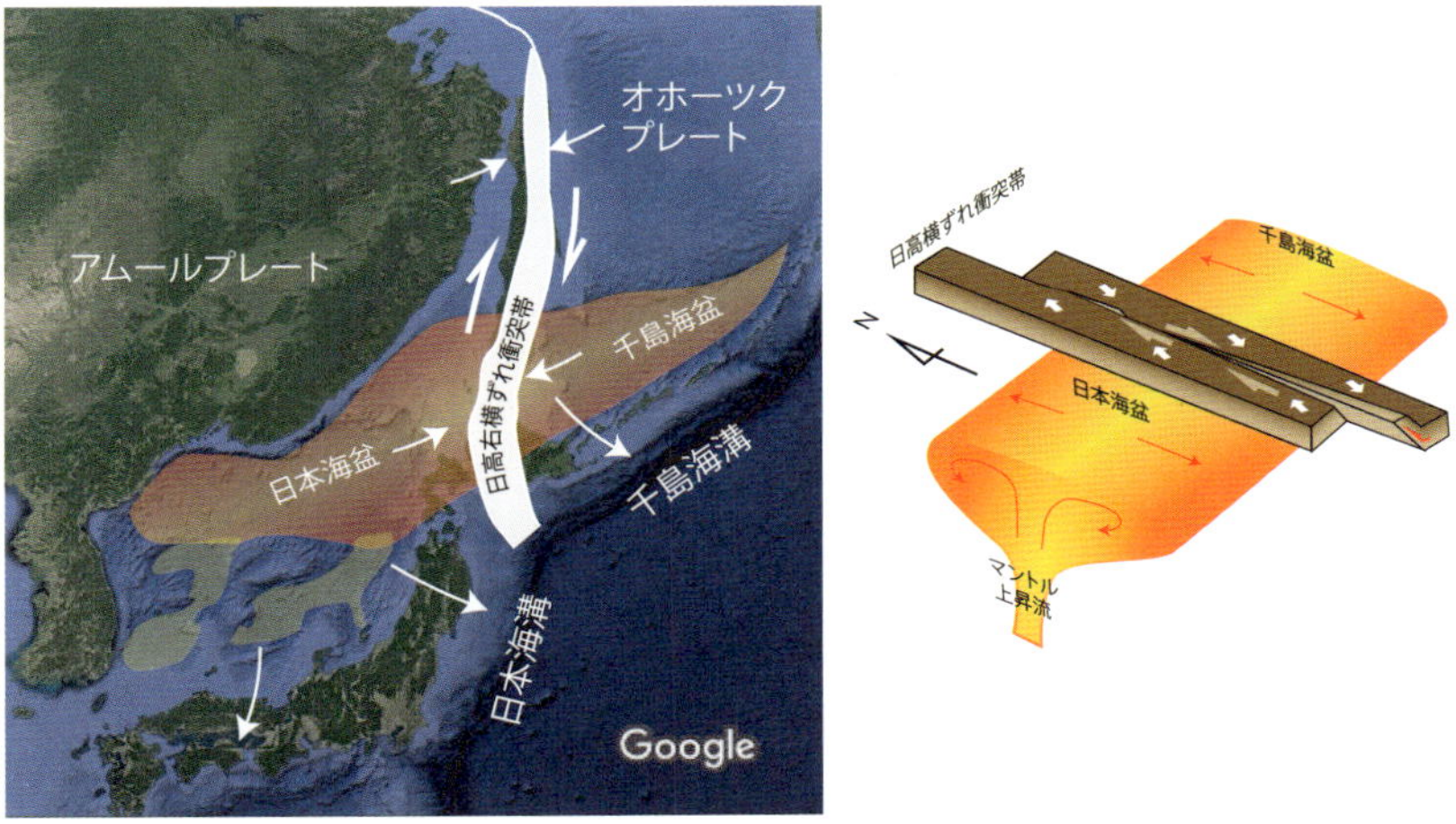

図10−2　陸橋仮説

日本海盆および千島海盆拡大に覆いかぶさるように右斜めの衝突が起きていたとする（文献[4]に基づきGoogle Mapにプロット）。右図の赤矢印はマントルの流れ

②しかし、その上にある東北日本の地殻はアムールプレート上、東部北海道はオホーツクプレート上にあり、それぞれ別のプレートに所属する。

③中央北海道からサハリン南部は、両プレートの右斜め衝突が起こっている場所であるため、拡大することができない。マントル対流という「海」にかかる、いわば地殻の「陸橋」のようになっている。陸橋では拡大はしないが、背弧海盆と同じように下からマントル上昇流に晒《さら》されている。

4　日高山脈の中新世大規模マグマ活動

日高山脈を作っている石には、御影石や麦飯石と呼ばれる花崗岩と、それよりも黒っぽい斑れい岩（マグマが地下深くでゆっくり冷えて固まった石）があります。斑れい岩は、海嶺でできる海洋プレートと同じ化学的性質であることが分析によって明らかになっています。その年代は、志村俊昭らが２００７年に発表した論文によると、今から約１９００万年前と測定されています。周囲にある花崗岩などは、斑れい岩マグマが周辺に熱を与え、部分的に地殻を溶かしてできたらしいのです。こうしたマグマの貫入を受けたのは、斜め衝突が始まる前に作られていた付加体であったと考えられます。

この過程を説明し得るシナリオの一つとして、前述の「陸橋仮説」もあり得るのではないでしょうか。

5 なぜ背弧海盆は開いたのか？

日本海や千島海盆ができた時期が漸新世から中期中新世だということはわかりました。では、それらはなぜ、どのようにして開いたのでしょうか。

どのように開いたのかという問題に関してはさまざまな意見があります。千島海盆は扇型をしているので、扇が開くように拡大したのだろうと考えられてきました。しかしロシアの研究者には異論を唱える人もいます。[5]いずれにしても、世界のほかの背弧海盆に比べて圧倒的にデータが不足しているので、議論を決着させるにはほど遠い状態にあります。

なぜ開いたかという問題は超難問です。それも、限られた時代の出来事であるということも含めて答えを求めるとなるとなおさらです。

背弧海盆というのですから、海洋プレートの沈み込みが原因で火山弧の後ろ側が開くと考えれば、答えが得られたように思うかもしれません。海洋プレートがマントルに沈み込むと、沈み込まれた側のプレートの下にあるマントルが海洋プレートに引きずり込まれます。すると、引きずり込まれた分だけ、下から暖かいマントルが上がってきます（図3－10）。このマントル対流がプレートを引き裂くという考えも成り立ち、これは最初に提案されたモデルの一つです。しかし、このモデルでは、海洋プレートが沈み込むところではいつでもどこでも背弧海盆ができそうですが、そうはなっていません。

また、次のようにも考えられるかもしれません。最初に何らかの原因でマントルの上昇流があり、大陸を割って海ができる。そのマントル対流は海を作った後に水平に移動しますから、そこにたまたま沈み込んだプレートの衝立《ついたて》があれば、対流はプレートにぶつかり、それを押しのけようとするかもしれません。すると、火山列島の後ろ側に背弧海盆ができることになります。このモデルでも、なぜ特定の時期に、そのようなマントルの上昇流が火山列島の後ろ側にあったのかを説明できなければなりません。しかし、日本海やオホーツク海の後ろ側にはホットスポットのようなものはないので、説明は難しそうです。

6　運動のバランス

以上のとおり解明は難しそうなので、原因を考える前に運動を考えてみます。上盤プレート、沈み込む下盤プレート、そしてマイクロプレート（小さなプレート）として振る舞う島弧（弧状の島列もしくは島）の3つの関係としてとらえます（図10－3）。沈み込み帯で大陸が割れて背後海盆ができるので、島弧マイクロプレートと上盤プレートの間で離れる運動が起こっていることを説明できればよいのです。

この図の白または黒の一方向だけの大きな矢印はプレートの絶対運動と言われるもの。ユーラシアプレートに対する北米プレートの運動などという場合はすべて相対運動です。それに対して、地球の緯度・経度のように地球内部に固定された座標に対する運動を定義できれば、それを絶対運動とすることができます。ホッ

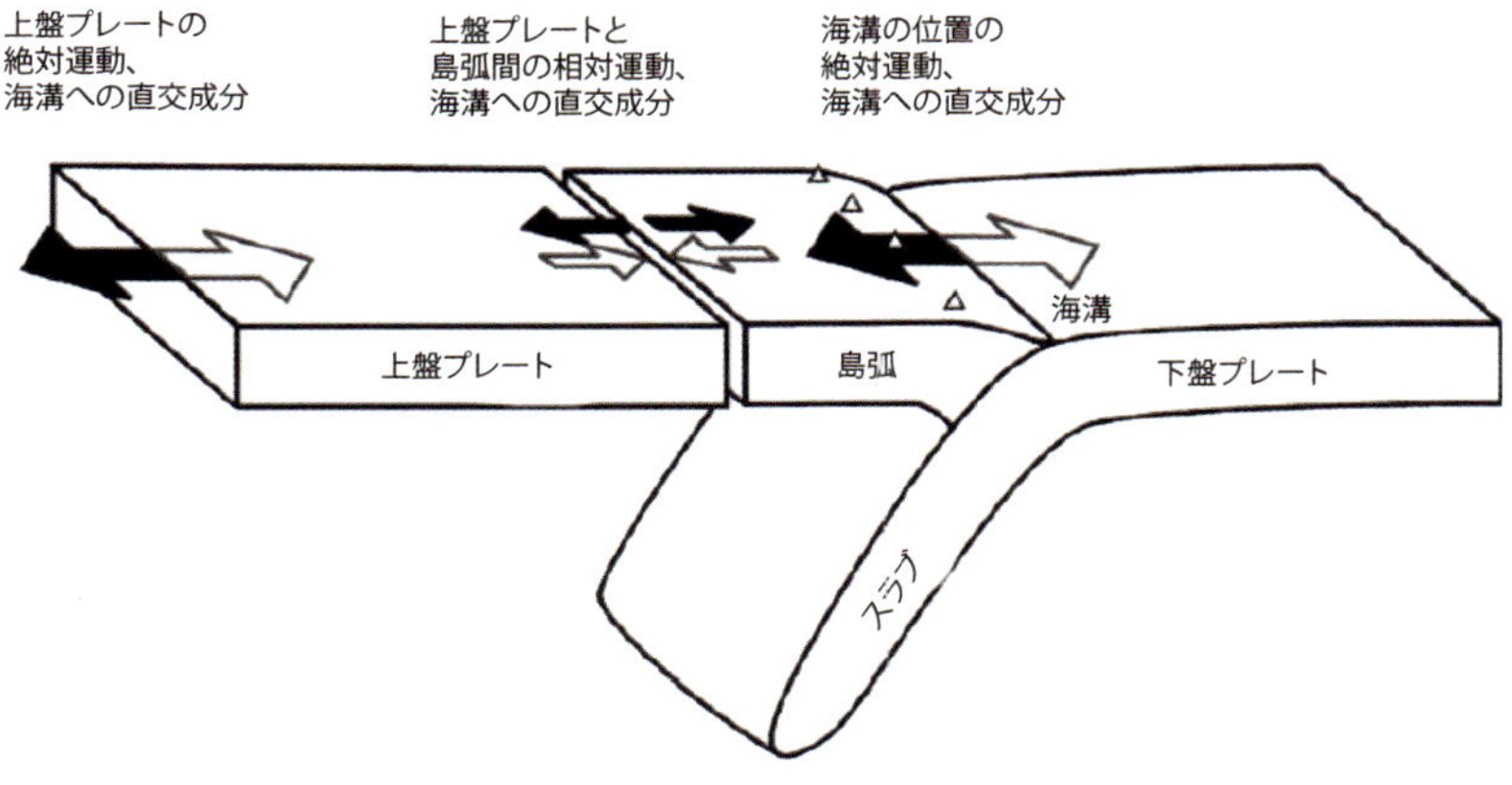

図10－3　沈み込み帯の運動のバランス[6]

白矢印・黒矢印は運動成分のそれぞれ正と負を表す。絶対運動とは地球内部の固定座標系に対するプレートの運動のこと。この座標系から見て海側への運動を正、陸側への運動を負とし、2つのプレート間の相対運動は、収束すれば正、発散すれば負と定義する

トスポットが地球深部の特定の位置に固定されていると仮定していた時代は、ホットスポットに対する運動を絶対運動と定義していました。この仮定は今や揺らいでいるので（第8章）、安易に用いることはできません。

島弧と下盤プレートを海溝で引き離すことはできないことを前提とすると、島弧の運動は下盤プレートと水平的には常に一体的に扱えます。島弧と上盤プレートの間に離れる運動が起こるのは、海溝の位置が絶対的に海側へ移動していくか、上盤プレートが海溝の位置から絶対的に遠ざかる場合に限られます。

そこで次に、それぞれの場合について、それらを引き起こす力のバランスを考えてみましょう。

7 沈み込み帯での力のバランス

プレートの沈み込み帯ではさまざまな力が働きます。プレートの運動は回転であると第2章に記しました。回転運動で力の効果を表すのはトルクという量ですが、ここでは単純に力と呼ぶことにします。ここで背弧拡大を引き起こす力として注目するのは、海溝が海側へ後退する運動をもたらす力と、上盤プレートが海溝から遠ざかる運動をもたらす力の二つとします。[7]沈み込み帯で働く力には次のようなものがあります（図10－4）。

一番大きな力は、プレートが沈み込む際に働く落下の力です。海のプレートは、その下のマントルに対してわずかながら密度が大きく、重いのです。そのため地球の重力が作用して不安定になり、落下の原因になります。沈み込んだプレートのことをスラブということから、「スラブの引き」と呼ばれる力です（図10－4上 F_{sp}）。

「海嶺の押し」と呼ばれる力もあります。これは、海洋プレートの生まれる海嶺と普通の海洋底の地形的高度差を原因とする位置エネルギーの差によって発生するものです。海嶺を低い山にしようと、プレートを海嶺から離す方向に働くのです。重力が原因なので、それもこの「スラブの引き」に含めて考えることにします。

海溝の近くで、海洋プレートは曲がって地球内部へ沈み込みます。一度曲がったプレートでは、柔らかいマントルの中に入ると曲げ戻しも起こります（図10－4下 M_b）。

スラブは、マントルの中では、そう容易に前後左右に移動はできません。マントルの抵抗（図10－4上 Fm）にあうからです。海で船が係留するときに錨《いかり》を下ろすのと同じ効果です。錨は海底に着地しなくとも、船を容易に動かせなくする効果があります。これを「係留力」（図10－4上 Fa）と呼びます。

沈み込むプレートと上盤プレートの間には摩擦が働きます。同時に上盤プレートが海溝から遠ざかる場合、あるいは上盤プレートを固定した状態で海溝が海側へ後退していく時に重要なのが「吸い込み力」（図10－4上 Fup）です。「吸い込み力」が働くのは、大気圧が働いている中で真空パックを引っ張って隙間を作ろうとしても決して人間の手の力ではできないのと同じ理由です。重力がかかる地下深くで、プレート同士が密着して吸盤のようにくっつくために、プレートの間に「吸い込み力」が生まれるのです。

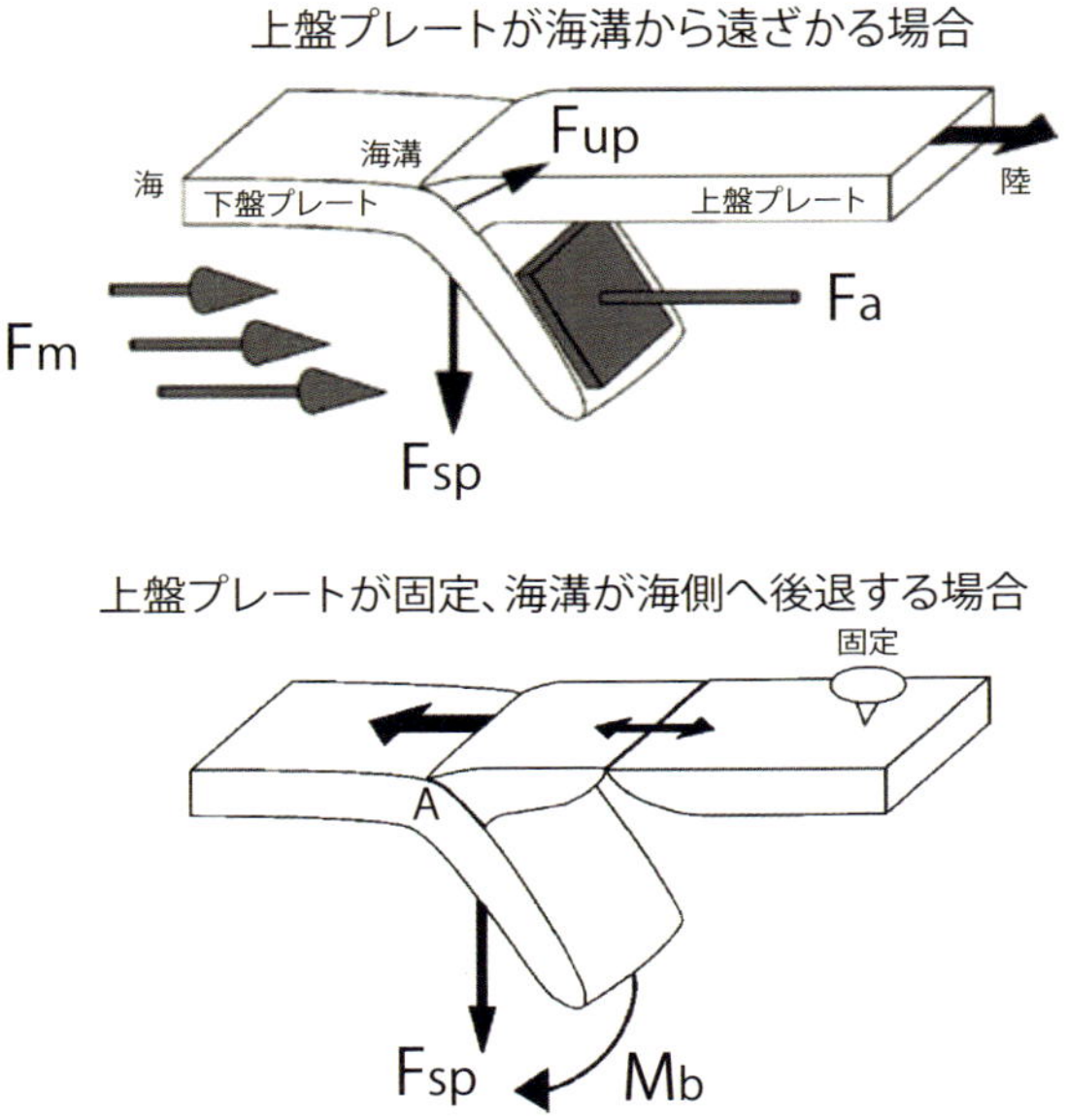

図10－4　沈み込み帯の力のバランス[6]

海溝の後退を起こす力のバランスを、上盤プレートが海溝から遠ざかる場合[上]と、上盤プレートが固定されて海溝が海洋側へ後退する場合[下]に分けて示した。Fmはマントル対流による力

8　海溝の位置を移動させる力

まず、上盤プレートを海溝から引き離す力を考えます。①下盤プレートと島弧との間には「吸い込み力」（Fup）が働くので、下盤プレートは沈み込みつつ上盤側のマントルを押しのけて動こうとします（図10－5）。しかし、②マントルの側は抵抗し、「係留

力」（Ｆａ）が働きます。この「係留力」が大きければ大きいほど、スラブは水平方向に動けません。そこで背弧海盆が形成されるのです。つまり、上部地殻の薄皮一枚でつながっている島弧火山列付近でプレートが割れて離れ、背弧海盆が形成されることになります（図10－5上、中）。しかし、上盤プレートが海溝から離れようとした時、上盤プレートの下のマントルがサラサラで係留力Ｆａが発生しない場合は、海溝も容易に移動します。この場合には、背弧海盆は形成されないことになります（図10－5下）。

次に、上盤プレートを固定した時に、海溝を海側へ後退させる力を考えます。

プレートの年齢が古くなると、「スラブの引き」すなわち海溝のところで鉛直方向に働く落下の力（Ｆsp）が大きくなります（図10－6ａ）。すると海溝が海へ退く運動が加速され、スラブの曲げ戻しのモーメントも働きます。さらには上盤プレートの下のマントルに海側への流れがあり、それがスラブにぶつかると、スラブを海側へ押しもどすこともあり得ます。それらに伴って島弧が下盤プレートとともに海側へ移動すれば、背弧海盆ができることになります（図10－6ａ）。しかし、下盤プレートの下のマントルの流れ（Ｆｍ）が強ければ、背弧海盆はできません（図10－6ｂ）。

現在の地球上で背弧海盆ができつつあるのは、琉球列島の北西側の沖縄トラフ、マリアナ海溝の西側のマリアナトラフ、トンガの南にあるケルマディック海溝の西側のラウ海盆などです。これらは、いずれも海溝が海側へ退いていく働きも作用して背弧海盆が作られている例です。

木村と玉木は、それまでの日本海の背弧海盆形成論のほとんどが太平洋プレートの沈み込みに原因を求めていたのに対し、上盤の変形と後退ということにも注目する必要があることを、１９８３年に開かれた国際セミナーで指摘しました。[8]そのような考えから、ヒマラヤ山脈の形成、アジア大陸の大変形と日本海盆・千島海盆の形成を結びつけて説明したのです（図10－7）。しかし、大陸は本当に後退したか、日本列島の回転をどう取り入れるかなどの不十分なところがありました。その後、玉木やジョリベらは大陸の変形を取り入れたモデルをさらに発展させました[9]（図10－8）。

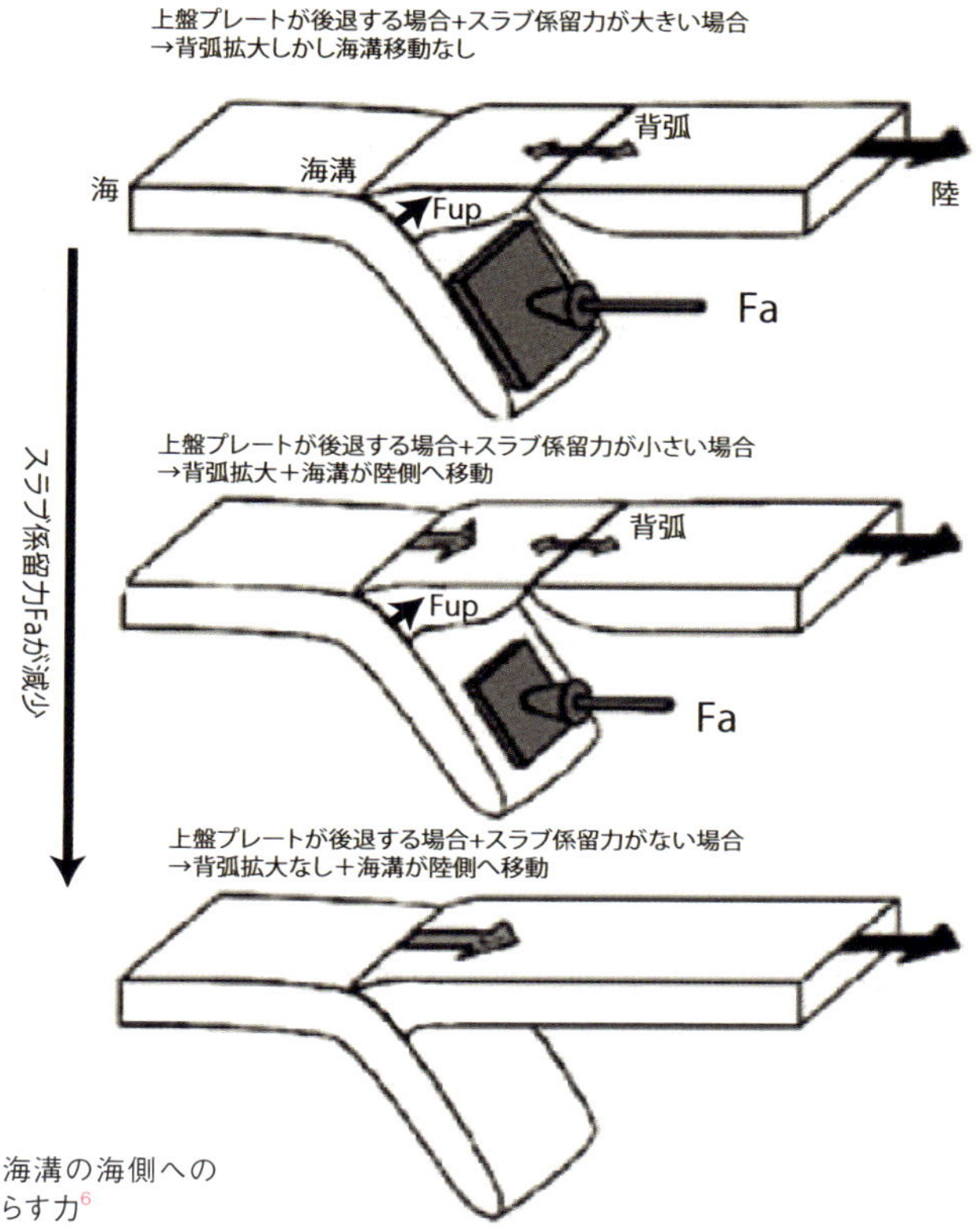

図10－5　海溝の海側への後退をもたらす力[6]

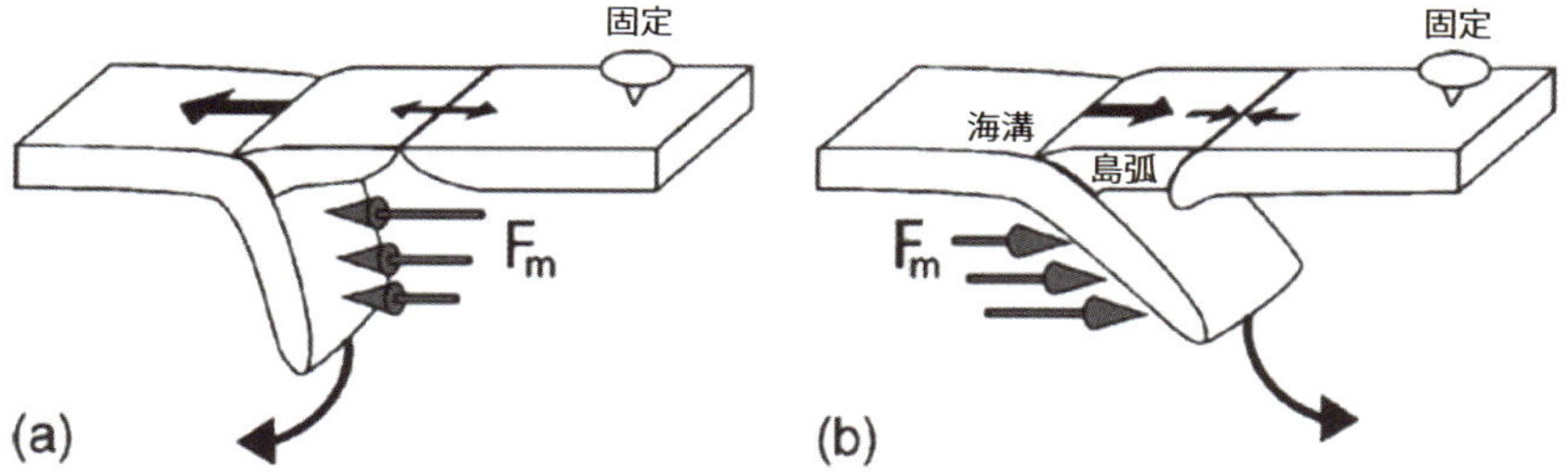

図10－6　マントル対流による力と背弧海盆の拡大、海溝の移動[6]

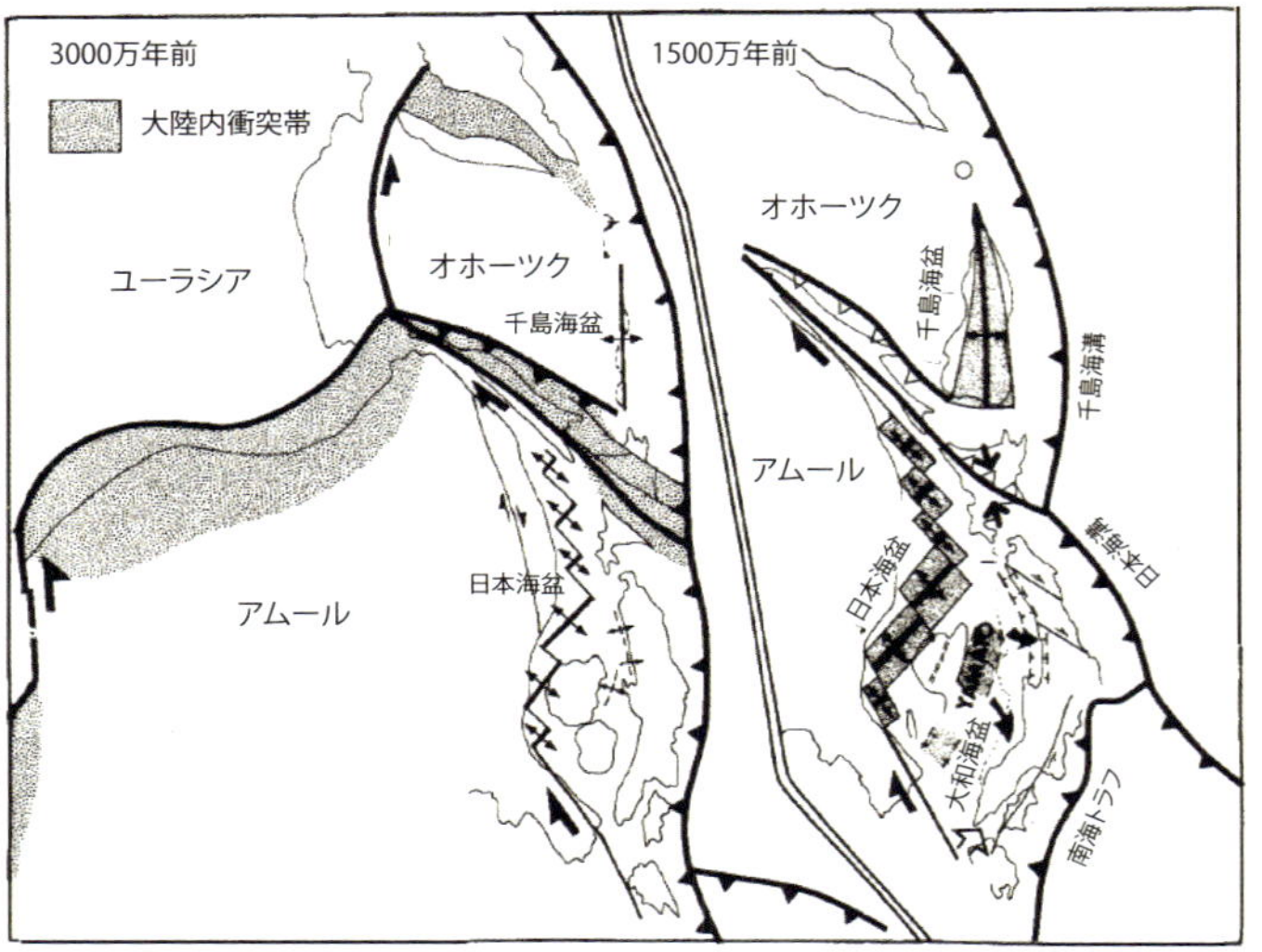

図10−7　大陸内の衝突帯と日本海盆、千島海盆の拡大[8]

大陸が海溝から離れていくことにより背弧海盆が開く

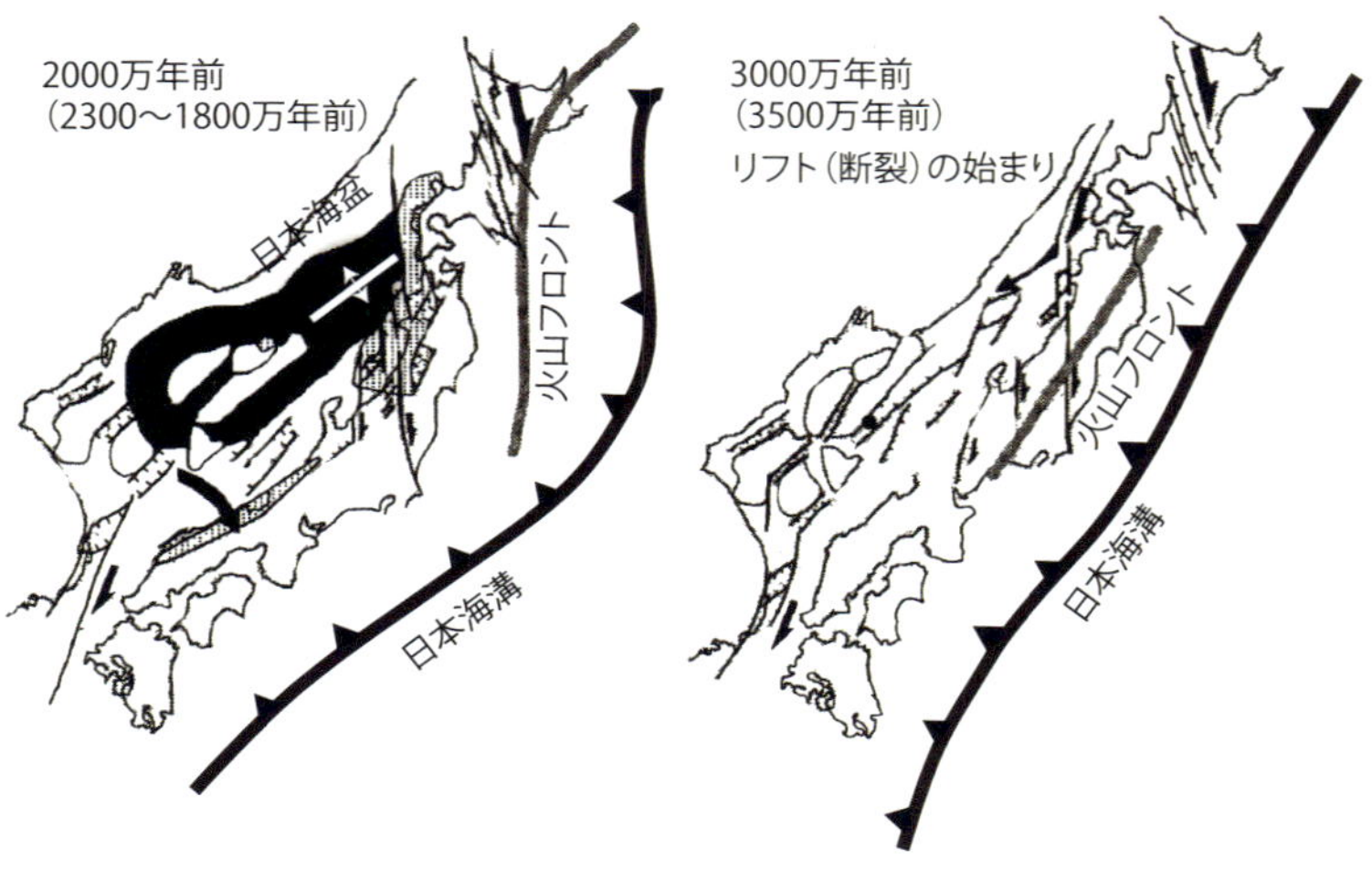

図10−8　日本列島の変動を考慮した日本海の拡大の様子[9]

背弧海盆の形成のメカニズムをめぐる議論を整理すると、

①日本海溝の海側への後退
②アジア大陸の変形
③大陸側のマントルの太平洋側への流れによるスラブの海側への後退

　これらが組み合わさって日本海盆と千島海盆の形成が起こったとみなせそうです。①は太平洋プレートの沈み込みによるものであり、②はヒマラヤにおけるインドの衝突の結果であり、③はイザナギ・太平洋海嶺沈み込みやインドの衝突の結果です。最近議論が活発化しているのは②と③です。約5千万年前に始まったインド大陸のアジア大陸への衝突は、3000㎞におよぶアジア大陸内へのめり込みをもたらしました（図10-9）。この指摘はすでにタポニエとモルナーによって提案され、かつて木村と玉木はそれに乗じて、インドの衝突によって日本海も千島海盆もできたとしたのです。

　この議論は、木村・玉木の論文にはなかった「スラブの引きが原因で海溝は海側へ後退した」ことも取り入れると、実はうまくいくのです。スラブが海側へ後退したマントル内の隙間には、「吸い込み力」によって柔らかいマントルが大陸側から流れ込みます。この流れ込む柔らかいマントルの源は、インド大陸のめり込みによって東へ押し出されたアジアのプレートの下のマントルだというのです。かつて日本海の形成を玉木らと共に研究したジョリベらが、最近の精力的なアジア大陸下のマントルの研究を取り入れて本書の執筆中に示した壮大な新説です[11]（図10-10）。

　ただ、なぜ漸新世〜中期中新世という時代だったのかという問いに対しては、インドの衝突によるヒマラヤ山脈、チベット高原の形成から日本海溝と千島海溝にいたる地球深部にまでおよぶ約5千万年間に関して、今後の詳細な検討が必要です。

9　日高変成帯の形成場論争

　研究というのは因果な仕事です。先行研究の不足を探り、あるいはそれを否定して新たな仮説を提案、検証し、新発見につなげるという側面が強い仕事だからです。「ダメ出し」から始まるのです。検証の再現性のないものは科学とされません。考えの違いから、時に

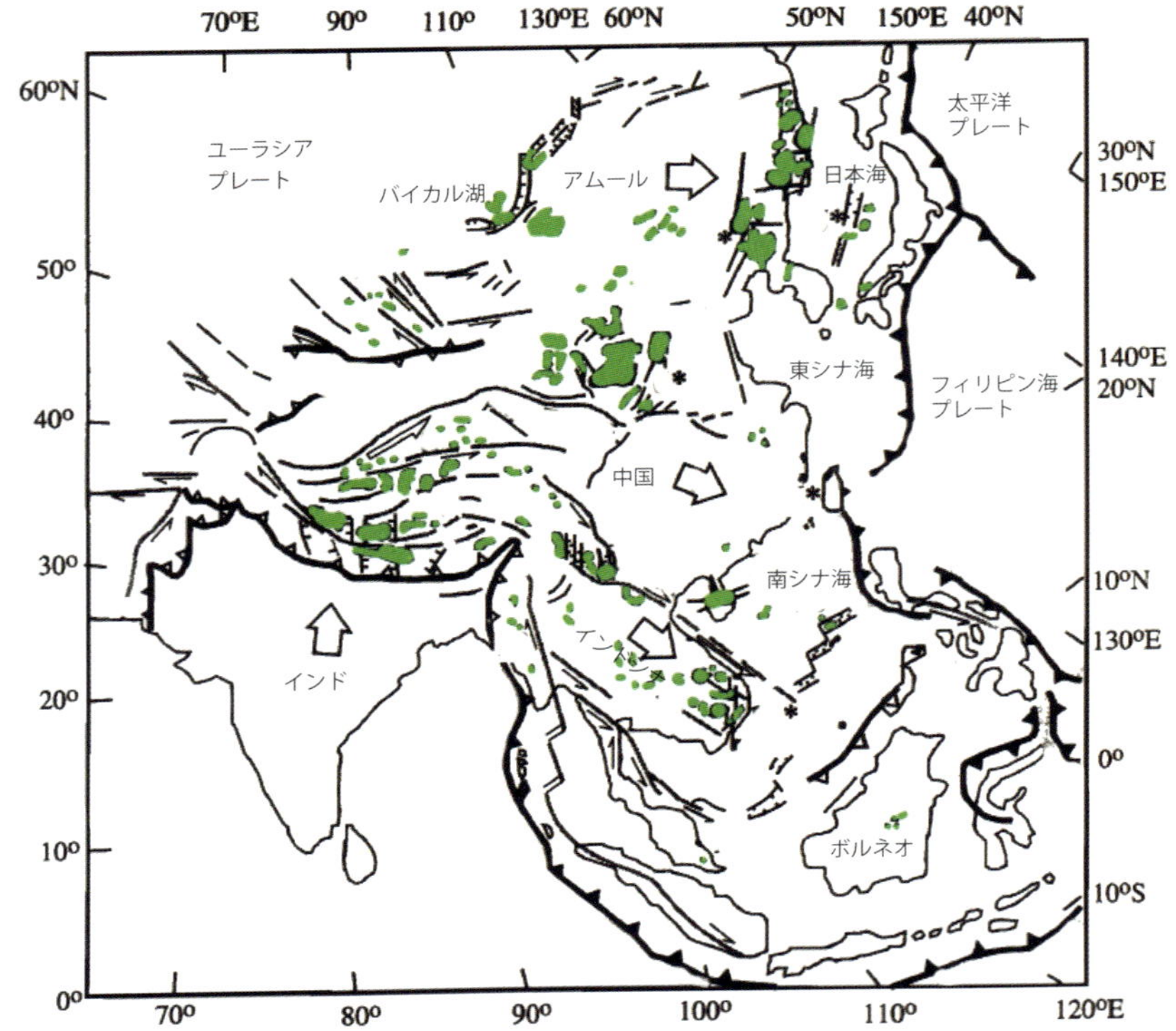

図10−9　アジア大陸はインド大陸の衝突とめり込みによって広域的に変形し、太平洋側へ押し出された[10]。同時に特異な化学組成を持つ新生代の玄武岩類（図中の緑色で表示）が広範囲に認められ、広域的変形と関係しているらしい。アジア北東部のアムールプレートの動きが、日本海の形成や、現在の日本列島の変動に関与していることを示唆している

⇨ プレートの移動方向

論争になることもあります。しかし、健全な論争は検証の過程で新たな事実を引き出します。そして、真実により近づくのです。

一例として、日高変成帯の形成場の論争を紹介しましょう。日高山脈が、「地向斜造山運動」によって形成されたのではなく、プレート同士の衝突（千島前弧の北海道中央西部との衝突）によって形成されたことは既に記しました。衝突という新しい認識に達した後、今度は、「日高山脈を構成する岩石がどこで作られたのか」をめぐる論争が始まりました。

地向斜造山運動論は、全ての地層や岩石は基本的に現在とほぼ同じ場所で形成されたと仮定していました。が、プレートテクトニクスは、現在の場所にある地層や岩石は、基本的には異なる場所で形成されたものが移動し、合体したと仮定します。すなわち、岩石の形成場はどこであったのかを示さなければなりません。

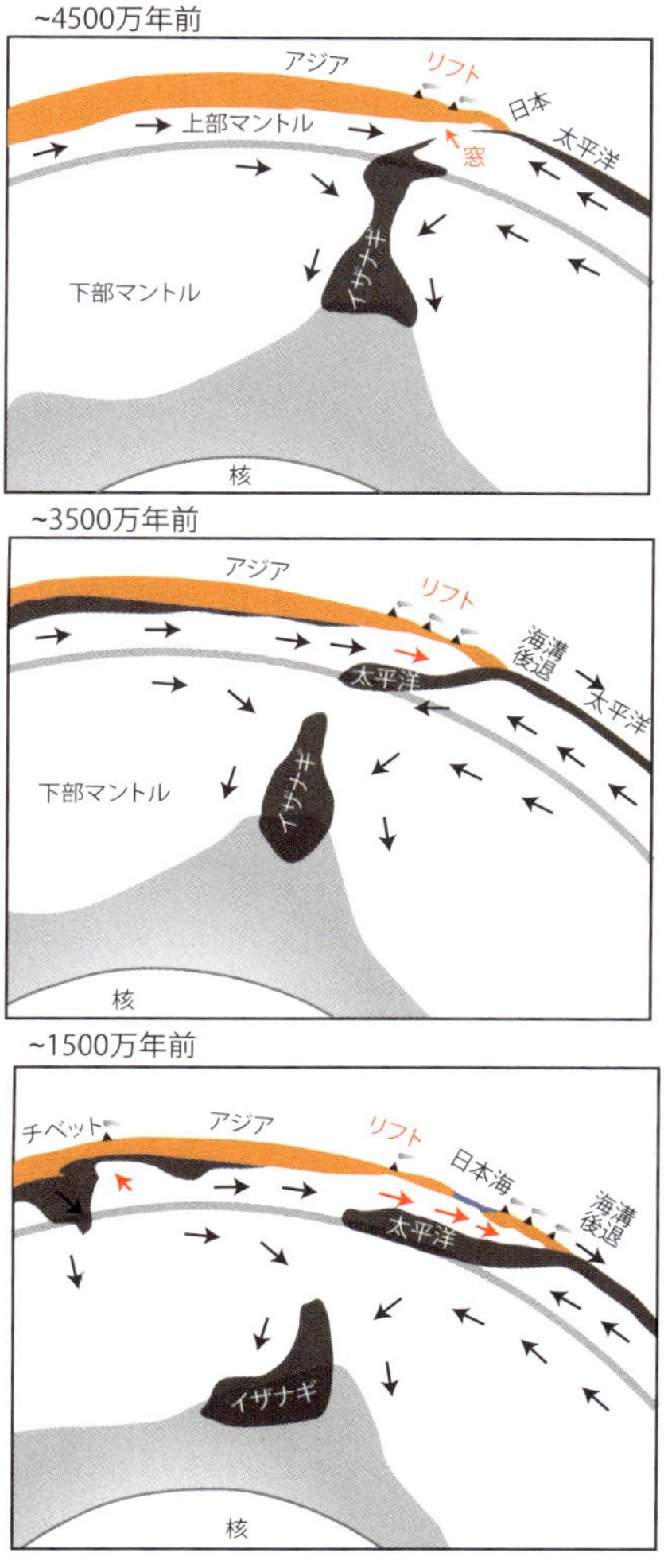

図10－10 インド大陸とアジア大陸の衝突は、アジアのプレートの大変形と押し出しをもたらしたのみならず、柔らかい上部マントルも押し出した。日本付近では、太平洋プレートの沈み込みに伴う海溝の後退と、スラブの海側への後退に伴う「吸い込み力」によって柔らかい上部マントルの流入も起こる。この両者が合わさってアジアの広域玄武岩活動とリフト（断裂）、日本海盆・千島海盆などの西太平洋の背弧海盆ができたとする新仮説[11]

そこに見解の違いが生まれます。

　これまで記したように木村は、日高変成帯の主要な花崗岩や斑れい岩などのマグマ起源の岩石は、日本海と千島の背弧海盆が形成されている時に、その両者の海盆をまたぐ位置にあった右横ずれ斜め衝突のプレート境界内で形成されたという「陸橋」仮説を提案しました（図10－2）。多くの岩石の形成年代と斑れい岩の化学的特徴が根拠でした。しかし、前田仁一郎によって提案された別な仮説[12]は、それらの岩石は、背弧海盆が開く前の太平洋プレートの沈み込みに伴う通常の火山活動で形成されたとしました（図10－11）。太平洋プレートの沈み込みに伴う東北地方の火山活動と同じ起源です。木村との大きな違いは、北海道中央部の右横ずれ断層はどこを通っていたのかという点にありました。

　木村の仮説は、日高変成帯の「西」縁にある日高主衝上断層が、最終的に変成帯が東へ衝上する前に右横ずれの運動をしていたことと、この右横ずれ成分を持つ断層はサハリン北端まで１０００km以上にわたって続いていたことを根拠に位置の復元を提案していました。前田の復元によると、北海道中央部の右横ずれの主要な断層は、日高変成帯の西縁ではなく「東」縁に示されました。またその断層の活動年代は千島海盆の形成末期の限られた年代とされました。

　木村の仮説はそれまでのデータを説明するモデルでしたが、千島海盆の形成年代に関しては、検証されるべきものとして今でも残されたままです。前田の仮説も検証されるべき事項が多く残されたものでした。

　千島海盆の拡大時期のように、地政的困難さを抱える課題と違って、日高変成帯の東縁の右横ずれ断層の存在は、調査をすれば検証できる課題です。しかし、いまだ検証されていません。また木村のモデルでは、千島海盆の形成年代は右横ずれ断層の活動や花崗岩などの形成と同時期で、３０００万年前頃から１５００万年前頃までの長きにわたるというものでした。

　前田の仮説では、千島海盆の形成は日本海の形成と同じで、最初の乙藤モデル（図10－1）に依拠していました。この海盆の拡大と、連動する右横ずれ断層の活動年代は、１５００万年前頃の短期間に限定されると仮定するものでした。一方、日本海の形成は２５００万年前から１５００万年頃まで続いたことはほぼ確定しています。前田のモデルでは、想定される右横ずれ断層はサハリン南部止まりです。日高変成帯西縁での右横ずれなどがサハリン北端まで及ぶことには説明を与えていません。

90年頃の研究状況を振り返り、日高のマグマ活動＝東北日本弧仮説を見てみましょう。この仮説は、日高変成帯南北配列、北海道北部やサハリンへの第三紀花崗岩類の南北配列は初生的（その場でつくられたもの）であることを前提としています。そして、その配列は沈み込みに伴うものとみなし、その東側に海溝があったと仮定して検討を進めています。

この時点までに測定されていた花崗岩類の年代は4200万年から1600万年ほど前でした。その年代は、乙藤らの1500万年前の超特急日本海拡大説より前です。そして、千島海盆形成によって南下したとみなした東部北海道を、日高変成帯東縁に仮定した断層に沿って、千島海盆が閉じるまで数百kmほど北へ戻します（図10－11）。結論として、戻した日高変成帯の東側に太平洋プレートが接していたと考えたのです。

このようにして、3つの仮定（①右横ずれ断層は日高変成帯の東縁、②花崗岩などの配列は初生的で活動は千島海盆形成前、③千島海盆の拡大は1500万年前頃の一瞬）のループが閉じて、日高のマグマ活動は東北日本弧によるものとの説が完成しました。

木村と前田の2つの異なる仮説もあって、その後のデータの発掘がすすんだように思われます。木村は、右横ずれ断層活動以前の第三紀初期〜白亜紀のテクトニクスに関して考察をすすめ、北海道のおかれていた場について記しました。特に重要な発見は、古地磁気研究によって中央北海道東部の常呂帯と根室帯が90度近く曲がっていることが分かったことでした。（図10－12）。現在3枚おろしになっている中央北海道は、実は元々短冊状に分かれて配置していたものが、衝突によって合体したと想像されたのです（図10－13）。

では、前田の仮説は否定されることだけだったのでしょうか。彼は日高変成帯の花崗岩類の年代について、4000万年前より古い年代のものもまとめて報告しています。彼は、90年にはこの古い年代の活動を東北日本弧のものと考えていたのですが、後に、通常の沈み込みに伴うマグマ活動ではなく、海嶺の沈み込みの

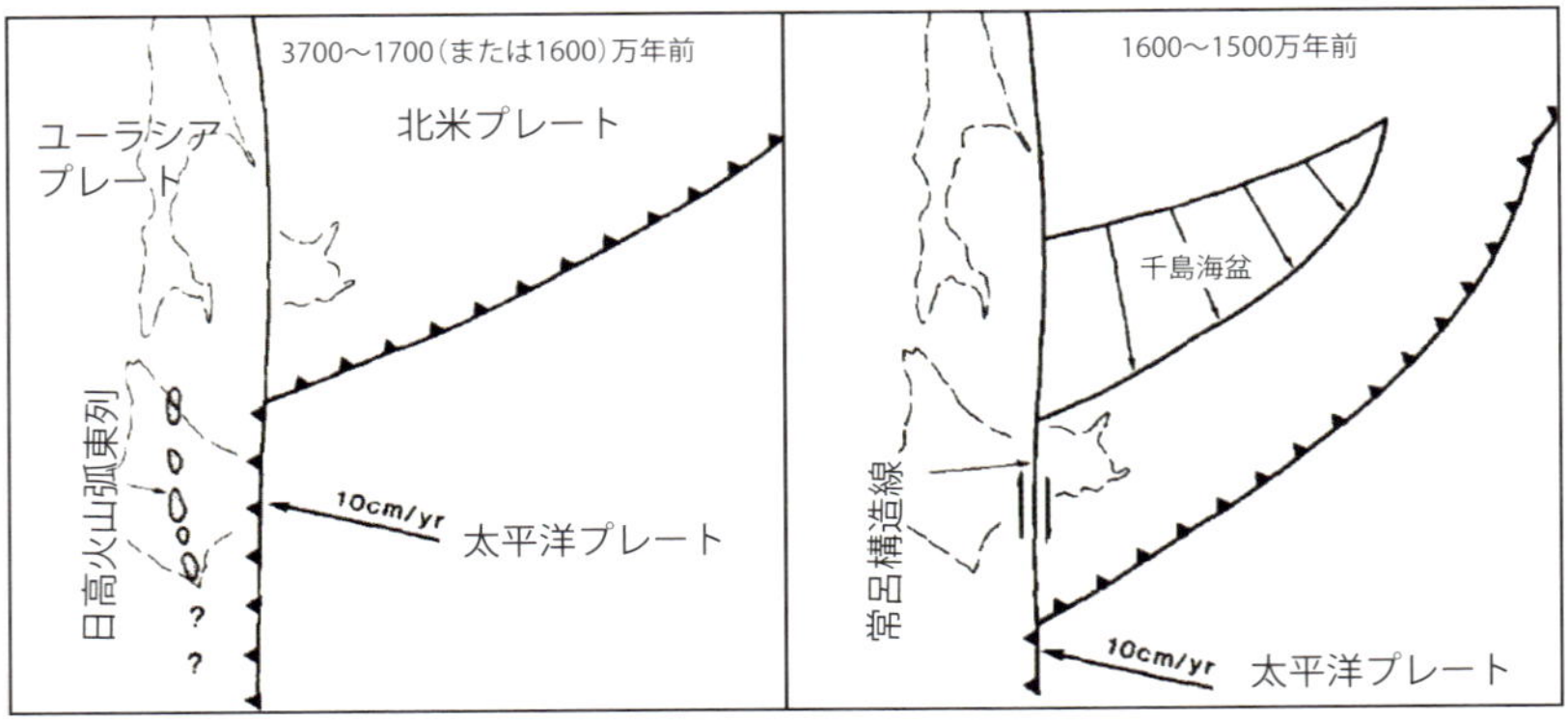

図10－11　Maeda(1990)による日高マグマ活動の説明図[12]

日高帯の東に海溝を想定し、それに対応してできた火山列が日高の花崗岩などの原因と説明した

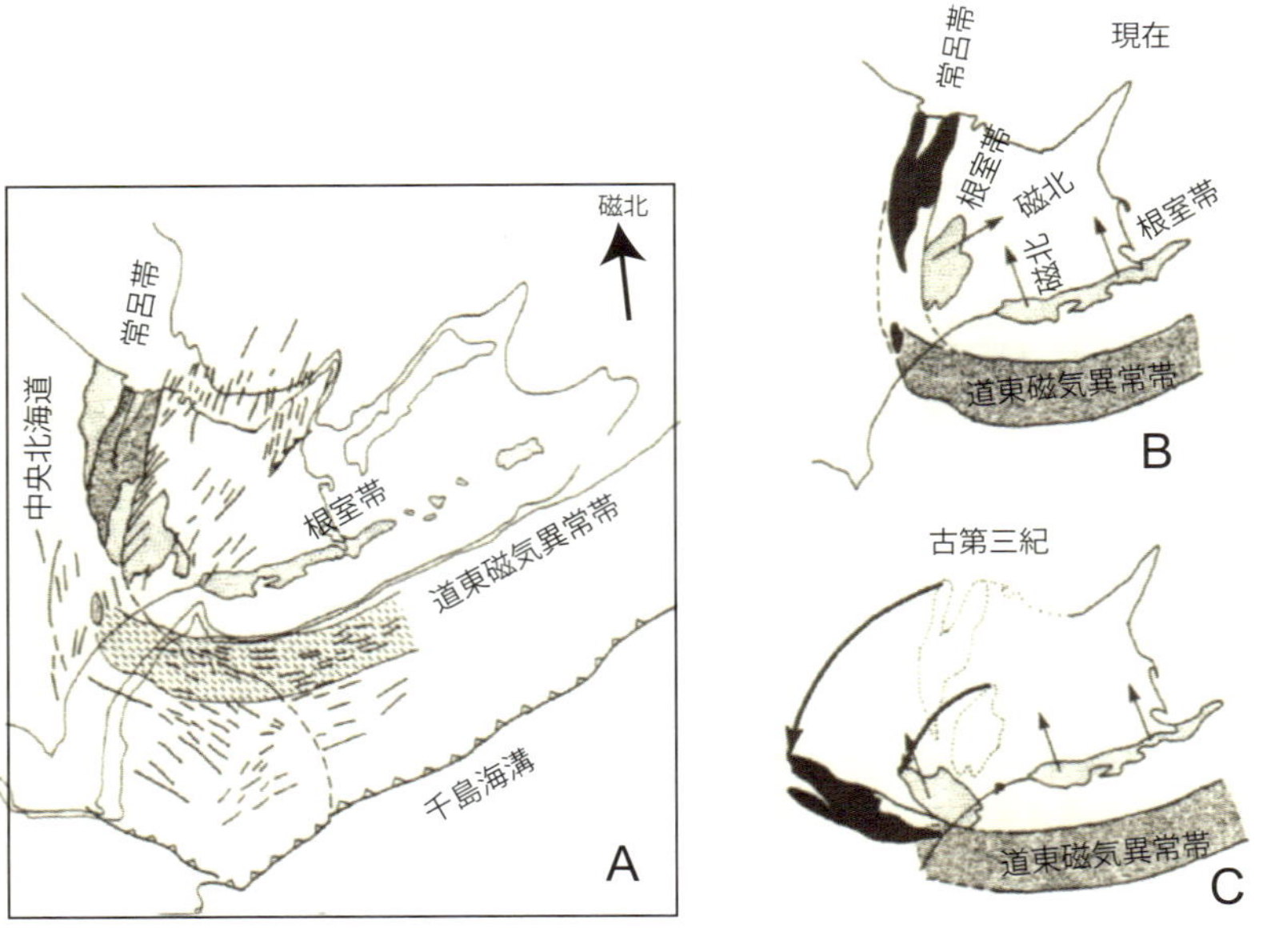

図10－12　東部北海道の回転と中央北海道での衝突[17]

Aは現在の東部北海道の地質と構造図。根室帯と常呂帯の古地磁気学的調査の結果、白亜紀最末期は東西に近い配置だった（C）が、根室半島は若干反時計回りに、白糠丘陵や網走に近い常呂帯などは大きく回転し、現在見られる屈曲構造（B）ができた（原図の英語を翻訳）

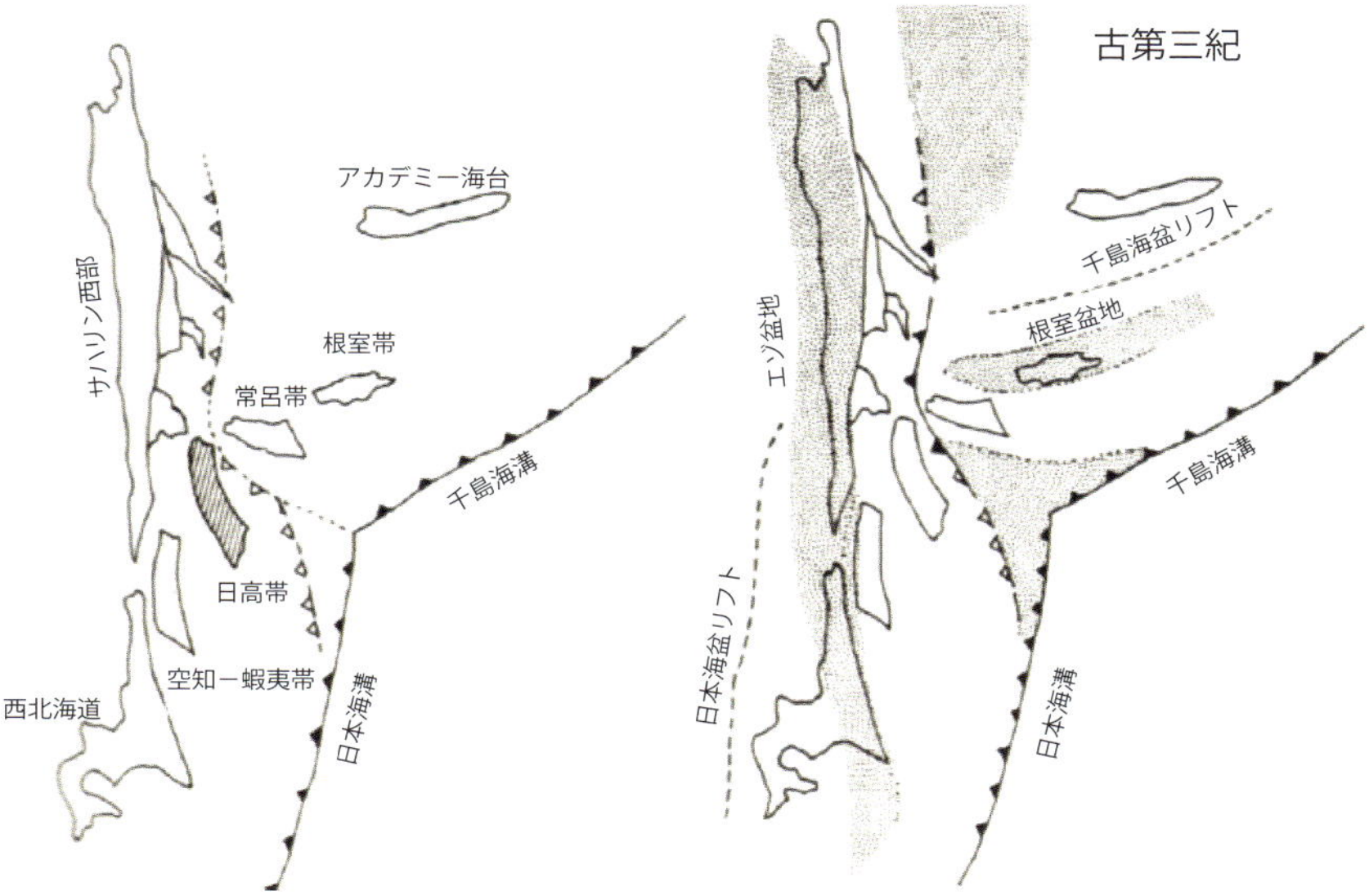

図10－13　古第三紀の北海道の復元[17]

中央北海道の回転、右横ずれなどを考慮し、日本海盆、千島海盆拡大前（古第三紀）に北海道の各帯を戻した図（原図の英語を翻訳）

結果だと修正しました。[14] 最近、木村らは始新世の北海道周辺でのイザナギ・太平洋海嶺沈み込みの可能性について議論しています[15]（第8章）。

最近のデータは、日高帯でのマグマ活動が1度ではなく2度あったことをますますはっきり示しています。[16] 台湾の江博明や臼杵らは、北海道からサハリンにかけて点在し日高帯に所属するとされていた花崗岩類を分析して、始新世における沈み込みスラブの落下によるマントルの上昇の可能性を論じています。[17] これは海嶺の沈み込みに伴うスラブの落下時に想定される事象に合致します。

このように、北海道からサハリンにつながるテクトニクスとマグマ活動をめぐる議論は決着せず続いています。最近は、学生時代に寝食を共にした木村、前田の間だけではなく、ロシア、中国をはじめ近隣の研究者も巻き込んでよりグローバルな議論へと断続的に発展してきているようです。建設的な論争・議論は確実に研究を進めるのです。

geo word 12 古日高山脈

北海道で最も厚く、しかも広域に分布する礫岩砂岩層は、中新世中期に堆積した地層です。北の宗谷岬から南の日高海岸まで分布します。北部では古丹別層、南部では川端層で、花崗岩礫が含まれることで有名になりました。この地層が日高造山運動の完成を示すものと考えられたからです。

しかし中期中新世には、現在の日高山脈の東西両側の位置には浅海が広がっていて、日高山脈はまだ礫などを供給できる山地にはなっていませんでした。そこで、川端層に含まれる花崗岩礫の由来が問題になりました。まず最南端の地層が研究され、礫や砂の供給源は東にあったのではなく、北にあったことが明らかにされました[18]。羽幌地域の古丹別層は最大4000mを超える厚い地層で、礫岩や砂岩泥岩互層を主としています。礫岩に含まれる花崗岩礫は、岩石学的研究によって、日高山脈の南端に分布する花崗岩類に対応することが明らかにされました。その花崗岩が「古日高山脈」ともいえる山脈をまず北海道北部で形成し、夕張地域に花崗岩礫をもたらしました。その後、南へ現在の位置まで移動したらしいのです[19]。

写真－夕張川・千鳥が滝の川端層（宮坂撮影）

日高帯の西縁での右横ずれ変動は、上昇地塊とともに深く沈降する盆地をつくり、滝上町地域では2000mを超す地層を堆積しました。古丹別層の厚い地層も右横ずれ変動による急激な沈降盆地に堆積しました。この沈降は古日高山脈の上昇と対をなす変動です。サハリンから北海道への右横ずれ運動は2500万年前頃から始まり、日本海や千島海盆の拡大と同時に進行したようです（第9章）。（宮坂）

第11章　地球環境と北海道の現在そして未来

北海道の大地創世を巡る長い旅も、いよいよゴールが見えてきました。北海道の原型となる大地がまだ大陸の縁にあった時代には、プレートの沈み込みによる付加体の形成や火山活動が大地（地殻）を大きく成長させました。その後の日本海拡大による大陸からの分離、千島前弧の衝突による日高山脈の形成という激動の時代を経て、1000万年ほど前には、ほぼ今日の北海道の姿が形作られていたようです。そして新第三紀のもっとも新しい時代である鮮新世、さらに260万年前から始まる第四紀を迎えます。

1　現在は氷河時代

第四紀に入ると、地球には我々の祖先である原人が出現します。また、ちょうど同じ頃に、それまで南極にしかなかった氷床が北半球にも発達し始めるという地球環境の変化が起こります。現在まで続くこの時代を、氷床の発達にちなんで「第四紀氷河時代」とも呼びます。

現在を氷河時代と呼ぶと、多くの方は違和感を覚えるのではないでしょうか。「ヒートアイランド現象」とか「地球温暖化」という言葉を耳にすることも多いでしょうし、北海道で生活してこられた方は、実感として降雪量や真冬日が少なくなったと感じているかもしれません。温暖な地球が今後はさらに暖かくなっていく、そんなイメージを持たれているのではないでしょうか。

しかし、「氷河時代」という用語は地球の極のどちらかに氷床が存在している状態にある時代を指すので、南極とグリーンランドに氷床の存在する現在は、紛れもなく氷河時代なのです。地球の歴史の中では氷床のまったく存在しない温暖な時期の方が長く、現在のような氷河時代はまれだと言われています。それでも、たびたび氷河時代がやってくるのです。

もっとも寒さが厳しかったといわれる氷河時代は、およそ6～7億年前のクライオジェニアン紀（氷の誕生時代）に起こりました。なんとも寒そうな時代名が付けられていますが、実際にこの時代の寒さは想像を絶するもので、地球表面は、海も含めてすべて凍りつくいわゆる「全球凍結」とか「スノーボールアース」と呼ばれる状態にあったと考えられています。

地球環境は、こうした氷河時代とその間の比較的温暖な時代を繰り返しているのです。そして現在は第四紀氷河時代にあります。この時代について、もう少し詳しく見ていくことにしましょう。

2　変動する地球環境

氷河時代とはいえ、常に極寒の状態にあるわけではありません。その中でも、氷床の成長する「氷期」と、氷床が縮小する比較的温暖な「間氷期」と呼ばれる時期があります。そして氷河時代には、このような氷期と間氷期がおよそ10万年のサイクルで繰り返されます。現在は比較的温暖な間氷期にあります。

「周期性がある」とか「繰り返す」というのは、地球環境の変動を特徴づける重要な性質です。それでは、氷期と間氷期の変動サイクルは、どのようなメカニズムによって引き起こされるのでしょうか。

第7章では、始新世以降に急速な寒冷化が起こったと述べました。そして、その寒冷化を引き起こした要因として、温室効果ガスである二酸化炭素が大気から除去されたこと、さらに二酸化炭素の除去をもたらす一つのメカニズムとして、岩石の化学風化作用を紹介しました。岩石が化学風化すると、水の中にカルシウム成分が溶かし出されます。そしてカルシウムイオンは水の中の炭酸イオンと結合して炭酸カルシウムとして沈殿します。すると水中の炭酸イオン濃度が減少するので、大気中の二酸化炭素はますます水の中に溶け込むのでした。これは確かに大気の二酸化炭素を除去する重要なメカニズムですが、10万年という短い周期の寒冷化をもたらすのにはあまり重要でないと考えられています。

前にも述べたように、気候変動や環境変動は多くの要因が複雑にからみ合って引き起こされるので、答えを導き出すのは容易ではありません。しかし、今から100年近くも前に、この氷期・間氷期が繰り返す謎に対して有力な仮説を提唱した研究者がいました。

3　周期的な環境変動――ミランコビッチ・サイクル

それはセルビアの天文学者、ミランコビッチです。彼は1920年代に地球軌道の精密な計算を行い、日照量がおよそ10万年周期で変動することを明らかにしました。これをミランコビッチ・サイクルと呼びます。なぜこのような周期性が生まれるのでしょうか。

地球は太陽の周りをおよそ1年かけて公転します。この公転軌道は楕円ですが、この軌道は時間とともに微妙に変化していて、あるときは円に近く、逆にさらにひしゃげた楕円を描く時もあります。変化の周期がおよそ10万年なのです。ここではあまり細かい話はしませんが、実際の地球軌道はそれ以外にも2つの変動する軌道要素を持っています。そして、それらの変動の重ね合わせの結果により、日照量もおよそ2万年、4万年、10万年という周期性をもって変動することになるのです。

ミランコビッチがこのような計算を行った時代にはもちろんコンピュータなどなかったのですから驚くべきことです。なぜ、ミランコビッチがこのような計算を行ったかというと、かつてヨーロッパが大規模な氷河に覆われていた時代があったことが、すでに地質学者によって明らかにされていたためです。次の氷期の到来を予測することは、現在でいう地球環境問題などと同じくらい緊急に取り組むべき課題と考えられていたのでしょう。

ミランコビッチがこの論文を発表した当時は、モデルの妥当性を検証するのに十分な地質学データはありませんでした。有力な情報が得られたのは、70年代後半に海洋底の泥の調査が始まってからです。過去の環境を推定するためには、岩石に残されている酸素同位体の存在が重要です（第7章）。海洋底の泥には、プランクトンの化石が時代ごとに堆積しているので、それらの酸素同位体比を使うことで、プランクトンが生息していた当時の環境を推定することができるのです。

このようにして過去百万年における氷床体積の変化を示したのが図11-1です。ミランコビッチが示した

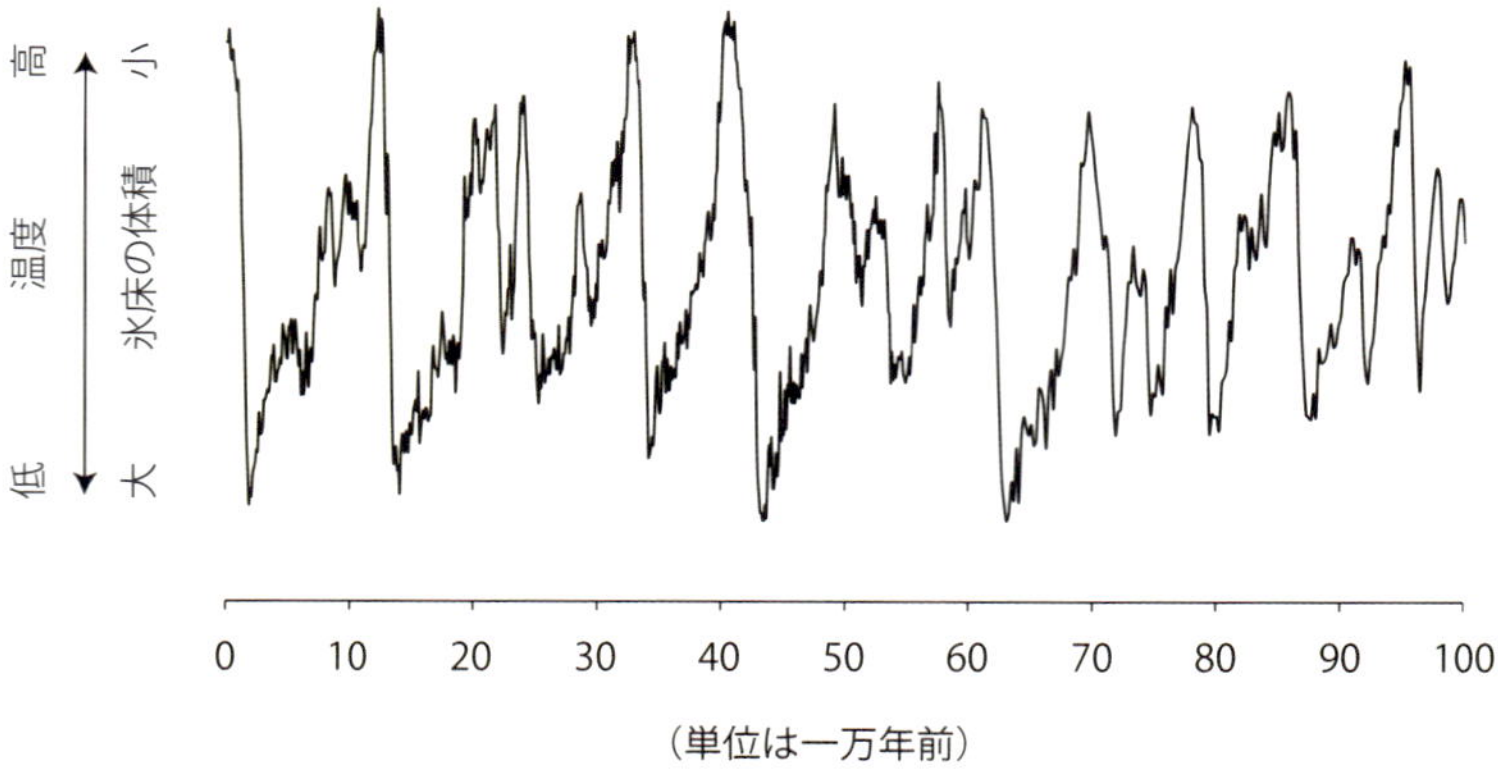

図11－1　過去百万年の氷床体積の変化

氷床はおよそ10万年周期で消長を繰り返している（文献[1]のデータをもとに作成）

10万年周期の日照量の変化が、氷床の消長パターンとよく一致することが明らかになったのです。日照量変化だけで氷期・間氷期の転換を引き起こせるのかはさらに検討していく必要がありますが、少なくとも10万年という周期性をもたらす一因となっているのは間違いなさそうです。図11－1はいろいろと示唆に富んでいるので後でもう少し詳しく見ていきますが、次に氷期・間氷期を繰り返した第四紀後半の北海道をのぞいてみましょう。

4　第四紀の北海道

ミランコビッチが予測したように、地球には10万年という周期で繰り返し氷期・間氷期が訪れます。もっとも最近の氷期を「最終氷期」と呼び、約7万年前から2万年前くらいまで続いたようです。その当時、地球の平均気温は今より10度くらい低かったと言われています。現在の札幌の年間平均気温が約9度ですので、この時代には平均気温も氷点下まで下がったことになります。現在のシベリア北部くらいに相当するでしょうか。実際に当時の北海道の大地は、1年の大部分が凍結状態にある永久凍土におおわれていたと言われています。

最終氷期には北半球の氷床は大きく拡大し、北ヨーロッパやカナダ、シベリア北部の大部分は氷におおわれていました。氷床の拡大は、海水準の低下をもたらします。最終氷期における海水準は現在よりも１２０ｍも低かったようです。海水準がこれだけ低下すると、浅い海は干上がってしまいます。北海道とサハリンを隔てている宗谷海峡は、もっとも深いところでも水深が60ｍしかありませんので、氷期には陸続きだったと予想されます。サハリンと大陸を隔てる間宮海峡にいたっては、たかだか10ｍの水深しかありません。したがって第四紀の氷河期を通じて、北海道は大陸とつながっては離れ、離れてはつながることを繰り返したのです。このように海峡が陸となってつながることを陸橋(海を隔てた地域をつなぐ陸地のことで、生物の隔離分布を説明できる生物地理学の用語。海峡が陸化すれば、それが陸橋となって生物が往来できるようになる）といいます。もっとも、現在の間宮海峡は、冬季は海が凍って徒歩で渡ることができるとのことです。

大陸とつながったことで北海道にやってきたと考えられている動物にマンモスやヒグマなどがいます。猛々しい牙を生やし、ふさふさの体毛に被われた復元された大きなマンモスの姿を一度は見たことがあるのではないでしょうか。その化石は北海道の各地で見つかっています。化石の年代測定により、氷期に生息していたことが分かっています。[2] ふさふさの体毛や厚い皮脂をまとっていたことから寒冷な環境に適応していたようですが、氷床の拡大に伴って氷期に大陸を南下し、その一部がサハリンを経て北海道にも迷い込んできたのでしょう。マンモスの化石は本州では見つかっていないので、氷期においても津軽海峡が陸橋によってつながるということはなかったと考えられています。

最終氷期が終わり、やがて温暖な時代が訪れると、氷床は一転して縮小し、海水準は上昇することになります。日本では、貝塚の分布域などから、この海水準の上昇は６０００年前頃まで継続したと推定されています。この現象は「縄文海進」と呼ばれ、当時の海水準は現在よりも5ｍも高かったと見積もられています。その頃、気温は今より2～4度ほど高かったようです。

北海道が再び温暖になってきたことで、寒冷な環境に適応していたマンモスをはじめとする動物は北上し始めたことでしょう。宗谷岬にたどりついて、海の向こう岸に見えるサハリンを前にして愕然としたかもしれません。北海道で見つかったマンモスの化石のうち、もっとも新しいものは約2万年前です。大陸では、より新しい時代の化石や、生きていた当時の姿をきれいに残している氷漬けのマンモスの遺骸が発掘されています。そして、紀元前1700年頃にシベリア沖合の島で目撃された個体を最後に、マンモスは絶滅したと言われています。

5　不規則な環境変動と予測不確実性

最終氷期が終わると、地球には現在まで続く温暖な間氷期が訪れます。このような温暖な環境はいつまで続くのでしょうか。

図11－1をもう一度ご覧ください。先ほどは10万年という周期性だけを取り上げましたが、もう少し注意して見ると、温度上昇は急激に起こるのに対して、寒冷化は比較的緩やかに進んでいくことに気づきます。確かに周期性についてはミランコビッチ・サイクルと同期しているように見えますが、このような温度の移り変わりも日照量の変化だけで説明されるのでしょうか。

またこうして見ると、氷河時代においては寒冷な時期の方がずっと長く、その中で周期的に温暖な時期が短期間やってくる、と表現したほうがふさわしいようです。これまでの間氷期の継続時間はだいたい1万年程度とされているので、最終氷期が終わってからすでに1万7千年ほどたっている現在は、氷期に向かう直前にいるのでしょうか。実はこうした疑問に答えるのは、最新の古気候学や気象学の知見をもってしても容易ではないようです。

最終氷期の温度を見てみると、さらに短時間のサイクルで振動しているように見えます。この現象は80～90年代に行われたグリーンランドの氷床の研究で発見されました。[3] 図11－2は、過去5万年に積もった氷の酸素同位体比を示しています。酸素同位体比は温度を見積もる重要な指標でした。最終氷期には酸素同位体比が激しく変動している様子が見てとれます。温度にすると10～15度くらいの変動です。この現象は、発見者

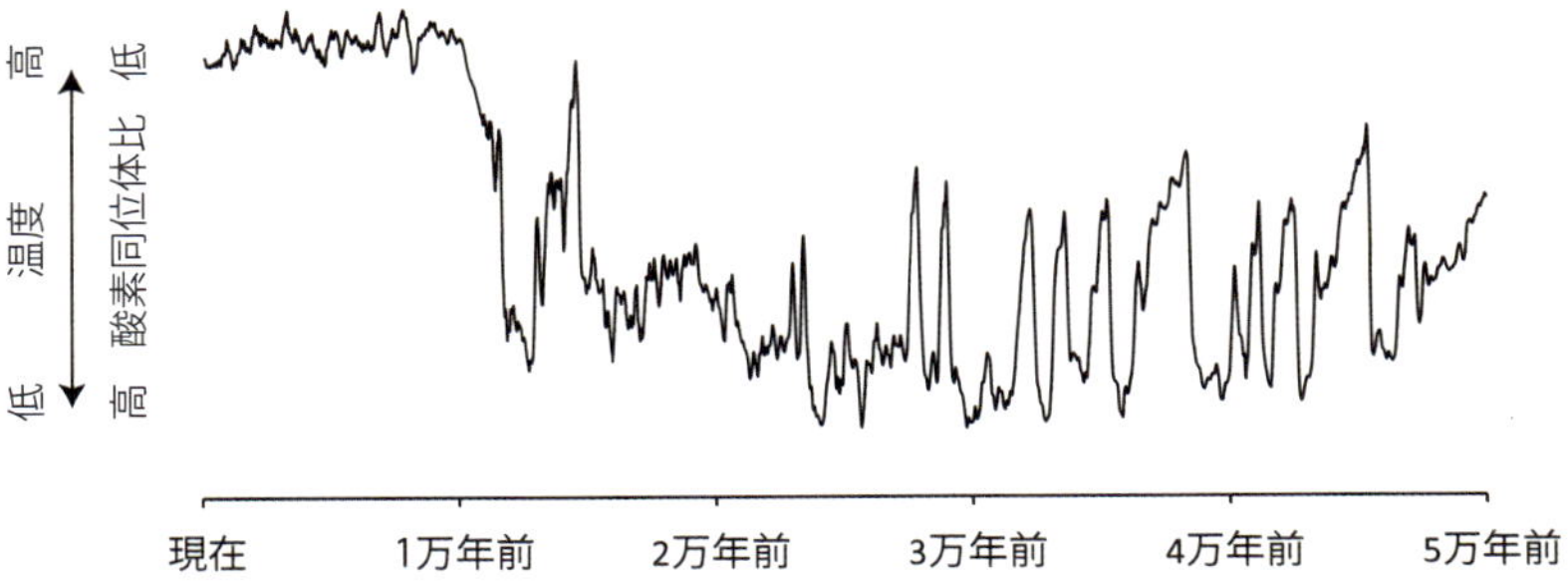

図11－2　ダンスガード・オシュガーサイクル

最終氷期には短いサイクルで温度が激しく変動した。その後は現在まで安定して温暖な環境が続いている（文献[4]のデータをもとに作成）

の名をとってダンスガード・オシュガーサイクルと呼ばれています。

論文が発表された時、世界に衝撃が走りました。氷期といえども激しく寒暖を繰り返していたこと、そしてなによりその変動の速度に驚かされました。急激な温度変化は平均でも数十年、もっとも早い場合にはわずか数年で起こるというのです。このような激しい変動を繰り返した後は、一転して温暖な間氷期に移行します。現在にいたるまでの間氷期では、温度も安定したまま推移しています。

その後の研究により、ダンスガード・オシュガーサイクルが比較的小規模な氷床の崩壊や成長によって引き起こされること、またその影響は広く北半球全域に及んでいたことなどがわかってきました。[5]しかしこれまでのところ、変動の周期性や規則性を見出そうとする試みはあまり成果をあげていないようです。地球環境がいったんこのような変動を開始したときに、その将来を予測することがいかに難しいかは想像にかたくありません。現在はこのような自然の振る舞いに加えて、「二酸化炭素の排出による温暖化」という人為的な要素が入り込んでいるため、事態はさらに複雑なものになっているようです。

今後は、これまでに蓄積された多くのデータを新しい枠組みでとらえ直す必要があるのかもしれません。氷期から間氷期へ移行する際の振る舞いは、数学の分野におけるカオスとか複雑系に見られる現象とよく似ているとの指摘があります。[6] カオスと呼ばれる状態では、系がしばらくは安定しているように見えても、突然不安定化したりします。そしてそのような2つの状態の間を行ったり来たりするのです。たしかに、気候変動もこのような振る舞いと似ているようにも思えます。そしてこのような性質は、地震発生や火山噴火といった多くの自然現象に共通する性質のようにも見えます。

このような視点での見直しが進んでいくと、物事の本質がさらにはっきりと見えてくるのかもしれません。一方で、ダンスガード・オシュガーサイクルに見られるような事例をこれからも数多く積み上げていく必要があります。そのためには、地球上のさまざまな地域において、精度の高いデータを地道に集めることが不可欠です。そしてそのような研究が、日本をはじめ世界中の研究者の不断の努力によって進められているのです。

第12章　北海道に住むヒトとその未来

1　氷期の終わりと原日本人・アイヌ民族

今からちょうど50年前の１９６８年、北海道は「開基百年」の祝賀ムードに湧いていました。明治の開拓に始まり、夢を描いたり生活に追われて多くの人が移住し、大変な苦労をしてきました。その艱難辛苦《かんなんしんく》は多くの地域で開拓物語として伝えられています。

かつては戊辰戦争の最後、１８６９年の箱館戦争が北海道の歴史のはじまりであると教えられたものです。しかし、これは明らかに「和人」の側から見た歴史観でした。北海道には先住民族のアイヌの人たちがいたにもかかわらず、その歴史が無視されていたのです。１８９９年に作られ、１９９７年にようやく廃止された「北海道旧土人保護法」による同化政策がそうさせたのかもしれません。それでも、この間歴史の発掘作業が進められてきました。その作業は容易ではありません。アイヌ民族には文字で記された記録がないので、和人をはじめ周囲に残された交流記録、遺品や遺跡による考古学的手法、遺骨やＤＮＡ分析などの自然人類学的手法など、有効な手法なら何でも持ち寄っての困難な研究です。

それでもこの50年間の多くの研究によって、その歴史が浮かび上がってきました。アイヌ民族は、和人の先祖でもある原日本人（縄文人）とも先祖を共有することが明らかになりました。アイヌ民族や原日本人論をめぐっては、今でも活発な研究が続けられています。[1,2]

２００３年にヒトゲノムが全解読されたことと、昨今のＤＮＡ分析技術の長足の進歩は、この分野に大きな貢献をしています。[3]その最大の成果は、現生人類（ホモサピエンス）は20万年ほど前に東アフリカで生まれた共通の先祖にさかのぼるというものです。それまでの説は、１００万年以上前にアフリカを旅立った原人が地域ごとに進化して現生人類となったとするものでしたから、人類の起源に対する見方を根底から変える大発見でした。当初は議論がありましたが、DNA分析が進むほどに揺るぎのない説になりました。[3]

数万年前に東アフリカを脱出した現生人類は、西と東へ進む道を分けました。東へ移動した人たちがアジア人の先祖です。それぞれの自然と気候に適応しながら進化しつつ、移動しました。氷期の1万5千年前頃に、シベリアから凍てついたベーリング海を渡り北米大陸へ入り、1万2千年前までには南米の南端までたどり着きました。[3] たいへんな移動のスピードです。

この移動の途中、4万年〜3万年前に、大陸から日本列島へ渡ってきたのが私たちの先祖とみられています。移住の経路は、琉球経由、朝鮮半島から九州経由、そしてサハリンから北海道経由という3つが考えられています。氷期に海水準が低下して海峡がつながった陸橋を渡ってきた、あるいは海峡が川ほどの幅となった狭いところを渡ってきたと考えられています。日本列島へは、まずは縄文人、そして2500年ほど前に弥生人が渡ってきたのです。今の日本人のほとんどは、縄文人に弥生人が混合した人たちであるとDNAからも確認されています。当然、混合には濃淡があります。

女性系統で継承されるミトコンドリアのDNAでは、本州の日本人は朝鮮半島やアジア北東部との近似性が高いとみられています。[3] 沖縄の人たちのDNAは南方系縄文人から受け継いでいると推定されています。北海道のアイヌの人たちは、縄文人のDNAを受け継いでいるだけではなく、5〜10世紀に栄えたオホーツク人の影響も受けている可能性があります。[3]

2　気候変動と日本列島への人の流入

このような人類の大移動と日本列島への流入は、何によって衝き動かされたのでしょうか。人類が移動する最大の要因は、生きて行くための食料確保でしょう。狩猟あるいは漁労採集による食料調達は、自然に依存するので大変です。このような時代、人々は常に飢えていたでしょう。

それでも人類は、氷期が終わろうとする頃、農耕と牧畜という大革命を起こしました。食料を自ら生産し、それを備蓄する叡智《えいち》です。アジア大陸では、欧州がまだ最後の氷期の最中、1万6500年前頃に温暖化が始まりました。稲作の農耕は長江の流域で始まったようです。その後1万2500年前頃に若干の「寒の戻り」はありましたが、1万1700年前頃から世界的に本格的な温暖化が始まりました。[4] この時代以降を、地質学では「完新世」と呼んでいます。「縄文時代は暖かい」というイメージと一致する時代です。

どの時点からを縄文時代と呼ぶのかは、研究分野によって違うようです。土器を基準にするのか、環境を基準にするのかという違いです。[4] 放射性同位体年代を示しながら、常に定義を明確にして記すのが混乱をなくすコツです。

氷期に日本列島に渡ってきた原日本人たちは、代を重ね、氷期が終わり温暖化した日本列島で安堵《あんど》したことでしょう。やがて弥生人が大陸から流入し、新しい農耕技術をもたらしました。その頃は大陸中国では春秋戦国時代。氷期が終わって温暖化した後、今から3000年前頃からが再び寒冷化した時代にあたります。[4] 農耕社会では、不作による食料争奪が戦争の根本原因であり、寒冷化による不作で起こった争いに敗れた人々が土地を追われて渡ってきたと考えれば、よく理解できます。

飛鳥時代の明日香に住み着いた朝鮮半島からの渡来人の流入も、その時代に起こった寒冷化による不作に原因があるのかもしれません。気候変動の研究をした川幡穂高らは、飛鳥時代は西南日本では現代に比べて年平均で1度以上低い寒冷な時期であったことを明らかにしています。[5] 川幡らの主張は、歴史の動乱期は、気候の劣化・寒冷化に駆動されていたとするものです。北の大地では、寒冷化にはより敏感に反応するでしょう。厳しい冬と夏の冷温による食料不足に追われた人々が、より温暖な南へと移動するのは自然なことです。

飛鳥時代における人の流入という点で忘れてならないのは、北海道におけるオホーツク人の足跡です。この移住は、かつて日本の歴史において知られていなかったことです。しかし、北海道の歴史を考える上でとても重要な出来事です。

3　オホーツク人の渡来とモヨロ貝塚

本州の古墳・飛鳥時代にあたる5〜7世紀は、北海道では続縄文時代の後期後半とされます。それと入れ替わるように、木のへらで擦ったような跡がある土器により特徴づけられる「擦文文化」の時代になります。

5世紀から10世紀にかけて、北海道のオホーツク海側や日本海側の北部には、ほかの地域と異なる「オホーツク文化」が栄えていました。この発見の物語は、司馬遼太郎の街道シリーズ『オホーツク街道』[6]でも取り上げられたように、網走で理髪店を営んでいた米村喜男衛が大正時代に網走川のモヨロ貝塚を発見したことから始まります。貝塚からザクザクと遺物が出てきたのです。それらは、それまで知られていたどこの土器や遺物とも違っていました。そして、人骨も大量に出てきました。それらは、サハリンにおける遺跡や遺物との類似性が高いものでした。アザラシやクジラなどの大型海洋哺乳類を狩るための特殊な銛《もり》も出土しました。

この遺跡群の発掘作業は、戦後になってから大いに発展します。特に驚くべきことは、当時の高校生が多く参加したことです。「私たちは何者？　どこから来て、どこへ行くの？」という問いかけにもっとも敏感に反応したのは若者たちだったのです。このオホーツク文化とオホーツク人の発見は北海道、いや日本全体でもまったく新しい発見でした。

北のサハリンから流氷を乗り越えてきたのでしょうか。あるいは舟で渡ってきたのかもしれません。今から１３００年ほど前に北方から集団で南下し、北海道北東部のオホーツク海側に住み着いたと考えられています。一方、北海道のほかの地域では、それまで広く狩猟採集生活をしていた「擦文人」の居住域が限定されるようになったといいます。それは、大量に遡上するサケを効率的に捕獲するためと考えられています。[7]その後、オホーツク人の足跡は消えてしまいます。すでに先住していた人たちとの混合が進んだからかもしれません。一方、擦文人はアイヌの人々のルーツとなったと見られています。

オホーツク文化を示すオホーツク式土器は、3〜4世紀には北海道北部に渡ってきています。[2]この人たちはサハリンから南下してきたのでしょうか。そしてなぜ、オホーツク海沿岸から北海道北部に住み着いたのでしょうか。渡来の原因はわかりませんが、この時代が「古墳寒冷期」と呼ばれる気温の低下期に当たることには注意が必要です。今後、北海道や北方圏においても詳細な気候変動の記録が復元され、歴史的な出来事との因果関係を推定する研究が発展することを多いに期待したいところです。

4　未来予測と北海道

本書では、北海道の数億年に及ぶ歴史から、揺れ動いている現在の大地、そしてこの大地の上に移り住んだ人類の数万年に及ぶ歴史を駆け足で見てきました。それは、「私たちは何者で、どこから来て、どこへ行くのか」という誰しも一度は抱くであろう根本的問いかけに答えるためのものでした。この問いには、残された最後の難問があります。「私たちはどこへ行くの？」という未来に対する問いかけです。

宇宙の歴史は１３７億年、太陽系と共にある地球の歴史は46億年と、20世紀の科学の発展は教えてくれました。太陽は燃え尽きるまであと50億年程度はありそうです。地球の運命も同じでしょう。現生人類のホモサピエンスが生まれてから、長く見積もってもまだ20万年しかたっていません。遠い未来に太陽が赤色巨星、さらに白色わい星になって死を迎える場面に人類は遭遇できるでしょうか。

プレートテクトニクスによる大地の変動の最後はどうなってしまうのでしょうか。日本列島が面する太平洋は、周りにある海溝から海洋プレートがどんどん沈み込んでいるため、面積を縮小しつつあります。このまま事態が進んでいけば、まずフィリピン海が消滅し、次にオーストラリア大陸が日本列島と合体します。それは数千万年先です。そして数億年後には太平洋そのものも消滅し、新しい超大陸が生まれるでしょう。その時の日本列島は、大陸衝突帯の真ん中に位置することになります。ちょうど今のヒマラヤ山脈やチベット高原のような位置です。

ところで、数千万年や数億年先に人類は生き残っているでしょうか。生命の進化の歴史を顧みると、同じような種として生き残る可能性は低いと思われます。突然変異によって進化した新人類か、あるいは大量絶滅を経て細々と生き延びているか、ひょっとすると死滅しているのかもしれません。大きな話題となっている気候変動の未来予測では、人口爆発によって生態系のバランス、自然界とのエネルギーの流出入のバランスが崩れ、温室効果ガスなどの大量放出が地球温暖化を引き起こしていると想定しています。そしてこのまま進行すると、21世紀の末には気温が数度ほど上昇し、海水面上昇や台風の大型化など極端気象の影響が深刻になると予測しています。時々刻々の観測は、逐次データを取り入れることによって未来予測の計算に生かされ、予測モデルの精度向上につなげられています。

「地球は私たち人間なしでも存続できますが、私たちは地球なしでは存在できません。先に消えるのは私たちなのです」

国連は２０１５年、副事務総長のアミーナ・モハメッドがそう宣言し、「我々は地球を救う最後の世代になるかもしれない」として全加盟国の一致で持続可能な開発目標（ＳＤＧｓ）を定めました。この理念で重要なのは、未来はやってくるものではなく、みずから作るものだということです。

5　予知不可能な地震発生

本書の主題は地殻の変動ですので、地震・津波発生の未来予測や対策、そのことに関連して原子力発電所対策や廃棄物処理に関してもコメントを記しておきたいと思います。

地震予知に関しては、中央防災会議や国の地震調査推進本部においても現在の科学の実力では不可能であるとして、防災の対策を発生直後の早期警告警報システムの充実と防災対策の充実に置くように変更することが、より明確に示されています。

一方で科学としての地震発生の理解は、今世紀に入って大きな進歩を遂げています。ＧＰＳ観測や海底観測、岩盤掘削孔内観測、断層の地質学的研究などを結合した結果です。海溝で起きる巨大地震の前や、地震が周期的に起きる間の期間に岩盤がゆっくりと歪《ひず》む、あるいは断層がゆっくりとすべるという現象が、世界中で次々と見つかってきています。それらの観測研究が地震発生の直前予測につながることが期待されているのです。

陸上の活断層でも、活断層をまたいで稠密《ちゅうみつ》に配置されたＧＰＳの観測から、地殻の歪みが集中していた断層で地震が起きていたことなどがわかってきました。これらの結果を、数十年周期の長期予測や数カ月単位の短期予測、さらに数日～数時間スケールの直前予測につなげるにはまだまだ基礎的な研究の積み重ねが必要です。しかし、遠くない未来に実現することを期待したいものです。

6 未来予測と原子力発電、高レベル放射性廃棄物処理問題

２０１１年3月11日の地震と津波に伴う福島第１原子力発電所の事故以来、原子力発電所再稼働の扱いについて、規制委員会の基準と判定が議論されています。規制委員会には地質学の専門家も配置され、北海道の泊原発などにおいても、発電所下の岩盤内の断層の活動度評価などで審査に当たっています。

しかし、活断層の評価に当たって、断層が新しい時代（第四紀）の地層を断ち切るような現象が観察されず、地表においてもずれがない場合、その活動度認定はきわめて困難です。断層によって作られ、挟まっている粘土などの物質そのものから、年代測定など活動の履歴などを推定する研究は続けられていますが、それが有効になるにはまだ科学の実力は足りません。その場合の再稼働に対する判断はどうしたらよいのでしょう。

数千年に一度という確率であっても、地震が起きて発電所が破壊され、放射能が漏れてしまえば福島の二の舞です。直下の断層が動いた時の強振動予測は、２０１６年熊本地震や１９９５年兵庫県南部地震（阪神淡路大震災）の際の野島断層の例なども合わせれば可能と思えます。もし原子炉の建築物に強度がなければ、再開はできないのは当然です。仮に十分な検証がなされ強度があると見なされても、耐用年数の経過後は優先的廃炉対象とすべきです。あるいは、それでもリスクにおいて不安のあるものは再開せず、最終高レベル廃棄物の暫定保管施設として活用し、将来の地層処分に備えることもありえるかもしれません。

高レベル廃棄物は、宇宙や海洋投棄など一切できません。自国から持ち出すことさえできない厄介なものです。しかも、その廃棄物管理は数万年から10万年という時間スケールです。これまで記してきた、数千年前の縄文人や弥生人・オホーツク人、あるいはもっと遡って現生人類の起源そのものの20万年に匹敵する長期間に渡って管理し続ける必要のある「とんでもないモンスター」だと言えます。まさに、人類史的な管理

作業となるのです。

日本学術会議は、内閣府原子力委員会から「高レベル放射性廃棄物の処分に関する取り組みについて」の審査依頼を受けました。そして福島第1原発の事故も受けて、再処理を前提とした高レベル廃棄物のみならず、直接処分が実施される場合についても回答し、抜本的見直しを提言しました。具体的には①エネルギー政策・原子力政策の合意形成を計り直すこと、②数万年にわたる超長期放射能汚染発生可能性に対処すること、そして③受益圏と受苦圏の分離の不公平性の解消――を提言しました。そして、提言は次のように締めくくられています。[8]

「高レベル放射性廃棄物の処分問題は、千年・万年の時間軸で考えなければならない問題である。民主的な手続きの基本は、十分な話し合いを通して合意形成を目指すものであるが、とりわけ高レベル放射性廃棄物の処分問題は、問題の性質からみて、時間をかけた粘り強い取り組みを実現していく覚悟が必要である。限られたステークホルダー（利害関係者）の間での合意を軸に合意形成を進め、これに当該地域への経済的な支援を組み合わせるといった手法は、かえって問題解決過程を紛糾させ、行き詰まりを生む結果になることを再確認しておく必要がある。また、高レベル放射性廃棄物の処分問題は、その重要性と緊急性を多くの国民が認識する必要があり、長期的な取り組みとして、学校教育の中で次世代を担う若者の間でも認識を高めていく努力が求められる」

数万年先の未来に、進化した人類が地下になにやら正体不明な隠し穴を見つけ、「ふたを開けてみると……！」。そんな浦島太郎伝説で済むような冗談話ではないのです。これまでの人類の長い歴史は、さまざまな動乱の中で忘れられてしまうリスクのあることを教えてくれています。

原子力発電所は、耐用年数の過ぎたものや、危険度の高いものから一つ一つ廃止する。そして、高レベル放射性廃棄物は、永続的監視体制を取り、百年後の未来をクリーンで安全安心な社会にする。こうしたことこそ、現実的で勇気ある選択なのではないかと思います。

付章　北海道の地質研究のルーツ

北海道の地質研究の歴史には多くの人々が登場します。1869（明治2）年に設置された北海道開拓使によるライマンなどのお雇い外国人地質学者のみならず、それ以前の江戸時代末期からすでに、外国人の手による地質の調査が始まっていました。石炭をはじめ、地下資源探査開発の歴史そのものが大地の謎を探ることでした。そこには無数の人々の貢献がありました。

　本文のなかでもそのような貢献について触れましたが、ここではもう少し大きな地質学研究の流れを紹介します。はじめに、宮坂と木村にとっては恩師でもある松井愈《まさる》先生について記しておきたいと思います。

1　恩師・松井愈先生

北海道大学理学部の教授だった松井愈（写真1）は、1923（大正12）年に北海道由仁村（現由仁町）で生まれ、40年北海道帝国大学予科農類入学、43年理学部地質学鉱物学教室へ進学しました。

　卒業を前にした45年、松井は北海道炭礦汽船の地質調査所で川添熙所長（東大地質出身）の指示で地質調査資料の整理作業に従事し、大立目謙一郎の報告書を閲覧する機会を得たのです。大立目が会社の報告書で、北炭の鉱区の枠を離れて幅4kmの東西の帯を夕張から日高まで調査することを提案していたことに、松井は大いに感動したそうです。この地域の石炭層は、ライマンの弟子の坂市《ばんいち》太郎《たろう》が発見したものでした。ライマンから大立目につながる地質学の系譜が若い松井を駆り立て、明治の黎明期の北海道の開発と石炭産業について検討し、「ライマンと北海道の炭鉱」[1]を書かせたのだと思われます。30歳の時です。太平洋戦争や朝鮮戦争の直後という時代も反映しているのでしょうが、切れ味の鋭さには驚くばかりです。松井は、石炭を含む地層の研究（釧路炭田）で学位をとりました。後に、十勝平野の研究と忠類のナウマン象発掘、木村学の発見にはじまる足寄動物化石発掘、歌登デスモスチルス発掘などを指導しました[2]。

　それに加えて、予科入学以来44年3月まで、新渡戸稲造が創設した遠友夜

写真1　遠友夜学校教師時代の松井愈（左、1941年7月9日）

札幌市中央区北4条東4丁目にあった遠友夜学校は1894年に新渡戸稲造夫妻によって開設された。しかし太平洋戦争末期の1944年3月、国の方針に合わないという理由で廃校となった。廃校には松井も立ち会った。右は北大教授時代

学校の教師もしていました。遠友夜学校には、貧しくも向学の志が高い子弟が集まり、北大生が教師を務め、教育を施しました。戦前においてはきわめて先進的なボランティア組織でした。しかし国内外の情勢が逼迫《ひっぱく》する中で閉鎖を命じられ、文字通りの最後の一人として松井はその閉鎖に立ち会いました。戦後平和運動にも関わっています。それらの反骨的社会活動のルーツは、青春時代の夜学校での体験に基づくものと思われます。

遠友夜学校の創設の理念は、札幌農学校草創期のクラークの精神「少年よ、大志を抱け！」まで遡ります。新渡戸稲造は、農学校教頭クラークの強い影響を受けた内村鑑三などと共に明治をリードした知識人であり、第一高等学校（現在の東京大学教養学部など）の校長なども務めた教育者でもありました。彼は、第1次世界大戦後の国際連盟の事務次長も務めるなど、国際行政のリーダーでもありました。その新渡戸の教えは、第2次世界大戦後の東大総長を務めた南原繁・矢内原忠雄に受け継がれました。いま、北大の構内には遠友夜学校にちなんだ「遠友学舎」というコミュニティホールがあります。

70年代、地球科学界に大変革が起こり、プレートテクトニクス理論が北海道に押し寄せてきた時も、松井は大変柔軟でした。当時、北海道大学では、「地向斜造山運動論」で東北地方や北海道の形成過程をまとめた湊正雄教授や舟橋三男教授が理学部にいました。松井がいた教養部地学教室にも、舟橋教授とともに日高造山運動をまとめた橋本誠二教授がいました。彼らは北海道大学の看板教授で、そろってプレートテクトニクスに強く反対していました。

プレートテクトニクスをめぐっては、教員の間で意見がまとまっていた

わけではなく、教授たちが対立しているため、大学院生などの間には緊張した空気がありました。しかし、当時は大学紛争の余韻がまだまだ大きい時代でした。大学院生たちは自立しており、当たり前のことなのですが自分の頭で考える気風が強かったのだと思います。

宮坂や木村と前田仁一郎が所属した教養部の地学教室は、理学部から離れたところにありました。教養部は、そもそも戦後の大学制度の大改革、リベラルアーツ教育重視の中で、戦前の講座制とは別なものとして生まれたのです。リベラルアーツとは、人間が自由になるための学術・技術・芸術のすべての術のことをいいます。アーツ(arts)は複数形です。「教養」というと豊かな知識を意味しますが、静的です。リベラルアーツの理念は「自由」実現へ向かってもっと動的です。

大学教養部の実体はそのようなリベラルアーツの理念とは離れ、理系は理学部などの人事植民地的側面も持ち、矛盾もありました。60年代後半、団塊の世代の大学入学者が増加してくる中で、全国的にはマスプロ教育による教育の質の低下と教員の負担が深刻で、「教養砂漠問題」などと言われました。大量の学生が行き交うためキャンパスに砂埃《すなぼこり》が舞うことにからめた絶妙な表現です。複雑な大学問題の象徴でもありました。しかし、大学が揉《も》めるほどに学生たちによる自主的で自由な機運は高まりました。

北海道では、教養部地学教室の大学院生とそこを卒業した諸先輩たちがまず口火を切って、プレートテクトニクスと北海道の形成過程の関係、特に全国的にも注目を集めていた「日高造山運動」の見直しに着手しました。その結果は、本文で述べた通りです。大学院生たちの動きを静かに支援し見守っていたのが、当時の教養部地学教室の助教授だった松井でした。そしてついに、彼はプレートテクトニクスで全面的に見直された北海道形成史をやさしく解説した『北海道創世記』（北海道新聞社、１９８４）の筆頭編者を務めたのです。

ここまで読み進んでくださった方は、ぜひこの旧著との違いをお調べください。30年あまりの大地創成の理解の進み具合が分かると思います。

2　日本における地質学の2つの系譜

プレートテクトニクス理論成立のちょうど１００年前、１８６８〜69年の戊辰戦争の後、明治新政府は直ちに新国家建設を開始します。西洋からの科学技術の輸入、人材育成などは国家建設の根幹です。それらがどのように進められたかは、北海道の大地の成り立ちの解明過程にも密接に関係しています。その時代と先人たちについて記し、今に至るルーツを考えてみましょう。

木村は1997年、縁あって東京大学理学部地質学教室に勤めることになりました。亀田はそこで最初に木村の下で卒業研究に従事しました。以来、一緒に研究する機会も多くなり、今日に至っています。東京大学での木村のポストは、さかのぼれば日本地質学の祖といわれるナウマンの席へたどりつくらしいのです。亀田は、北海道大学理学部で職を得ました。クラークのリベラルアーツ精神から生まれた旧教養部地学教室をルーツとする研究グループです。木村と亀田は、北海道大学のルーツ（札幌農学校）と東京大学、この2つをたどって考える場に置かれました。

さて、北海道と東京には、地質学の専門家としてライマンとナウマンというお雇い外国人がそれぞれいました。北海道の地質研究の祖と言えば、アメリカからやって来たライマンです（写真2）。5月10日は「地質の日」ですが、それは1876（明治9）年、ライマンの編集によって日本で最初に印刷された北海道の地質図「日本蝦夷地質要略之図」の発行日を記念しています。

ライマンは、明治2年に設置された北海道開拓使が資源探査のために、1872（明治5）年にアメリカから雇った地質技術者です。その年、東京芝に創設された開拓使仮学校（後の札幌農学校）で教鞭《きょうべん》もとりました。ナウマンは、1875（明治8）年に明治新政府がドイツから雇った地質学者です（写真3）。明治10年、東京大学設立とともに理学部地質学教室の初代教授となります。

日本の地質学のルーツはライマンとナウマンです。記された多くのものを見ると、この2人、良くも悪くも話題に事欠きません。やはり元祖だからなのでしょう。

本書発行の2018年は蝦夷地が北海道と命名されてちょうど150年です。私たちも少し紙数を割いて、この日本の地質学の始まりをどう見るかを記してみたいと思います。

3　薩摩が先行したアメリカ派遣

ライマンがなぜ北海道に来ることになったのか。まずは時代の背景から知る必要があります。ライマンのことを記したものは多数あるのですが、時代背景を明確に記したのは、最近では藤田文子でしょう。[3]

仕掛け人は黒田清隆です。幕末のペリー来航以来、国内には「攘《じょう》夷《い》」思想が溢《あふ》れていました。薩摩藩の大名行列で起こった1862（文久2）年の生麦事件には、当時下級武士だった黒田も遭遇しました。これが原因で翌年に薩英戦争が起こりますが、瞬時の敗北で、薩摩は西洋文明の恐ろしさを思い知ります。以降、薩摩は「倒幕」へ路線を切り替えます。藩主の島津は幕閣中枢にいたのにです。戦略切り替え後の動きも素早いものでした。森有礼ら青年武士はイギリス、その後アメリカへ密航します。

箱館戦争直後、黒田は敵将だった榎本武揚や大鳥圭介らの助命嘆願の先頭に立ちます。「昔の友は今日の敵、昨日の敵は今日の友」です。箱館戦争の終戦は1869（明治2）年6月の末、7月には開拓使ができます。そして71（明治4）年2月に、黒田は中央政府の岩倉欧米使節団派遣より4カ月も早く渡米します。当時は太平洋を横断するのに船で20日余りかかりました。

黒田は先に渡米していた森らの中継もあって、大統領（南北戦争の北軍将軍、ユリシーズ・グラント）に謁見、北海道開拓への援助の約束を取りつけます。そして農務長官のケプロン招聘《しょうへい》に成功します。年俸1万ドルです。円換算で1万円。当時の太政大臣が年俸9千6百円ほどだったといいますから、それ以上の額を提示したのです。[3]それとともに、黒田は北海道開発の基

写真2　ベンジャミン・スミス・ライマン
http://scua.library.umass.edu/umarmot/lyman-benjamin-smith/

写真3　ハインリッヒ・エドムンド・ナウマン
https://commons.wikimedia.org/wiki/File:Heinrich_Edmund_Naumann

軸となる農業のプロと地質のプロを招聘したのです。

南北戦争で北軍の中核を担ったマサチューセッツからケプロンが、そして農業ではできたばかりのマサチューセッツ農科大学からクラーク学長がやって来ます。地質では、すでにインドの調査を行い、名を成していたライマンが来ることになりました。ライマンの年間契約は当初2年間、年俸7千ドルでした。[3]

一方、明治4年6月には岩倉使節団が出発しました。1年10カ月にわたって政府中枢が国を空けることになったのです。岩倉使節団はまずサンフランシスコに入り、安政の不平等条約改定交渉に当たりましたが、全権の証明もできず、交渉は不調に終わります。[4]黒田らの成功とは対象的でした。

4　ライマンの来日と北海道調査

新暦明治6年1月、ライマンは来日します。明治5年から6年にかけては、岩倉使節団の帰国、朝敵であった榎本や大鳥など幕軍側への特赦があり、暦もユリウス歴に変わります。また、学制も始まります。一方、留守政府の西郷の征韓論が退けられ、外交も本格展開が始まります。札幌農学校の前身である開拓使仮学校やライマンの講義なども、この流れの中で始まったのです。

興味深いのはライマンが雇った仮学校の弟子たちです。弟子は13人いましたが、すべて士族でした。[5]半分以上は、かつて朝敵とされた藩の出身です。人格高潔でライマンも信頼を寄せ、全体の取りまとめ役だった一番弟子ともいうべき山内徳三郎は、会津戦争や庄内戦争で傷病者の手当てに従事した旧幕臣でした。[5]

ライマンは、薩摩人の多い開拓使役人との間で多くのトラブルに見舞われます。その多くは開拓使側の契約不履行や弟子たちの処遇にかかわることでした。[2]役人たちの不誠実に対しては、黒田経由のトップダウンで処理することもしばしばでした。

ライマンたちは明治6年から8年の3カ年、夏の全期間、北海道を調査しました。これが大規模な石狩炭田の発見へとつながります。明治6年に調査した幌内と幾春別が北海道炭鉱開発の原点です（写真4）。調査は、同時に弟子たちを教育して短期間で地質調査の術を伝えるという任務も帯びていました。

その様子に関して、弟子の西山正吾の証言が残されています。[5]

「幌内の山中に本拠を置いた私共の一行は旅の疲れを医する間もなく早速炭層調査の作業に取掛った。といっても先づ第一に密林を開拓し、北海道特有の身の丈にも余る程に生茂った熊笹を刈取る事が一仕事であった。測量機械といってもライマン氏が本国から携えて来た唯一台のトランシットが唯一のもので、外にはプリスマチック・コンパスやバロメーターが一個宛《ずつ》あった位のものである。八人の助手はライマン氏の指導を受けてトランシットやプリスマチック・コンパスの使い方を練習し、第一番に炭層の方向に一直線に熊笹を刈り分けて幹線を造り、次に此の幹線五百尺毎に之と直角に両方へ一千尺宛の枝線を設け、角度はプリスマチック・コンパスで計り、線はチェーンで距離、歩測によって測定し、高低はバロメータを以て測り一々之れを野帳に記入した。川を渡り谷を越える時にはライマン氏はいつも流下鉱物（転石のこと？＝筆者注）や地質に注意する事を熱心に教えた。……測量の真意を解しない当時の我々は何処を見ても山又山の奥深い処で、昼は熊笹に、夜は蚊軍に苦しめられ、明けても暮れてもチェーンを引いたりトランシットを担いだりする単調な仕事にほとほと嫌気がさした位であった。幌内炭層の測量作業が一通り終ったので……ライマン氏の言う通りに調査中の野帳を基として地形図を描き地質図を描き炭層図を造り上げると炭層の状況が一目の下にはっきりと分るような立派な図面が出来上った。之には一同驚きの眼を見張って苦行の酬いられた事を喜ぶと共にさらに一段の勇気を得たのである」

「苦行」のつらさは、北海道の山中の鬱蒼としたクマザサを「漕いで」地質調査をしたことがなければなかなか実感できません。松井は、このライマンの調査の特徴を①地形調査の重視、②地質柱状図の作成と炭層対比及び炭層追跡、そして③地質断面図と地下等高線の作成、としてまとめられると報告しています。[6] この幌内・幾春別の石炭層の本格的追跡が、日本で初めての本格的な地質学の実践的導入でした。

それ以前にも、地図の上に産出する岩石の種類を示す類の報告はありました。鉱山・炭鉱の狸掘りもありましたが、炭層の定量的把握を目的としてなされた調査としては本邦初のものです。埼玉県の名勝長瀞《ながとろ》に「日本地質学発祥の地」という大きな石碑があります。東大理学部の初代地質学教授ナウマンの発見を記念したことによるらしいのですが、そこを「発祥の地」とするのは間違いです。

科学においては、記載分類的に記述されて提案された仮説は新たな観測や実験によって検証されなければなりません。炭層の徹底的な定量的追跡から推定された地下における分布が、実際の採掘によって検証されたのですか

写真4　炭鉱の立て坑跡
（三笠市幾春別奔別）

ら、「科学としての地質学」は、石狩炭田で始まったと言うべきなのです。精緻な炭田地質図による記載が石狩炭田の横《おう》臥《が》褶曲《しゅうきょく》の発見をもたらし、それがやがて日高山脈の成因、北海道における衝突の理解、大地変動の理解という科学の高みへ１００年をかけて進んできたのです。

　ナウマンの弟子筋に当たる神保小虎は明治20年代の北海道調査に際し、「かつてのライマンの調査は何の成果も上げていない」とライマンを激しく非難しました。しかし皮肉にも、神保自身の調査は大規模石炭開発へつながる調査とはなりませんでした。一方、産業界ではライマンの弟子たちが粛々と活躍し、炭田の大開発へとつながりました。[6]

　科学と技術、基礎科学と応用科学の相互作用を理解する上でも、この明治黎明期の地質学への評価は重要です。

5　明治維新からナウマンの来日まで

　ナウマンは日本地質学の祖と評価され、非常に持ち上げられています。[7]しかし、その後の日本人初の地質学教授、原田豊吉（東大）との間では論争が持ち上がりました。山下昇の記述を見ると、すべてナウマンが正しく原田には一切の先取性もなく、またライマンには科学的な貢献は何もなかったかのように扱われています。[8]ライマンに対する評価の高い北海道で地質学を学んだ宮坂や木村には、かなり違和感のある記述です。

　そして、そもそも「なぜ」弱冠二十歳のナウマンに白羽の矢が立ったのかということにはどの科学史も触れていないように見えます。明治維新の直後とはいえ若すぎるでしょう。来歴の経緯が明確なライマンと比べると不自然です。そこで歴史の想像物語を記してみます。科学史家ではないので、誤りや誤解があれば訂正します。

今から眺めると、明治の新しい国の建設が落ち着き前進を始めるのは、1886（明治19）年以降です。

明治10年に東京大学が創設され、多くのお雇い外国人教師によって教育がはじめられました。その後、省庁別に作られていた学校を統合し、明治19年の帝国大学成立を経て、文部省が所掌する巨大な帝国大学として体系化されたのです。[9] 明治維新から明治10年までは、科学技術も高等人材育成も黎明模索期、10年からほぼ20年までは科学技術も教育も輸入期、20年から本格的自立期と見なせます。ほぼ10年刻みで進んだのでした。

お雇い外国人教師による科学技術の輸入は、明治維新後の黎明模索期に一斉にはじまり、東京大学の創設にあわせて明治10年代にピークを迎えました。明治20年代以降は、黎明期・輸入期に留学した学生たちの帰国と、お雇い外国人によって教育された人材によって、東大教授などのポストも交代していきました。

地質学の教育は、地下資源開発がからむので国家戦略的にも重視されました。東大設置にあたっても、理学部の中に「地質学及び採鉱冶金学科」として、最初から位置付けられました。帝国大学発足によって工学部が理学部から分離された際に「採鉱冶金」の看板が外れました。[9] 一方、地球物理学の教育と研究は、同じ理学部の中の「物理学科」で行われたのでした。

東大で別個に始まった地質学と地球物理学の教育と研究は、西欧諸国と比べると大きな違いがありました。17世紀に始まった科学、そして19世紀の産業革命後のフル稼働とともに、ドイツも巻き込んで加速度的発展を始めた近代から現代の科学教育に対し、日本はほぼ半世紀余り遅れたことが、研究と教育に大きな影響を与えたのです。宗主国の体制に完全に支配され巻き込まれてしまう植民地の科学とは異なり、何を輸入するかは輸入する側が独自に決められたからです。日本はこのように、「発展途上国」としては稀な独立した位置にありました。

日本は黎明模索期において、医学はドイツ、理学の多くは英仏から輸入しました。しかし、理学の中で地質学だけがドイツからの輸入。それは東大に先立つ開成学校に、すでにドイツ人が来訪していたからでもありました。[7] そして明治8年11月、新たにお雇い外国人としてやってきたのが、弱冠二十歳のナウマンだったのです。東大教授になったのはその2年後。教授職にいたのは2年ほどでしたが、いくらなんでも23歳の教授は当時でも若すぎます。なぜナウマンだったのか、その存在はどのような矛盾を生んだのか、など数々の疑問が湧いてきます。

　それを探るために、当時の世界情勢と日本国内の情勢を見てみましょう。

6　時代背景（1）黒船ショックと歴史の教訓

　1853年、浦賀沖にアメリカ海軍の黒船が現れました。その大騒動から日本の近代が始まりました。歴史の歯車は一気に進み、1868年の明治維新へと急展開しました。黒船のペリーは、開港と交易を求めました。アメリカから太平洋を横断する上で、水・食糧、燃料の補給などは欠かせないからです。また船員の健康維持のための策も欠かせません。加えて貿易などによって益を得ることができればさらに良い。そのような米国側の意思は、武力に訴えてでも開国させるとの威嚇によって実現に至りました。

　ペリーがやってきて、江戸の人たちは驚天動地の思いだったでしょう。吉田松陰などは密かに船に乗って渡米し、なんとかして西欧文明を学び取ろうと試みました。彼は徹底した尊皇の民族主義者だったのにもかかわらずです。しかし、「狂挙」の結果捕まり、最後には安政の大獄で死刑になってしまいます。

　徳川幕府は開国し、西洋文明を取り入れることこそ日本が生存できる道だとして、アメリカをはじめ西洋列強と次々と条約を結びました。幕府中枢は即座に西洋に若者を送り、西洋文明を学び始めました。多くの外国人技術者もやってきました。地質・地下資源探査はもっとも重要な事業でもあるので、アメリカやフランスなどから地質技師がきて各地を調査しました。

　それに対して、貿易で富を蓄積し、国の中枢に食い込んでいた薩摩などは、幕府による貿易独占と享受は徳川を強くすると多いに慌てました。そこで当初は幕府側にいて長州の最大の敵であった薩摩も、王制復古を旗印に、無謀で過激な攘夷派をうまく取り込み、徳川政権からの権力奪取を計りました。薩長の過激攘夷行動は西洋列強の武力介入と賠償要求を招きましたが、それをテコに一挙に開国に転じ、権力の奪取に成功したのが明治維新でした。もちろん欧米列強間の綱引きもその陰にはありました。[10] 徳川幕府も薩長も、西洋との激しいやりとりの中で過激な攘夷を実行すると、それを口実とされ、国全体が中国のように西洋諸国の植民地として食い散らかされてしまう危険性のあることを学んだのです。

　幕末に、西洋国際社会の常識に合わせながら、かつ自国のアイデンティティと独立をいかに守り抜くかという大テーマが突き付けられたのでした。結果として、内戦とそれに乗じた西洋列強の干渉、そして植民地として分割支配されるという最悪のシナリオは避けられました。

日本は明治維新から50年程度で、アジア随一の先進国となりました。しかし第1次世界大戦後の世界の大動乱の中で、日本は孤立し、第2次世界大戦の敗北へと至ったのです。

西洋列強の帝国主義政策による争いの中で、アジアにおける先進であった日本包囲網が進みました。日本では、我慢して押さえ込んでいた「攘夷思想」が頭をもたげたようです。攘夷思想とは「文明vs未開」「中華vs夷狄《いてき》」などというように、社会あるいは国家構成を単純に二項対立的に捉え、優れたものが野蛮な夷狄を成敗するという思想です。[3] そのような思想は、孤立した劣等意識の裏側で、自分たちは選ばれた民であるという選民意識を必ず伴います。日本の近代史を見るときに、成功と失敗の最大の教訓は、グローバル化の表裏、成功と失敗の両方が織り込まれていることだと思います。[11]

日本の地質学のはじまりにおけるお雇いドイツ人の若者ナウマンと後に述べる若き日本知識人との論争と騒動は、独立心旺盛な日本のサムライ出身の研究者と、これまた自信過剰な新興国ドイツの若者のすれ違いだったのではないでしょうか。それぞれの層が厚く、多くの研究者がいれば、建設的な議論へとつながったのかもしれません。が、歴史に「もしも」はありません。

7 時代背景（2）ドイツ帝国の成立とドイツ型大学の成立

明治初頭のナウマンのドイツはどのような状況だったのでしょうか。それを見ると、後に記すナウマンの傲慢ともいうべき言動を理解できるかもしれません。

ドイツのプロイセンは、日本の明治維新の直後、１８７０年にフランスとの戦争に勝利します。そしてプロイセンなどの領邦連合からドイツ帝国を成立させます。プロイセンのビスマルク首相の鉄血演説はどの教科書にも記されています。[12] このフランスに対する勝利をもたらした要因は、ナポレオン以来先進国フランスに支配されていたドイツを、科学技術と教育によって盛り返した「フンボルト理念」が大きかったのです。[13]

産業革命で先んじ、世界に植民地を拡大していた英仏に対していかに勝つか。特に隣国フランスの支配を払拭、独立し、いかに追いつき追い越すか。それを人間づくりによって成し遂げたのです。ベルリン大学では、それまでの欧州の大学において伝統であった研究と教育の分離した状態ではなく、それらを一体としてすすめる新しい大学を作ったのでした。[13,14] それによって、一気にフランスに勝利したのです。

岩倉使節団欧米視察の際、ドイツには、すでに長州の青木周蔵が先んじていました。岩倉使節団の科学技術教育視察担当は長州の桂小五郎改め木戸孝允で、この2人は萩での住まいがほとんどお隣さんです。

青木はドイツ事情を熟知していました。日本はペリーの石炭要求や、金銀交換率で米英仏に騙《だま》された通商条約によって地下金属資源などの重要性を学びました。地質学輸入には国家の命運がかかっていました。鉱山学校出で、すぐに実践できる技師を求めたに違いありません。東京大学の前身である開成学校で鉱山学を担当していたドイツ人シェンクの意見も取り入れられたかもしれません。

このような長州人脈の中で、弱冠二十歳にして学位を取ったばかりのナウマンに白羽の矢がたったのではないでしょうか。すでに薩摩・アメリカ人脈で決まっていたライマンにつながる線と、連絡が取れていたとは思えません。これが日本の地質調査所創立を含め、後々の混乱の素因だったのだろうと想像したくなります。

岩倉使節団が帰国した明治6年の翌々年にナウマンは来日し、日本での精力的な調査が始まりました。母国のプロイセン・ドイツも破竹の勢いです。彼は誇りと自信にみなぎっていたに違いありません。日本滞在の10年の間に莫大な財産も築き得たのです。

その間に日本からドイツへ渡った留学生も大きく成長しました。原田豊吉や小藤文次郎です。原田に至っては、ナウマンと異なる意見も述べ始めます。そのナウマン・原田論争に先んじる騒動をナウマンは起こします。それがナウマンと森鴎外の日本をめぐる論争です。

8　ナウマンと森鴎外の論争

ナウマンは来日から明治10年の東大教授就任までの間、地質調査所の設立準備などに関与しました。明治18年に10年の契約を終え帰国しましたが、帰国に当たっては天皇陛下に謁見を許され、旭日章を授与されました。日本は未だ30歳の若輩ナウマンに膨大な財産と名誉を授けたのです。その時、ドイツ留学から帰っていた原田豊吉が教授職に就いていました。

しかし、ナウマンは帰国直後に日本批判を始めました。原田との間では、後述のとおり、日本列島の形成をめぐる科学的論争の形をとりました。一方で、ナウマン帰国時にドイツに滞在していた森林太郎（明治の文豪森鴎外）

とはドイツの新聞紙上で論争となりました。森は陸軍軍医として留学していたのです。

ナウマンの日本批判は帰国翌年の明治19年、ドイツのドレスデン地学協会で「日本列島の地と民」と題した講演で行われ、その内容は新聞紙上でも紹介されました。講演の席にいて新聞記事も読んでいた森鴎外は、ナウマンの日本侮辱に耐え難く、反論を投稿したのでした。それに対してナウマンの側も再反論、森はそれに対しても再反論したようです。[15]

当時、ドイツへの日本からの留学生の多くは、ドイツを重視した医学関係などと、それより数は少ないものの理学の地質関係者らがいました。原田豊吉の弟もいました。日本からの留学生は密接に連絡を取り合っていたでしょうから、森鴎外の憤慨は日本留学生全体のものととらえてよいと思います。その詳細な経過は、森鴎外研究の第一人者、小堀桂一郎氏の著作に載っています。[15]

ナウマンは明治維新について、所詮西洋のモノマネであり日本の文明化は成功しないであろうという趣旨のことを述べました。文化についても大陸の仏教の借り物と記すなど、明らかに挑発的・侮辱的な表現をしていました。地質のフィールドワークの際などに接した日本人について、「裸で暮らしている」など未開の野蛮人として描こうとしているように読めます。また、すでに消えつつあった「お歯黒」の習慣を引き合いに、女性を魂（心）を持たない存在として描いているのです。[15]

日本への批判的記述は、明治11年に3カ月にわたって日本の東北地方から北海道に至るまで旅行し、日本の自然と奔放な日本人を描いたイザベラ・バードの有名な旅行記『日本奥地紀行』[16]や北海道開拓使に雇われたケプロンの記述[17]にも現れます。日本の当時の状況を反映していると言えますが、誇り高き森鴎外には許せない難癖に聞こえたのでしょう。

ただし、ナウマンが自然を描いた部分は、イザベラ・バードのものと同じく何の偏見もなく、実に素晴らしいものです。特に四国の奥へ分け入る様は今読んでも圧巻です。

森鴎外は、西洋文明によって日本人を見下したナウマンの「啓蒙という上から目線」的な記述に憤慨したのでした。ナウマンの再反論に対する森の再反論で紙上の論争は終わったので、一応は森の言い分で決着したようです。この結果は、研究者、いやそれ以上に日独の外交関係に影を落としたことでしょう。そして続くナウマン・原田論争は、その傷をさらに広げたに違いありません。

9　ナウマンと原田豊吉の論争

ナウマンは１８８５（明治18）年の離日にあたって「日本群島の構造と起源」をまとめました。それには、日本滞在時に勤めた地質調査所をはじめ多くの情報を集約したものを使用しました。離日の2年前に帰国していた原田豊吉も、ともに仕事をしていました。ドイツ留学から帰国した原田は、日本語よりドイツ語の方が堪能であったほどであったといいます。[7]

ナウマンの著作に対して、原田豊吉が１８８７（明治20）年に見解を公表しました。当時はアルプス山脈や地中海の成因を、火の玉から始まった地球が収縮する時にできる「皺《しわ》」として説明する地球収縮説が唱えられていました。[18] 原田はその提唱者、ウィーン大学のジュースを介して、ナウマンの日本列島論と異なる見解を公表したのです。[19,20] 原田は帰国前に、ウィーン大学で直接ジュースに教えを受けていました。

主な意見の違いは以下の3つに分けられます。

①西南日本は、東西に近い延長を持つ3つの地質帯に分けられる（原田・初期ナウマン）。それに対して、後にナウマンは、中央構造線によって内帯と外帯の2つに分けられると修正し対立。

②日本列島は、南北方向に近い東北日本と東西方向に近い西南日本が、横向きの「く」の字型に列島中央部で折れ曲がっている。日本列島は、折れ曲がりに際し、南にある伊豆七島群の北の延長とぶつかり大きく時計回りに回転、それに伴い大きな凹地（フォッサマグナ）が形成された（ナウマン）。その見方に対し、原田は日本列島中央部で横向きの「く」の字とは逆の「へ」の字、あるいは「八」の字に曲がった構造を強調。ジュースが指摘するアルプスやヒマラヤ山脈など造山帯の接合部に共通して見られる「対曲」であるとした。フォッサマグナとして指摘された凹地はその「対曲」に伴って形成された裂罅《れっか》であると説明（原田）。かつその対曲は、西南日本が富士火山帯と名付けられた伊豆諸島と衝突することによってできた（原田）。

③東北日本と西南日本は、本来ひと続きの西南日本と同じ構造を持つ造山帯であった（ナウマン）。それに対し、東北日本は北海道から樺太（サハリン）につながる南北方向に伸びる造山帯で、西南日本とは別個のものであった。それが中部日本で接合したものである（原田）。

しかし原田は肺結核で東大教授を辞職し、残念ながら明治27年に34歳で亡くなってしまいます。結果として論争は中断してしまいました。圧倒的な欧米の科学技術に対する原田の正面切っての反論は、日本人研究者の自律的な研究のはじまりとして評価すべきことでしょう。[21]

戦後、東北地方や北海道の研究が活発化し、西南日本とは異なる地質学的実態が明らかになるとともに、原田論が見直されました。しかし、1980年代にプレートテクトニクス論による日本列島の再検討が行われた中でナウマン・原田論争の再・再評価が進み、ナウマンの日本列島論が評価され、[8]現在に至っています。

すなわち、

・論点①は、プレートの沈み込み帯に形成される造山帯として説明される。ナウマン論がより適切。
・論点②は、日本海拡大に伴って日本列島は折れ曲がり漂移。かつ伊豆小笠原列島と衝突して「対曲」構造ができた。ナウマン、原田痛み分け。
・論点③は、沈み込み帯としての造山帯は大陸縁辺にあり、西南日本と東北日本・北海道からサハリンへはひと続きであった。従って、別個の造山帯とは言えず、ナウマン論が適切。

という評価が多数派です。これらの見方に対して、本書では違った評価を試みたいと思います。

10 「原田の日本列島論」の再評価

プレートテクトニクスによる北海道からサハリン地域の形成過程の見直し、さらに最近の西南日本の研究結果も含めての再評価を行います。ナウマンや現在の多くの日本列島論は、「西南日本列島中心地質観」であると思えるのです。

ナウマンと原田の大きな違いは、ナウマンの列島観が彼の示した地質図に明らかなように、本州止まりなのです。それに対し、原田の日本列島観は、北海道を調査したライマンの結果を全面的に取り入れています。そして、相次いで完成した関東付近の地質図、日本海溝や千島海溝につながる太平洋の深海の発見に言及しています。樺太山系という言葉に明らかなように、より広域的な視点から展開されているのです。

北海道からサハリンは、新生代に入って斜め衝突プレート境界へと移行するという点でも西南日本とはまったく異なります。それ以前の中生代においても、西南日本とは様相を大きく異にします。北の大地から見ると、原田豊吉の列島論のほうがよほどしっくりくるのです。

ナウマンが日本に滞在している間の欧州の地質学における大きな変化は、ジュースによるアルプス山脈・地中海論と地球収縮論の登場です。ジュースの論は、大規模な水平圧縮と山脈形成

（アルプス）、地球収縮に伴う地球内部への地殻の鉛直的落ち込み（地中海）を想定するものでした[22]。後のプレートテクトニクス論によってもそれらは高く評価され、大陸間の衝突から造山帯の崩壊過程として見直しが進められたものであることは言うまでもありません[18,20]。

原田のナウマン批判は、そのジュースと議論しながらなされたものでした。だから欧州では、原田・ナウマン論争というより、アジアの一角をめぐるジュース・ナウマン論争の様相さえ持って受け止められたのではないかと想像します。ナウマンは、ドイツへの帰国直後における日本人との激しい論争の後、最近の山下や矢島による再評価までの間、地質学の表舞台から消えてしまうのでした[23]。

11 ナウマンの人間評価

日本の地質学史においてナウマンのことをもっともよく調べたのは、今井功（地質調査所）、谷本勉（広島大学）、山下昇（信州大学）の3人でした。最近は矢島道子の主要研究テーマです[23]。

山下の住んだ信州松本は、ナウマンが提唱したフォッサマグナに位置することもあり、生涯その研究に没頭しました。とくに１９９０年以降、相次いで発表したナウマン研究は、がん宣告を受けた病床にあっても続けました。86年、氏の最終講義にあたっての地向斜造山運動論からプレートテクトニクスへの転向宣言は、日本の地質学界の流れを象徴するものでした[24]。

山下によるナウマンの再評価は、自身が反対していたプレートテクトニクス論への賛成宣言と一緒になされたので、地質学界に大きなインパクトを与えました。また、日本地質学会１００周年記念にあたっての山下のナウマンへの肩入れ[8]は、それ以前の評価を一変させるもので、今日のナウマン評価につながるものとなったと言えます。

それ以前は次のように、日本の地質学界のナウマン評価は大変厳しいものでした。いくつかを見てみましょう。

①北海道の場合は、ただちに現地に向かい、野外の地質調査で大きな成果をあげた。いっぽう東京では、当時、地質学的にはまったく未開拓の日本に来ていながら、野外踏査はさておき、官庁行政や機構いじりになかなか熱心であった。もちろん、かれらも地質調査をまったく行わなかったわけではないが、それはライマンの偉業には比べものにはならないほどのものであった。

②さらにライマンは、困難な野外調査の間にも、よく助手たちを教育し、彼が帰国した後まで、長い間うるわしい師弟の関係が続いた、と言われている

が、これに対してナウマンやゴッチェの場合には、日本人との間は、必ずしもしっくりしたものではなかった。[25]

このように述べた湊正雄・井尻正二らは、第2次世界大戦後に、戦前の東大中心であった日本の地質学会を変えようとしました。そのことによる偏見もあったかもしれません。北海道大学教授の湊、東京大学地質学教室出身の井尻は、地質学会「民主化運動」の指導者で、東大の教授たちとも対立しました。井尻は小樽出身ということもあり、ライマンに同情的だったのかもしれません。

戦後の学界における民主化運動は、戦争責任などへの反省と激しい批判の中から発生したので、明治以来のドイツ依存の科学技術、またナチスドイツと同盟したことへの反省と批判がない交ぜとなって吹き出したものであると想像できます。

終戦後の東大で地学団体研究会の創設に参加した都城秋穂は、後に戦後の井尻などの地質学界における民主化運動を批判することになりますが、ナウマンに対する否定的な評価は共有していました。[26]

「ドイツにいれば、経験の乏しい23歳から25歳の青年にすぎないナウマンが、未開国日本では東大の教授あるいは地質調査所の技師長として最高権威であった。実際そのころの日本には、彼に対抗しうるほど地質学のわかる人がいなかった以上は、これもやむをえないことであった。日本では、講義は英語ですることになっていた。日本へ来る船の中で英語の勉強をしたが、大して上達しなかった。当時の日本の学生は、英語は割合よくできた。そこで、ナウマンの英語はまるでムチャで、こんな講義はわからないといって、大学幹事にねじこんだ学生もあった。しかし、地質学、あるいは学問に関する限り、日本人を軽蔑しきって、絶対的な権威として振舞った。岩石や鉱物の鑑定などはよくできなかったが、尋ねられると何でも知っているような顔をして、まちがったことを教えた。ナウマンは、地質調査所を解任されてドイツに帰るのがどうも不本意であったらしい」

やはり長い間、日本の地質学界では、ナウマンへの人間評価は大変厳しかったのです。しかし、それだけで済ますのでは、日本列島論に彼が貢献したとされる評価に対してバランスが悪い。そこでもう少し、そうなってしまった時代背景を考えてみましょう。

原田は日本に帰国する前に当時、欧州で大きな注目を集めていたウィーン大学のジュースのところにいて、彼も味方につけています。そんな状態で、ナウマンの日本との契約が切られてしまいます。天皇に謁見し、栄誉ある勲章をもらいながらも継続雇用されないことにナウマンは納得がいかない。その鬱憤を、差別的な含意も含めて講演の中で言ってしまったのかもしれません。そして、日本のサムライ留学生森鴎外から猛烈な反発を受けてしまいます。しかも、地質学教授の後継者の原田からもジュースと一緒になって批判される始末です。このようなナウマンの言動をもたらした背景には、彼の20代、すなわち日本滞在期間中にドイツ帝国がドイツ民族の国民国家としてもっとも前進した時代であったことからくる驕り高ぶりがあったのかもしれません。若者なのですから。

　ジュースは、各地を回る商人、ユダヤ人の子でした[22]。プロイセンはドイツ人の国でしたが、ジュースのいたオーストリアはユダヤ人も多い多民族国家でした[22]。19世紀後半の自然科学の大きな成功の一つにダーウィンの進化論があります。それへの地質学の貢献は絶大であったことは言うまでもありません。むしろ地質学から生まれたといっても過言ではないくらいです。しかし、それは生物進化の頂点が人間であり、さらにその頂点は白人で、しかもアーリア人であるという「社会ダーウィニズム」へつながりました。そこから生まれた20世紀前半の人類史的犯罪と悲劇の舞台こそドイツであり、そのルーツがドイツ帝国の成立まで遡るという歴史の皮肉が、ここにも潜んでいたのかもしれません。

　プロイセンからドイツ帝国へ至る真っ盛りに、その権力の対極に「共産党宣言」を著したマルクスがいたことも背景としては重要です。マルクス主義も進化論の影響を強く受け、社会の「科学的」（弁証法的）進化を主張するものでした。

　科学に国境はなくとも、科学者には国境があります。さまざまな人間社会の矛盾がさまざまな場面に噴き出したとしても不思議ではありません。この深層心理にからんだ事柄を、歴史学では検証できません。したがって明らかな歴史的事実の行間を読むことしかないのです。

　矢島道子は最近、ナウマンの人間評価復活も試みて研究をすすめているようです[23]。科学における評価と人間関係の評価を厳密に区別してすすめることはきわめて重要であるというのが筆者らの主張でもあるので、おおいに発展させていただきたいと思います。

おわりに

私の手元に１９８４年発刊の『北海道創世記』（北海道新聞社刊）があります。その一部を執筆してから30年あまり、恩師松井愈氏が編者として関わった仕事に新たな形で携われた喜びは言葉に尽くせません。60年代から始まっていた「日高造山運動論」の見直し、80年代の地質学の大変革、その中で整理された地質史はプレートテクトニクス理論によって筋道が理解され、同書の基礎となりました。

新たな北海道創世紀の改訂版刊行は懸案でしたが、なかなか緒にはつきませんでした。地質史を理解するためには、世界の地質の論文を読み解いた上で北海道のデータを解釈しなければなりません。それは大変困難な仕事です。ところが２０１６年夏、プレートテクトニクス研究の動向に詳しい木村学氏がその解説を引き受けてくれたのです。執筆の意志をまず同氏が固め、北海道大学の亀田純氏と宮坂に協力を依頼したところから本書の制作が始まりました。

本書の基礎に地質学者のたくさんの研究成果があったことはご理解いただけたと思います。そればかりでなく、引用しなかった労作にも私たちはたくさんの知恵を授かっています。松井先生をはじめとする北大の諸先生、貝塚爽平（東京都立大学）、中村一明（東大地震研究所）ら故人となられた先生方の功績にあらためて感謝いたします。さらにたくさんの先生・先輩・同僚・友人・後輩や大学院生・学生からの刺激が励ましとなりました。心からの謝意を捧げます。

貴重な写真を提供してくださった新井田清信・加藤孝幸・川村信人・田近淳・中川充・川上源太郎・垣原康之ら各氏の御厚意に感謝いたします。田近氏には「北海道地質略図」の使用も許可していただきました。本書の制作にあたっては、北海道新聞社出版センターの仮屋志郎氏に御教示をいただくとともに大変なご苦労をおかけしました。皆様に深甚な感謝を捧げます。ありがとうございました。

著者を代表して　宮坂省吾

索引

な　行

は　行

ま　行

や　行

ら　行

わ　行

参考文献

第1章

(1) Kimura, G., 1996, *Island Arc*, 5, 262–235.
(2) Tokuda, S., 1926, *J. Geol. Geogr*, 5, 41–76.
(3) 木村　学, 1981, 地質学雑誌, 87, 11, 757–768.
(4) Kimura, G., 1986, *Geology*, 14, 404–407.
(5) 鈴木堯士, 2003, 『寺田寅彦の地球観』, 高知新聞社.
(6) 小松正幸ほか, 1986, 地団研専報, 31, 189–203.
(7) Komatsu, M. *et al.*, 1994, *Lithos*, 33, 1, 31–49.
(8) 小山内康人ほか, 2006, 地質学雑誌, 112, 11, 623–638.
(9) 活断層研究会編, 1992, 『新編　日本の活断層』, 東京大学出版会.
(10) 日高研究グループ, 1965, in Minato, M., Gorai, M., and Hunahashi, M. Eds., "The geologic development of the Japanese islands", Tsukiji-Shokan, Tokyo, 442.
(11) 井尻正二・湊　正雄, 1965, 『地球の歴史』, 岩波書店, 151.

第2章

(1) 運動学としてのプレートテクトニクス理論の創設には, J. P. Morgan (1967), D. Mackenzie (1967) らの貢献が大きかった.
(2) ヴェーゲナー, 都城秋穂・紫藤文子訳, 1981, 『大陸と海洋の起源——大陸移動説』, 岩波書店.
(3) Müller, R. D., *et al.*, 2008 Geochemistry Geophysics Geosystems, https://doi.org/10.1029/2007GC001743.
(4) Chapman, M. E. and Solomon, S. C., 1976, *J. G. R.*, B81, 921–930.

第3章

(1) Kita, S. *et al.*, 2010, *Earth and Planetary Science Letters*, 290, 3–4, 415–426.
(2) Riegel, S. A., *et al.*, 1993, *Geophysical Research Letters*, 20, 7, 607–610.
(3) Iwamori, H., 1998, *Earth and Planetary Science Letters*, 160, 1, 65–80.

第4章

(1) Moore, G., *et al.*, 2007, *Science*, 318, 5853, 1128–1131.
(2) 中塚　正・大塚茂雄, 2009, 地質調査総合センター研究資料集, 516.
(3) Finn, C., 1994, *J. G. R.*, 9, B11, 22165–22185.
(4) 石井次郎ほか, 1990, 『日本地方地質誌1　北海道地方』, 日本地質学会編, 朝倉書店, 219–222.

第5章

(1) Kimura, G., *et al.*, 2014, *Tectonics*, 33, 7, 1219–1238.
(2) Ueda, H., 2005, *Tectonics*, 24, 2, 1–17.
(3) Kita, S. *et al.*, 2010, *Earth and Planetary Science Letters*, 290, 3–4, 415–426.
(4) 木村　学, 1986, 地団研専報, 31, 451–458.

第6章

(1) Grebennikov, A. V., *et al.*, 2016, *Lithos*, 261, 250–261.
(2) Kimura G., *et al.*, 2014, *Tectonics*, 33, 7, 1219–1238.
(3) Kimura, G., *et al.*, 1992, *Island Arc*, 166–175.

(4) Wei, W., *et al.*, 2012, *Journal of Asian Earth Sciences*, 60, 88–103.
(5) Honda, S., 2016, *Tectonophysics*, 671, 127–138.
(6) Seton, M., *et al.*, 2015, *Geophysical Research Letters*, 42, 6, 1732–1740.

第7章
(1) 君波和雄, 1986, 地団研専報, 31, 1–15.
(2) Kiyokawa, S., 1992, *Tectonics*, 11, 6, 1180–1206.
(3) Seton, M., *et al.*, 2015, *Geophysical Research Letters*, 42, 6, 1732–1740.
(4) 安藤寿男, 2005, 石油技術協会誌, 70, 1, 24–36.
(5) 高嶋礼詩・西　弘嗣, 1999, 地質学雑誌, 105, 10, 711–728.
(6) 高島礼詩ほか, 2011,『日本地方地質誌1　北海道地方』, 日本地質学会編, 朝倉書店, 68–76.
(7) ホーレス・ケプロン, 西島照男訳, 1985,『蝦夷と江戸――ケプロン日誌』, 北海道新聞社.
(8) Kimura G., *et al.*, 2017, *Island Arc* (印刷中).
(9) Zachos, J. C., *et al.*, 2008, *Nature*, 451, 7176, 279–283.

第8章
(1) Tarduno, J. A., *et al.*, 2009, *Science*, 324, 5923, 50–53.／Tarduno, J. A., *et. al.*, 2003, *Science*, 301, 5636, 1064–1069.
(2) O'Connor, J. M., *et al.*, 2015, *Nature Geoscience*, 8, 5, 393–397.
(3) Seton, M., *et al.*, 2015, *Geophysical Research Letters*, 42, 6, 1732–1740.
(4) Kimura G., *et al.*, 2018, *Island Arc* (印刷中).
(5) 君波和雄ほか, 1999, 地質学論集, 52, 103–112.
(6) Jahn, B., *et al.*, 2014, *American Journal of Science*, 314, 2, 704–750.
(7) Kemp, A. I. S., *et al.*, 2007, *Geology*, 35, 9, 807–810.
(8) Kimura, G. and Tamaki, K., 1985, N. Nasu, *et al.* eds., "Formation of Active Ocean Margin", Terra Scientific, Tokyo, 641–676.
(9) Patriat, P. and Achache, J., 1984, *Nature*, 311, 5987, 615–621.
(10) Fukao, Y., *et al.*, Annu. Rev. Earth Planet. Sci., 2009, 37, 19–46.

第9章
(1) Den, N. and Hotta, H., 1973, *Papers in Meteorology and Geophysics*, 24, 1, 31–54.
(2) Riegel, S. A., *et al.*, 1993, *Geophysical Research Letters*, 20, 7, 607–610.
(3) Parfenov, L. M., *et al.*, 1978, *J. Phys. Earth*, 26, *Suppl.*, S503–525.
(4) Dickinson, W. R., 1978, *J. Phys. Earth*, 26, *Suppl.*, S1–19.
(5) Kimura, G., 1994, *J. G. R.*: Solid Earth, 99, B11, 22147–22164.
(6) Tokuda, S., 1926, *J. Geol. Geogr*, 5, 41–76.
(7) 赤城三郎, 2006, 地球科学, 60, 4, 339–343.
(8) Kimura, G., *et al.*, 1983, "Accretion Tectonics in the Circum-Pacific Regions", 123–134.
(9) 嶋本利彦ほか, 1995, 地質学雑誌, 101, 1, XIX.
(10) Kusunoki, K. and Kimura, G., 1998, *Tectonics*, 17, 6, 843–858.
(11) 木村　学, 1990, 月刊地球, 12, 7, 445–452.
(12) 川上源太郎, 2011,『日本地方地質誌1　北海道地方』, 日本地質学会編, 朝倉書店, 530–532.

第10章

（1）Uyeda, S. and Miyashiro, A., 1974, *Geological Society of America Bulletin*, 85, 7, 1159–1170.

（2）Otofuji, Y., *et al.*, 1985, *Nature*, 317, 603–604.

（3）川上源太郎, 2011,『日本地方地質誌1　北海道地方』, 日本地質学会編, 朝倉書店, 530–532.

（4）Kimura, G., 1996, *Island arc*, 5, 3, 262–275.

（5）Baranov, B., *et al.*, 2002, *Island Arc*, 11, 3, 206–219.

（6）Heuret, A. and Lallemand, S., 2005, *Physics of the Earth and Planetary Interiors*, 149, 1, 31–51.／Forsyth, D. W. and Uyeda, S., 1975, *Geophysical Journal of Royal Astronomical Society*, 43, 163–200.

（7）Lallemand, S., *et al.*, 2005, Geochemistry Geophysics Geosystems, 6, Q09006, https://doi.org/10.1029/2005GC000917.

（8）Kimura, G. and Tamaki, K., 1986, *Tectonics*, 5, 3, 389–401.

（9）Jolivet, L., *et al.*, 1994, *J. G. R*: Solid Earth, 99, B11, 22237–22259.

(10) Flower, M. *et al.*, 1998, *AGU Geodynamics*, 27, 67–88.

(11) Jolivet, L., 2018, *Tectonics*（印刷中）.

(12) Maeda, J., 1990, *Tectonophysics*, 174, 3–4, 235–255.

(13) 木村　学, 1990, 月刊地球, 12, 7, 445–452

(14) Maeda, J. and Kagami, H., 1996, *Geology*, 24, 1, 31–34

(15) Kimura, G., 2018, *Island Arc*（印刷中）.

(16) 前田仁一郎ほか, 2014, 地質学雑誌, 120, 8, 273–280.

(17) Jahn, B., *et al.*, 2014, *American Journal of Science*, 314, 2, 704–750.

(18) 保柳康一ほか, 1986, 地団研専報, 31, 265–284.

(19) 川上源太郎ほか, 2006, 地質学雑誌, 112, 684–698.

第11章

（1）Lisiecki, L. E. and Raymo, M. E., 2005, *Paleoceanography*, 20, PA1003.

（2）高橋啓一ほか, 2008, 化石, 84, 74–80.

（3）Dansgaard, W. *et al.*, 1993, *Nature*, 364, 218–220.

（4）Alley, R. B., 2000, *Quaternary Science Reviews*, 19, 213–226.

（5）多田隆治, 2013,『気候変動を理学する』, みすず書房.

（6）中川　毅, 2017,『人類と気候の10万年史』, 講談社.

第12章

（1）松井　愈・吉崎昌一・埴原和郎編, 1984,『北海道創世記』, 北海道新聞社. ／桑原真人・川上　淳, 2015,『北海道の歴史がわかる本』, 亜璃西社. ／花崎皋平, 2008,『静かな大地——松浦武四郎とアイヌ民族』, 岩波書店. ／知里幸恵編訳, 1978,『アイヌ神謡集』, 岩波書店. ／網野善彦, 2008,『日本とは何か』, 講談社.

（2）中橋孝博, 2005,『日本人の起源』, 講談社.

（3）篠田謙一, 2007,『日本人になった先祖たち』, 日本放送協会.

（4）安田喜憲, 2014,『1万年前』, イースト・プレス.

（5）Kawahata, H., *et al.*, 2016, *Quaternary International*, 4, 013.

（6）司馬遼太郎, 1997,『街道を行く38　オホーツク街道』, 朝日新聞社.

（7）瀬川拓郎, 2007,『アイヌの歴史』, 講談社. 瀬川拓郎, 2015,『アイヌ学入門』, 講談社.
（8）日本学術会議, 平成24年9月11日回答, 高レベル放射性廃棄物の処分について.

付章
（1）松井　愈, 1953,「ライマン（B. S. Lyman）と北海道の炭鉱」, 季刊歴史家, 44–56.
（2）北川芳男, 1997, 地質学雑誌, 103, 10, 1033.
（3）藤田文子, 1993,『北海道を開拓したアメリカ人』, 新潮社.
（4）泉　三郎, 2012,『岩倉使節団——誇り高き男たちの物語』, 祥伝社.
（5）今津健治, 1979, エネルギー史研究, 10, 98–117.
（6）佐藤博之, 1985, 地質ニュース, 373, 38–49.
（7）今井　功, 1966,『黎明期の日本地質学——先駆者の生涯と業績』, ラティス社.
（8）山下　昇, 1993,『日本の地質学100年』, 日本地質学会編, 1–19.
（9）天野郁夫, 2009,『大学の誕生（上）』, 中央公論新社.
（10）半藤一利, 2012,『幕末史』, 新潮社. ／井上勝生, 2006,『シリーズ日本近現代史1　幕末・維新』, 岩波書店. ほか
（11）中島岳志, 2014,『アジア主義——その先の近代へ』, 潮出版社.
（12）阿部謹也, 1998,『物語　ドイツの歴史——ドイツ的とはなにか』, 中央公論新社. ／飯田洋介, 2015,『ビスマルク——ドイツ帝国を築いた政治外交術』, 中央公論新社. ／坂井栄八郎, 2003,『ドイツ史10講』, 岩波書店.
（13）吉見俊哉, 2011,『大学とは何か』, 岩波書店.
（14）佐藤文隆, 2011,『職業としての科学』, 岩波書店.
（15）小堀桂一郎, 1969,『若き日の森鴎外』, 東京大学出版会.
（16）イザベラ・バード, 高梨健吉訳, 2000,『日本奥地紀行』, 平凡社.
（17）ホーレス・ケプロン, 西島照男訳, 1985,『蝦夷と江戸——ケプロン日誌』, 北海道新聞社.
（18）センゴール・都城秋穂, 1979, 岩波講座地球科学〈12〉変動する地球3, 造山運動. 岩波書店.
（19）谷本　勉, 1978, 科学史研究, 17, 125, 23–30.
（20）山下　昇, 1990〜1993, ナウマンの日本地質への貢献1〜7, 地質学雑誌.
（21）小出　仁, 2007, 地学雑誌, 116, 2, 294–296.
（22）ガブリエル・ゴオー, 菅谷　暁訳, 1997,『地質学の歴史』, みすず書房.
（23）矢島道子, 2017,「ナウマン研究から見えてきたこと」, 科学史学校講義, 日本科学史学会.
（24）小坂共栄, 1996, 地質学雑誌, 102, 12, 1082.
（25）湊　正雄・井尻正二, 1983,『日本列島（第3版）』, 132–133, 岩波書店.
（26）都城秋穂, 2009,『「地質学の巨人」都城秋穂の生涯2　地球科学の歴史と現状』, 東信堂.

著者略歴

木村　学（きむら・がく）

１９５０年北海道夕張市生まれ。北海道岩見沢東高卒、北海道大学大学院理学研究科博士課程修了。香川大学助教授、大阪府立大学教授を経て97年東京大学大学院理学系研究科教授。２０１６年東大を定年退職後、東京海洋大学特任教授、東大名誉教授。

80年代に北海道、スピッツベルゲン島（ノルウェー）、米国、カナダ、中国、サハリン、ヤップ・パラオ海域、オーストラリアなどを調査、96年国際深海掘削計画・中米海溝（コスタリカ沖）首席研究員。２０００年代以降、南海トラフ地震発生帯掘削計画共同首席研究員、日本地質学会会長、地球深部探査船「ちきゅう」国際委員会議長、日本地球惑星科学連合会長、日本学術会議会員などを歴任。専門はテクトニクス・構造地質学。主な著書に『地質学の自然観』（東京大学出版会）、『図解・プレートテクトニクス入門』（共著、講談社ブルーバックス）など。

宮坂省吾（みやさか・せいご）

１９４３年長野県生まれ。71年北海道大学大学院理学研究科修士課程修了。87年「日高山脈の上昇史」で理学博士。92年(株)アイピー（地質情報室）入社、以来地質コンサルタントとして活動。北大、北海道教育大学非常勤講師（主に自然災害論）、日本地質学会北海道支部長などを務める。

近年は札幌の川の変遷、豊平川の洪水、支笏湖・苔の洞門などをテーマに調査・研究に取り組んでいる。著書に『札幌の自然を歩く（第３版）』『北海道自然探検　ジオサイト１０７の旅』（いずれも共著、北海道大学出版会）など。

亀田　純（かめだ・じゅん）

１９７４年千葉県生まれ。２００４年東京大学大学院理学研究科修了・理学博士。東大大学院理学系研究科特任助教を経て13年北海道大学大学院理学研究院講師、15年から准教授。

専門は構造地質学。プレート沈み込み帯の地質過程の解明に取り組んでいる。

編集
仮屋志郎（北海道新聞社）

校閲
上野和奈（北海道新聞社）

ブックデザイン
佐藤守功（佐藤守功デザイン事務所）

揺れ動く大地　プレートと北海道

２０１８年８月25日　初版第１刷発行
２０１９年５月31日　初版第２刷発行

著　者　木村《きむら》　学《がく》・宮坂省吾《みやさかせいご》・亀田《かめだ》　純《じゅん》
発行者　鶴井　亨
発行所　北海道新聞社
〒０６０-８７１１　札幌市中央区大通西３丁目６
出版センター（編集）電話０１１-２１０-５７４２
（営業）電話０１１-２１０-５７４４
印刷所　アイワード

乱丁・落丁本は出版センター（営業）にご連絡くだされば お取り換えいたします。

ISBN978-4-89453-916-7